浙江省生态文明智库联盟

《生态文明研究丛书》

主编◎沈满洪

美丽中国建设的杭州样本研究

沈满洪 陈真亮 李玉文 王迪 等◎著

中国财经出版传媒集团
中国财政经济出版社
·北京·

图书在版编目（CIP）数据

美丽中国建设的杭州样本研究 / 沈满洪等著. --北京：中国财政经济出版社，2024.7
（生态文明研究丛书 / 沈满洪主编）
ISBN 978-7-5223-3150-8

Ⅰ.①美… Ⅱ.①沈… Ⅲ.①生态环境建设-研究-杭州 Ⅳ.①X321.255.1

中国国家版本馆 CIP 数据核字（2024）第 096707 号

组稿编辑：周桂元　　责任校对：张　凡
责任编辑：周桂元　　责任印制：张　健
封面设计：孙俪铭

美丽中国建设的杭州样本研究
MEILI ZHONGGUO JIANSHE DE HANGZHOU YANGBEN YANJIU

中国财政经济出版社 出版
URL：http：//www.cfeph.cn
E-mail：cfeph@cfeph.cn

社址：北京市海淀区阜成路甲 28 号　邮政编码：100142
营销中心电话：010-88191522
天猫网店：中国财政经济出版社旗舰店
网址：https：//zgczjjcbs.tmall.com
中煤（北京）印务有限公司印刷　各地新华书店经销
成品尺寸：170mm×240mm　16 开　16.75 印张　274 000 字
2024 年 7 月第 1 版　2024 年 7 月北京第 1 次印刷
定价：78.00 元
ISBN 978-7-5223-3150-8
（图书出现印装问题，本社负责调换，电话：010-88190548）
本社质量投诉电话：010-88190744
打击盗版举报热线：010-88191661　QQ：2242791300

《生态文明研究丛书》编委会

林　震　北京林业大学生态文明研究院院长、教授

孔凡斌　浙江省新型重点专业智库——浙江农林大学生态文明研究院执行院长、教授、首席专家

张俊飚　浙江农林大学浙江省乡村振兴研究院首席专家、教授

潘　丹　江西财经大学生态经济研究院院长、教授、首席专家

张　宁　山东大学蓝绿发展研究院院长、教授

王建明　浙江财经大学科研处处长、绿色管理研究院院长、教授

谢慧明　宁波大学商学院副院长、长三角生态文明研究中心主任、教授

方　恺　浙江大学区域协调发展研究中心副主任、公共管理学院长聘教授、浙江生态文明研究院学术交流中心副主任

钱志权　浙江农林大学文科处专聘副处长、浙江省新型重点专业智库——浙江农林大学生态文明研究院副院长、教授

总　序

2003年7月10日，时任浙江省委书记习近平在中共浙江省委十一届四次全体（扩大）会议上的报告中明确提出“八八战略”，即发挥“八个方面的优势”，推进“八个方面的举措”。“八八战略”之五便是：“进一步发挥浙江的生态优势，创建生态省，打造‘绿色浙江’。”① 我是在“八八战略”指引下成长起来的一名生态经济学者。正因为“八八战略”的持续推进，才持续有机会参与“八八战略”尤其是战略之五的规划研究、工作总结、经验提炼及理论宣讲，多次承担浙江文化研究工程重大项目并出版《绿色创新——生态省建设创新之路》《生态文明建设：浙江的探索与实践》等专著。

生态文明建设是一个博大精深的课题。因此，我几十年只做一件事——生态文明研究，主要研究方向是习近平生态文明思想、生态经济发展战略、生态文明制度建设、资源与环境经济学等。一个人的力量总是有限的，团队建设和平台建设不可或缺。于是，我在浙江大学工作期间积极推动成立“浙江大学循环经济研究中心”，并担任常务副主任；在浙江理工大学工作期间，牵头成立“浙江理工大学浙江省生态文明研究中心”，兼任主任和首席专家，使之成为浙江省重点研究基地；在宁波大学工作期间，牵头成立“宁波大学长三角生态文明研究中心”，

① 习近平. 干在实处 走在前列——推进浙江新发展的思考与实践［M］. 北京：中共中央党校出版社，2006：71－73.

兼任主任和首席专家，使之成为浙江省推进长三角一体化发展支撑智库；在浙江农林大学工作期间，牵头重组“浙江农林大学生态文明研究院、碳中和研究院”，兼任院长和首席专家，使之成为浙江省新型重点专业智库。

浙江农林大学生态文明研究院、碳中和研究院是为了响应国家生态文明建设、碳达峰碳中和重大战略而设立，旨在综合运用文理融合、多学科交叉的研究方法，为国家和地方生态文明建设、碳达峰碳中和领域提供跨学科综合解决方案，力求在生态产品价值实现机制、低碳发展路径与政策、亚热带森林增汇稳碳、碳达峰碳中和制度创新、生态文化传承与创新、生态文明法治理论与实践等领域研究取得重大突破。研究院前身是2011 年设立的浙江农林大学生态文明研究中心。2021 年 6 月，更名为浙江农林大学生态文明研究院，并设立浙江农林大学碳中和研究院，实行“两院合一”运行机制。2021 年 9 月获中共浙江省委宣传部批准为浙江省习近平新时代中国特色社会主义思想研究中心研究基地。2022 年 12 月获浙江省哲学社会科学工作办公室、浙江省新型智库联席会议批准为浙江省新型重点专业智库，并进入浙江省建设具有全国影响的新型智库培育名单。研究院下设生态经济、低碳发展、生态文化、生态治理四个研究所。研究院现有研究人员 70 余人，有正高级职称的研究人员占三分之一以上。国家级人才沈满洪教授、孔凡斌教授担任研究院首席专家。国家科技进步奖二等奖获得者周国模教授、国家一级作家及“茅盾文学奖”得主王旭烽教授、国家级人才潘丹教授、国家级人才张宁教授分别担任低碳发展、生态文化、生态经济、生态治理四个研究所的方向带头人。沈满洪教授任院长，孔凡斌教授任执行院长，钱志权教授任副院长。研究院产出了一大批有较大影响的学术理论和智库成果。主要研究成员承担了包括国家自然科学基金重大重点项目、国家社科基金重大重点项目以及“973 项目”在内的国家级和省部级项目 250 余项，在《经济研究》等国内外重要学术期刊发表学术论文超过 1000 余篇，出版学术专著 160 余部，成果获得国家科技进步奖及省部级优秀成果奖近 50 项，获得国家发明专利 20 余项，提交的政策咨询报告获中共中央、国务院、全国人大、中央国家机关部委和省级党委政府领导批示超过 100 次，产生了较大的学术影响、良好的社会影响和重要的决策影响。本丛书第一部专著《生态文明建设的淳安样本》校稿期间，沈满洪教授领衔的生态文明教师团队入选浙江省高校黄大年式教师团队。

浙江省是习近平生态文明思想的重要萌发地和率先践行地。浙江省各个单位高度重视生态文明研究和平台建设。但研究平台呈现出“多”而“散”的问题。根据省委“大成集智”的指示精神，在浙江省社科联的领导下，成立了“浙江省生态文明智库联盟”。该联盟由浙江农林大学生态文明研究院牵头，由浙江大学区域协调发展研究中心（国家高端智库）、浙江省发展规划研究院、浙江大学中国农村研究中心、浙江省生态环境科学设计研究院、浙江理工大学浙江省生态文明研究院等浙江省 16 家从事生态文明研究的国家高端智库、省级新型重点专业智库、研究基地等组成。国家级人才沈满洪教授担任智库联盟理事长。智库联盟坚持以习近平新时代中国特色社会主义思想为指导，利用绿水青山就是金山银山理念浙江省先行地优势，忠诚践行“八八战略”，聚焦生态文明研究，通过重大选题联合攻关、数据库案例库共建共享、联合举办国际学术论坛等重大举措，着力推动浙江省经济社会全面绿色转型重大理论与实践问题研究，集聚高显示度研究成果，为浙江省率先建成人与自然和谐共生的省域现代化先行示范区、生态文明制度“重要窗口”提供大成集智和理论支撑。智库联盟已经开展了一系列卓有成效的工作：协同开展重大项目研究，如浙江省文化研究工程重大项目“共同富裕的探索与实践——浙江案例研究”（丛书 22 本）、浙江省哲学社会科学重大项目“碳中和论丛”（丛书 11 本）；合作举办国际性全国性学术会议，如“PACE 中国绿色低碳发展的理论与政策国际研讨会”（年度系列）等。

习近平生态文明思想是一个博大精深的理论体系，是一个开放发展的理论体系，尚有大量的理论问题、战略问题、政策问题值得深入研究。我国生态环境保护虽然取得历史性、转折性、全局性变化，但是，我国生态文明建设处于生态环境安全需要与生态环境审美需要并存、陆域生态环境保护与海洋生态环境保护并存、生态经济化任务与经济生态化任务并存、工业化现代化目标与绿色化低碳化目标并存的历史方位。可见，生态文明研究的任务依然任重道远，亟须深入推进和深化生态文明研究。为此，浙江省生态文明智库联盟、浙江农林大学生态文明研究院推出“生态文明研究丛书”。

《生态文明研究丛书》为“不定期”“不定册”“连续出版”丛书。“不定期”就是不受出版时间的严格约束，书稿成熟就与出版社签署协议，进入出版程序；“不定册”就是不受一时认识水平的约束，实施开放式选题；“连续出版”就是形成生态文明研究的系列拳头产品，避免一本书单打独斗。该丛书可能的选题方向主要有：（1）习近平生态文明思想研究。重点研究习近平生态文明思想的理论及全国各地践行习近平生态文明思想的实践。（2）绿色发展的理论和实践研究。重点研究绿色发展理论、生态产品价值实现机制、各地绿色发展实践、绿色发展制度和政策等。(3)碳达峰碳中和研究。重点研究国家与地方碳减排增碳汇、碳达峰碳中和战略、适应气候变化等理论与实践。(4)生态文明治理制度研究。重点研究资源与环境法律制度、生态环境治理机制、生态文明体制改革等。(5)生态文化建设研究。重点研究茶文化、竹文化、生态林业文化等特色生态文化、生态文明哲学、生态文明伦理、生态文明教育等。欢迎符合选题要求的著作纳入本丛书!

丛书编委会由浙江农林大学生态文明研究院院长及各学科带头人、浙江农林大学生态文明研究院学术委员会全体委员、浙江省生态文明智库联盟部分成员单位学术带头人组成。作为该丛书主编,对于各位专家同意邀约担任编委会委员表示衷心感谢!

沈满洪

2024 年 3 月修订

(作者系浙江农林大学生态文明研究院院长、浙江省生态文明智库联盟理事长、浙江省人民政府咨询委员会委员、中国生态经济学学会副理事长)

目　录

第一篇　湿地城市篇

第二篇 绿色共富篇

第三篇　制度优化篇

第一篇　湿地城市篇

本篇是在沈满洪主持的中共杭州市委、杭州市人民政府咨询委员会委托重点项目“杭州创建国际湿地城市的对策研究”的最终成果基础上修改而成。本篇就杭州创建国际湿地城市的重要意义、现实基础、域外经验、总体构想、若干问题和对策措施等做了系统分析，并提供了《杭州市湿地保护条例（草案专家建议稿)》。

基于杭州市是传统的江南水乡、新时代的生态文明之都和美丽中国样本，创建国际湿地城市是杭州市生态文明建设题中应有之义。创建国际湿地城市虽然需要付出巨大成本，但一旦创建成功有助于打造“美丽之窗”“幸福之窗”“善治之窗”，可以为建设世界一流的社会主义现代化国际大都市提供坚实的生态保障。

杭州创建国际湿地城市具有湿地资源丰富多样、湿地保护水平领先、保护立法具有基础等优势，也有湿地保护走过弯路、湿地保护参差不齐、预警机制不够完善等劣势，既有习近平生态文明思想正确指引、中央支持共同富裕示范区建设、《湿地保护法》生效实施等重大机遇，又有兄弟城市白热化竞争、湿地保护与城市发展的矛盾尖锐等挑战。从总体上看，优势大于劣势，机遇大于挑战。通过“乘势而上”“优中更优”“扬长补短”“主动出击”“韬光养晦”“无中生有”“出奇制胜”等策略的综合运用，创建国际湿地城市成功的可能性还是比较大的。

通过已经成为国际湿地城市的哈尔滨、海口、银川、合肥、南昌、武汉等其他省会城市与杭州的比较分析，可以得到下列启示：把湿地保护纳入区域发展规划，保障湿地保护和开发科学性；成立湿地管理的专门组织和机构，常态化开展湿地保护；颁布法规规章和标准，将湿地保护纳入城市考评体系；实施湿地生态修复工程，开展湿地资源的整体性保护与修复；重视湿地科学研究，与高校、科研院所、社团组织等开展合作。借鉴域外经验的同时，也要坚持人水共处的“城市在水中，水在城市中”的杭州特色。

杭州创建国际湿地城市的指导思想是：以习近平生态文明思想为指引，坚决贯彻落实习近平总书记对杭州市生态文明建设的指示批示精神，对标《国际湿地城市认证提名办法》，以“山水相融、湖城合璧、拥江枕河、人水相亲”为美丽蓝图，以江、河、湖、海、溪“五水共导”为抓手，切实做好全市湿地资源的保护、恢复、利用、管理“四篇文章”，全力推进国际湿地城市创建，加快打造生态文明之都、美丽中国样本，争当浙江高质量发展建设共同富裕示范区城市范例。

对标《关于特别是作为水禽栖息地的国际重要湿地公约》，杭州在创建国际湿地城市建设中存在一定差距。根据国家林草局制定的《国际湿地城市认证提名办法》的十六个指标，总分值为100分，杭州市自评得分57分，课题组评价得分61分。杭州市自评在前，课题组评价在后；杭州市评价较为严格，课题组评价相对客观。两者评价虽有高低出入，基本结果却是相对一致的。从得分情况看，除了两个否定性指标外，满分的只有“湿地率”“协调机制”“湿地利用”和“湿地宣教”四个指标；零分的有“专门机构”“法规规章”和“预测预警”三个指标；其他七个指标均有扣分。从整改难度情况看，“专门机构”“水资源管理”“科普宣教”“志愿者制度”等指标，难度相对较小，只要责任到人、积极推进，就可以完成。“湿地保护规划”“法规规章”“综合绩效评价”“湿地保护修复措施”“监测预警”等指标，整改起来有一定难度，但是可以着力解决，需要大力推进。“重要湿地数量”“湿地保护率”等指标整改起来难度是极大的，需要强力推进才可解决。“湿地率”指标虽然可赋满分，其实保持稳定很不容易。

杭州创建国际湿地城市，既要凸显“人水共处”等重大“亮点”，又要打通“犹豫不决”等重大“堵点”。需要高度重视解决的问题是：加快推进杭州市城东钱塘区江海湿地保护和建设的研究、论证、规划，解决湿地定位“不确定”、湿地保护“不重视”、湿地管理“不好管”等问题；加快推进杭州市城西“湿地湖链大走廊”的谋划和建设，使得“湿地湖链风景线”“双西山链风景线”与“城西科创大走廊”相得益彰、相映成辉；抓紧谋划城北“郊野湿地公园”建设，解决城北“湿地资源丰富”而“湿地品牌缺乏”的问题。

杭州创建国际湿地城市，既要对标补短，又要创新扬优。针对前述相关问题的分析，需要尽快加强组织保障、规划保障、法治保障、投入保障、社会保障等方面的完善，提高湿地治理的常态化、专业化、社会化、数字化、法治化水平。总之，创建国际湿地城市是一项重大的系统工程，需要市委的坚强领导、市政府的扎实推进、多主体的协同作战、全方位的相互配合、市内外的相互支持。

第一章

杭州创建国际湿地城市的重要意义

湿地资源极为稀缺，创建机遇转瞬即逝。国际湿地城市[①]的创建同样需要权衡创建的投入与创建的收益。本章从打造“美丽之窗”“幸福之窗”“善治之窗”等角度阐述杭州国际湿地城市创建的重要意义。

第一节　杭州创建国际湿地城市有助于打造“美丽之窗”

党的十八大首次提出以“美丽中国”为目标的生态文明建设方略，并将“美丽中国”作为建成社会主义现代化强国的重要目标。生态文明建设从“入党章”到“入法”再到“入宪”，是生态文明建设主流化和法治化的重要体现，标志着我国生态文明建设形成了政治规范、法律规范和宪法规范“三位一体”的规范体系。“美丽中国”建设要以美丽区域建

① 国际湿地城市是指按照《关于特别是作为水禽栖息地的国际重要湿地公约》（简称《湿地公约》，又称《拉姆萨尔公约》）决议规定的程序和要求，由成员国政府提名，经《湿地公约》国际湿地城市认证独立咨询委员会批准，颁发“国际湿地城市”认证证书的城市。

设为基础。有些区域应该成为“示范”和“样本”。浙江省就是生态文明建设的示范，杭州市就是生态文明建设的样本。习近平总书记在2013年视察杭州时嘱咐杭州要更加扎实地推进生态文明建设，希望杭州成为美丽中国的样本。为响应习近平总书记和党中央的号召，杭州市不负期望，承担起了“美丽中国样本”“生态文明之都”建设的光荣使命。

湿地是地球上三大生态系统之一，湿地是江南水乡不可或缺的生态要件。杭州市是江、河、湖、海、溪“五水共导”的城市，无水不灵动，无水不美丽。湿地水城，是新时代美丽杭州的鲜明标识，立足杭州湿地资源的基本情况，可以打造与“重要窗口”相匹配的闻名世界、引领时代、最忆江南的“湿地水城”。创建国际湿地城市，是杭州打造“美丽之窗”、建设“魅力杭州”的必经之路，是浙江省加速生态文明建设的重要举措，是高水平推进“美丽中国”样本建设的重要抓手。

一、有利于进一步促进美丽环境的营造

申报国际湿地城市有一套完整而严苛的标准。历史上由于城市建设侵占了大面积的湿地，导致杭州市在湿地面积占全市区域总面积、湿地保护率等方面一度达不到申报国际湿地城市的要求。杭州创建国际湿地城市，可以通过湿地建设规划、湿地生态修复等举措适度扩大湿地面积总量；通过增加湿地公园等方式将更多的湿地划入保护范围，提高行政区域内湿地保护率。杭州市拥有浙江省唯一的国际重要湿地，推进湿地恢复工程建设，有利于提高全省湿地保护水平，推进“美丽浙江”工作建设。此外，杭州西溪湿地是罕见的城中次生湿地，杭州湿地保护要走保护与利用协同发展的道路，为全国城市湿地的保护与管理提供新道路、新经验，打造湿地管理工作“杭州新样本”“浙江金名片”。

二、有利于进一步促进美丽经济的发展

湿地资源既是生态资源又是景观资源，是推进全域旅游发展的重要条件。文化旅游产业对杭州市经济社会发展具有强大的拉动作用。推动旅游业的高质量发展需要高质量的生态保护。创建国际湿地城市可以提高杭州在全域旅游产业方面的竞争力，增强旅游业对城市经济的带动作用。文化

创意需要能激发无限灵感的环境，优质的生态环境是文化创意的基础。创建国际湿地城市可以助推文化创意产业的发展，有助于开展湿地保护宣传教育活动，推动研学旅行项目的进行。湿地资源是重要的生态环境，通过保护和开发后的湿地公园又是生活环境、投资环境和营商环境，有利于为浙江省、全国经济高质量发展和科技学术创新提供优良的整体投资环境和营商环境。

三、有利于进一步促进美丽文化的建设

湿地不仅是打造“美丽之窗”外在环境美的重要抓手，也是打造“美丽之窗”内在文化美的重要载体。通过创建国际湿地城市可以挖掘杭州湿地文化潜力，提高我国湿地文化软实力。通过梳理湿地文化发展脉络、加大湿地文化宣教力度，将湿地保护融入湿地公园建设中，丰富湿地公园内容、提升湿地文化影响力，甚至也可以将湿地保护融入文明城市的创建之中，实现人的全面发展和社会全面进步。

第二节　杭州创建国际湿地城市有助于打造“幸福之窗”

随着我国社会生产力水平的显著提升，人民群众的需求呈多样化、多层次、多方面的特点，开始追求更稳定的工作、更满意的收入、更可靠的社会保障、更舒适的居住条件、更优美的环境、更丰富的精神文化生活。[①] 杭州创建国际湿地城市可以多方位地提高居民幸福感，助力打造“幸福之窗”，提升良好生态环境普惠度，不断提升人民群众对良好生态环境的获得感和幸福感。

一、可以提高居民绿色就业福利

一方面，湿地的建设和保护可以吸纳大量的劳动力就业。一般而言，

① 叶晓楠，马明阳．“八个更”：人民需求的新期盼［N］．人民日报，2017－08－16.

湿地公园需要招聘大量居民作为管理员、保洁员、保安、监督员等相关工作人员，参与到湿地保护与管理工作中，创建国际湿地城市可以通过促进居民开展生态种植、生态养殖、生态旅游等项目，拓宽增收致富的渠道，增加居民收入，缩小收入差距，实现从绿水青山到金山银山的转化。另一方面，通过湿地或湿地公园建设，将生态优势转化为产业优势，增强湿地周围的发展活力，为社会发展提供更多的就业岗位，缩小城乡居民收入差距，助推浙江省共同富裕示范区建设。

二、可以提高居民绿色环境福利

居民福利的改善不仅是经济福利，也包括生态福利。“保护生态环境就是保护生产力，改善生态环境就是发展生产力。良好的生态环境是最公平的公共产品，是最普惠的民生福祉。”① 湿地具有提供休闲旅游、调蓄洪水、涵养水源、调节气候等重要的生态功能。杭州创建国际湿地城市有利于全面提升城市环境，改善水质、净化空气，为居民提供休闲娱乐的绿意空间。依托湿地修建休闲游憩绿道，加强湿地与城市生活空间的融合，让群众过上出门即可赏绿的幸福生活，改善湿地周边的居住环境。将湿地污染整治与城市河流治理相结合，净化城市河流水体、改善城市河流整体环境。京杭大运河（杭州段）整治前的 20 世纪 90 年代，运河沿线的居民因黑臭水体纷纷选择“逃离运河”。自 21 世纪以来，京杭大运河（杭州段）整治完成后，运河沿线的房地产成为“水景房”，均价比非水景房高出 30% 以上，人们热衷于“亲近运河”。杭州以大运河杭州段为轴，正努力打造中国大运河国家文化公园的经典园，使之成为浙江共同富裕示范区的文化生态实践范本。

三、可以提高居民绿色精神福利

居民福利的改善不仅是经济福利，也包括精神福利。中国式现代化是物质文明和精神文明相互协调的现代化，共同富裕示范区的建设是收入水

① 中共中央文献研究室编．习近平关于社会主义生态文明建设论述摘编［M］．北京：中央文献出版社，2017：4.

平和文化水准的共同富裕。打造“幸福之窗”生活必须重视人们精神富足和文化充实。创建国际湿地城市本着为人民服务的宗旨，全方位考虑人民的需求，可以通过创建重点湿地、湿地公园以及增加湿地公园的娱乐性、便民性的基础设施，来丰富居民的精神生活，打造人们茶余饭后的休闲场所、享受文化熏陶的艺术长廊。

第三节　杭州创建国际湿地城市有助于打造“善治之窗”

习近平总书记强调：“推进国家治理体系和治理能力现代化，必须抓好城市治理体系和治理能力现代化。”创建国际湿地城市需要治理主体的协同配合、治理制度的加快制定、治理手段的“双脑”配合，是全面提升治理能力的过程，有利于推动杭州建成“善治之窗”，提升我国城市现代化治理水平，为浙江省以及我国其他城市治理提供可复制可推广的经验。

一、有利于促进治理主体的协同配合

创建国际湿地城市是党委领导、政府主导、企业主体、公众参与的过程。创建国际湿地城市是一项牵一发而动全身的重大工程，必须在市委、市政府的坚强领导下积极推进。湿地或者是公共产品，或者是准公共产品。湿地保护与管理涉及多个部门的职能，需要加强协调机制建设，避免在管理过程中造成各个部门互相掣肘而造成管理低效率。湿地的建设和运营、湿地周边的开发和利用，必须发挥市场机制的决定性作用。湿地保护为人民，湿地保护靠人民。在湿地保护中，必须提高群众在湿地生态修复、湿地生物多样性监测、湿地生态环境监督、湿地文化宣传教育方面的参与度，充分发挥高等学校和科研机构的人才和技术优势，充分发挥社会组织的监督和参与作用。创建国际湿地城市需要协同发挥多个治理主体在生态文明建设中的重要作用，推动浙江成为新时代全面展示中国特色社会主义制度优越性的重要窗口。

二、有利于加快湿地治理的地方性法规制定

加强湿地保护法律制度建设既是湿地保护国际组织的外部要求，也是杭州创建国际湿地城市的内在要求。2022 年 6 月开始施行的《中华人民共和国湿地保护法》（以下简称《湿地保护法》）为我国湿地保护管理提供了根本的法律遵循。国家林业局和浙江省此前已分别出台《湿地保护管理规定》《浙江省湿地保护条例》，以加强湿地保护管理。西湖、西溪湿地、苕溪、钱塘江等均已制定了与湿地保护相关的专门地方性法规，但是还缺乏一部湿地保护的综合性法规。《杭州市湿地保护条例》已经纳入 2022 年度人大立法规划。由于市委已经明确提出了创建国际湿地城市，这就需要加快《杭州市湿地保护条例》的立法步伐，为促进创建国际湿地城市和湿地生态文明建设提供法治保障。

三、有利于推动湿地的数字化治理

从一定角度看，“制度 + 技术 = 治理”“法制化 + 数字化 = 治理现代化”。数字化水平的提高和数字化改革的推进是杭州创建国际湿地城市不可或缺的重要手段。发挥杭州数字经济的优势，通过创新数字技术，提高湿地智慧管理水平，建设并完善城市智慧治理体系。引领全省以数字化改革牵引生态保护管理全面转型升级，推进先进技术在赋能城市治理方面发挥重要作用，提升我国城市治理数字化水平。

从历史上看，治水是社会治理的重要组成部分，在江南地区甚至是核心内容。法国著名法学家孟德斯鸠在《论法的精神》一书中就指出：“必须勤劳智慧才可以居住与长期生存之地，需要温和政体。这种地方主要有三类：埃及、荷兰与中国美丽的浙江省和江南省。”“中国古代帝王不热衷征服战争。他们为强盛而做的第一件事，最能证明其智慧。他们依靠人民辛勤劳动，治理水患，才造就帝国版图最美丽的两个省份。正是这两个省份无比富裕，才令欧洲人对这个泱泱大国具有繁荣富庶之印象。”[①] 从人与水的关系角度看，这段话的基本含义是：第一，古代治水的三个典

---

① ［法］孟德斯鸠．论法的精神［M］．钟书峰译，北京：法律出版社，2020：303．

范。在古代，治水的典型国家有埃及、荷兰和中国。中国主要是指包括杭州市在内的江南水乡。第二，各国治水有各自特色。埃及的智慧在于利用尼罗河的泛滥为农业灌溉服务，荷兰的智慧在于利用低洼地及水域为产业发展服务，中国的智慧在于变水患为水利，营造人水和谐的境界。第三，各国治水有共同规律。三个代表性国家的共同之处在于顺应自然之水、追求人水和谐、造福地方百姓。

“国际湿地城市”不是单纯的“国际城市”，也不是单纯的“国际湿地”，而是“国际城市”与“国际湿地”的有机结合。杭州城市的魅力就在于人水相亲、人水和谐，水在城中、城在水中。杭州市的三大世界文化遗产即西湖、京杭运河、良渚文化便是最好的例证。前国际湿地公约组织秘书长皮特·布里奇华特充分认可杭州湿地保护与利用模式，认为“西溪湿地综合保护工程为全球其他湿地的建设提供了很好的经验，也为21世纪全球各地进行城市中湿地的保护和利用提供了科学、有效的模式。”[①] 国际湿地城市的创建，可以展望一幅美丽浙江的图景：城市融入自然、自然延伸入城，城市水脉相连、水脉贯通城市，一个“山水相融、湖城合璧、拥江枕河、人水相亲”的湿地水城格局就此拉开。总之，杭州市创建国际湿地城市，一定能成为具有中国辨识度的、具有国际高水准的“重要窗口”，为建设世界一流的社会主义现代化国际大都市提供坚实的生态保障。

① 刘毅．保护利用湿地 释放生态红利［N］．人民日报，2020－04－19.

第二章

杭州创建国际湿地城市的 SWOT 分析

杭州市拥有江、河、湖、海、溪“五水共导”的自然环境，是第一个国家级城市湿地公园的诞生地。杭州创建国际湿地城市是时代的必然选择。本章采用 SWOT 分析方法，综合分析杭州创建国际湿地城市的优势、劣势、机遇和挑战，给出杭州创建国际湿地城市的策略选择。通过 SWOT 分析揭示，杭州创建国际湿地城市既有优势又有劣势，但是优势大于劣势；既有机遇又有挑战，但机遇大于挑战。

第一节 杭州创建国际湿地城市的优势分析（S）

一、湿地资源丰富多样

杭州市湿地资源类型丰富，有近海及海岸湿地、河流湿地、湖泊湿地、沼泽湿地和人工湿地 5 大类 21 种类型，现有 8 公顷以上的湿地面积 14 万公顷（不含水稻田），占全市区域总面积的 8.4%。现全市湿地中列入国际重要湿地名录 1 个，列入国家重点保护湿地名录 2 个，列入省级重要湿地名录 5 个；共建立湿地公园 4 个，总面积达 3304 公顷。

杭州市全域湿地资源分布广泛。杭州历来就以"江南水乡"著称。钱塘江贯穿而过，东部平原为钱塘江河口堆积平原，地势低平，河网纵横，湖泊密布。杭州境内有钱塘江流域和太湖流域两大流域。钱塘江流域上游有著名的新安江和富春江，下游是与海洋交汇的钱塘江；太湖流域有苕溪，汇入太湖。同时有西湖、千岛湖为代表的七大湖，还有西溪和京杭大运河，形成了一个巨大的水网系统。

杭州市湿地功能多样化。杭州市自然地理条件复杂，造就了丰富多样的湿地资源。西溪湿地是著名的城市型湿地公园，西湖则是城市型湿地湖泊。还有诸多不同功能的湿地，比如人工水库型湿地——千岛湖，江海湿地——钱塘区江海湿地，水田湿地——丁山湖湿地和三白潭湿地，水库型水上森林湿地——青山湖湿地，蓄洪型湿地——南湖湿地和北湖湿地，历史恢复湿地——湘湖湿地和铜鉴湖湿地，江滩湿地——咕噜咕噜岛湿地和其他沙洲等。这些湿地都可以建成特色湿地公园，杭州湿地公园建设潜力巨大。

二、湿地城市有机融合

杭州市是典型的天人合一、人水相亲的城市。杭州依水而建，因水而名，由水而生。杭州市在筑城之始，就汲取了郭璞的堪舆思想，根据当时"一湖一江"及三面云山的自然景观，坚持自然环境与人的统一，构画了杭州天人合一的"御砚"形城市景观。西湖、西溪湿地和京杭大运河的发展历程，就是勤劳的杭州人民运用智慧坚持"人在水中，水在城中"的城市建设发展理念，展示了杭州城市人水相亲的美丽画卷。

杭州市是城水和谐共生的典范。西湖是我国唯一一处列入《世界遗产名录》的湖泊类文化遗产。"杭州之有西湖，如人之有眉目"。2011 年，西湖正式列入《世界遗产名录》。2021 年，杭州西湖文化景观获联合国教科文组织希腊梅丽娜·梅尔库里文化景观保护和管理国际奖提名。2014 年，京杭大运河列入《世界遗产名录》，杭州是京杭大运河的终点，是大运河上的"明珠"。京杭大运河的辉煌历史与深厚文化展现了杭州人民保护水、利用水的智慧和对美好生活的追求。2019 年，中国良渚古城遗址被列入《世界遗产名录》。城址是良渚古城遗址的核心，北、西、南三面被天目山余脉围合，位居三山之中。长命港、钟家港等古河道逶迤穿过这片城址，与城址内外星罗棋布、纵横交错的河流湖泊，共同形成了山环水抱的景象，并将城址划分出若干不同的功能区块。

杭州市是保护与利用兼顾的典范。杭州市独特的人水关系，决定了湿地保护与利用的关系。既不能为了湿地保护而放弃湿地利用，又不能为了湿地利用而放弃湿地保护。湿地保护是在城市开发中的保护，城市开发是在湿地保护中的开发。杭州市湿地分布往往与城市互补，湿地保护不是单纯的、机械的远离人的保护，而是在城市开发与湿地利用中的保护。杭州市湿地保护既重视湿地生态功能保护又重视经济功能发挥。西溪国家湿地公园通过湿地与城市相互融合，成为城市开发中湿地保护的典型案例。通过国家湿地公园的设立保护了湿地生态，通过生态旅游等湿地利用促进了居民就业有利于实现共富。杭州市城市开发过程中注重湿地保护，既利用水又保护水。

三、湿地保护水平领先

杭州市是最早建设城市湿地公园的城市，西溪湿地是我国第一个国家湿地公园。2002 年杭州成功申报了杭州西溪国家湿地公园，2003 年正式启动了西溪湿地综合保护工程。通过实施修复自然生态、保护动植物多样性、改善水环境、修复和传承人文生态四大措施，构筑了科学的生态保护体系，已成为建设人与自然和谐相处、共生共荣的宜居城市的重要资源。

杭州市西溪国家湿地公园建设水平全国领先。在全国首次推出“湿地长”治水模式，构建常态化的湿地管理保护机制。杭州市人大出台《杭州西溪国家湿地公园保护管理条例》，使西溪湿地保护与管理工作有法可依、有规可循。杭州市人民政府立足地方特色，把握全局，修订《杭州西溪国家湿地公园总体规划》，打造了我国湿地保护与利用的“西溪模式”。

杭州市西溪湿地是生态经济和谐发展的典型。西溪湿地在严格落实生态容量管控和严守生态红线的基础上，开发了旅游观光、文化体验、生态体验等旅游产品和文创产业系列产品等。自 2005 年开园以来，西溪湿地已累计实现经营收入 23 亿元人民币，累计入园 5000 多万人次，同时带动周边原住民的共同富裕。西溪湿地成为杭州生态旅游的一张“金名片”，实现了湿地保护利用的可持续发展，走出了一条杭州特色湿地保护利用的道路，更为各地探索实践湿地保护与利用提供了思路与样板。

四、湿地保护立法具有基础

杭州市非常重视湿地管理，做到有规可循、有法可依。20 世纪末，杭州市委、市人民政府根据实施西溪湿地综合保护的决策，编制了相关保护规划，之后编制《杭州西溪国家湿地公园总体规划》《杭州西溪湿地周边地区景观控制规划》等多项规划；2005 年浙江省政府发布《关于加强湿地保护管理工作的通知》，编制《浙江省湿地保护规划（2006—2020）》。2012 年《浙江省湿地保护条例》颁布实施，对全省湿地保护管理做出具体部署，将湿地保护作为生态环境建设的重要内容纳入经济和社会发展计划，让湿地管理做到有规可循。

2011 年 6 月 30 日杭州市第十一届人民代表大会常务委员会第三十三次会议审议通过《杭州西溪国家湿地公园保护管理条例》，这是我国最早的湿地公园保护管理地方性法规。2022 年杭州市又再次修订了该条例，对湿地公园的管理体制、管理方式、执法主体等方面作了新规定，旨在推进湿地公园一体化保护。

五、湿地保护规划逐渐完善

杭州市非常重视湿地保护，前后编制了《杭州市湿地保护“十四五”规划》《杭州西溪国家湿地公园生态环境保护“十四五”规划》《杭州市西湖区湿地保护“十四五”规划》等。全面提升西溪湿地保护、管理、经营、研究水平，全方位做好西溪湿地原生态保护提升，进一步完善湿地保护与利用的“西溪模式”，打造世界湿地保护与利用的典范。

杭州市依托城市湿地资源禀赋，坚持规划引领，秉持国际湿地城市建设理念，加快实施《杭州市湿地保护“十四五”规划》；补充调查县级湿地资源状况，高标准编制县级湿地保护“十四五”规划，将湿地保护纳入国民经济和社会发展规划、国土空间规划；形成相对完善的湿地保护规划体系。

第二节 杭州创建国际湿地城市的劣势分析（W）

一、湿地资源保护与城市地位不匹配

一是湿地面积呈现“V”字形。杭州市是著名的江南水乡。但是，在城市化进程中一度出现“重土地、轻湿地”的现象，杭州城西的西溪湿地周边50平方千米湿地仅剩20%左右，白荡海变成房地产，浣沙河变成浣沙路。到2000年左右，湿地率处于“V”字形的低谷。在浙江大学等一大批学者的强烈呼吁下，才开始重视湿地保护，尤其是杭州西溪湿地的保护。目前，杭州市的湿地率正处于“V”字形右侧的上升阶段，杭州西溪湿地保护区达10平方千米以上，西湖从5平方千米扩大到7平方千米，湘湖等一批湖泊得到恢复性保护。但是，与“江南水乡”“湿地水城”相比，仍然有不小差距。

二是湿地面积潜力大。湿地资源普查统计时并没有设置专门的湿地保护部门，存在湿地面积指标管理分属不同部门的现象，导致整体上湿地面积统计不准确。按照机构职能，杭州市湿地保护建设工作主要在林水部门，但水田属于农业部门指标，林水部门统计时并没有将其包括在内。杭州市拥有众多的河、塘、洼、淀和水田等，有相当部分尚未计入湿地面积。

三是湿地资源生态文化底蕴有待挖掘。杭州市自古以来就有“江南水乡”之称，拥有众多的次生湿地。位于钱塘江畔的江海湿地是亚欧大陆候鸟迁徙线路上的重要栖息地，具有巨大的生态价值。同时处于江海交界处，潮汐文化深厚，具有独特的围垦文化和潮涌文化等。但是，长期处于“向何处去”“不确定”的状态，湿地保护的定位亟待明确，江海湿地的文化亟须挖掘。

二、湿地保护参差不齐

一是大型湿地保护水平高而小微湿地保护欠缺。首先，大型湿地保护水平高，建设成效明显。“双西”一体化将湿地与城市相融；青山湖、铜鉴湖、湘湖等湿地都成为杭州知名打卡地，保护建设效果好。其次，小微湿地[①]保护力度较小。杭州市还未建立小微湿地名录，也未制定《杭州市小微湿地保护管理办法》，小微湿地保护相关工作进程缓慢。最后，湿地保护小区建设还未启动。湿地保护小区建设是城市湿地系统中的重要组成部分，是人与自然和谐共处的典型体现。杭州创建国际湿地城市必须进行湿地保护小区建设。

二是湿地开发保护力度差异大。在湿地保护建设中，湿地保护模式、生态修复程度及生态治理标准都不一样，造成湿地保护率、开发程度及生态经济效益等各方面的差异。杭州西溪国家湿地公园经过近 20 年的大力保护和开发，形成了人水和谐共处的典型城市湿地公园，成为著名的国际湿地公园。而位于同一城市的钱塘区江海湿地却处于开发保护的粗放阶段，无论是保护安全性、规范性，还是观赏性、科普性等远远落后于杭州西溪国家湿地公园。

三、湿地保护预警机制不够完善

按照《国际湿地城市认证提名办法》，参加认证的国际湿地城市必须“已经建立湿地生态预警机制，制定实施管理计划，开展动态监测和评估，在遇到突发性灾害事件时有防范和应对措施”。杭州市还未建立完善的湿地生态预警机制。

一是湿地的动态监测和评估还未全覆盖。杭州市湿地面积 14 万公顷，已经实施动态监测和评估的有 1.15 万公顷，仅占 8%，大部分湿地及相关水系要素动态监测还未启动，尚未实现山、水、林、田、湖、草全域全要素覆盖的监测。

二是数字化治理能力有待提升。既有的数字化治理手段不能满足湿地多元化服务需求，“数字湿地”尚未建立，也没有与相关数字化平台进行有效衔接，未能很好地响应数字变革背景下整体智治体系现代化的要求。

三时湿地生态预警分析体系亟须建立。湿地及相关要素是一个自然整

---

① 小微湿地，是指自然界在长期演变过程中形成的小型、微型湿地，乡村小微湿地多以塘田沟渠堰井溪等形态出现，面积在 8 公顷以下。2022 年 11 月 13 日，《湿地公约》第十四届缔约方大会通过中国提议的《加强小微湿地保护和管理》等决议。

体，既有的湿地监测数据范围小且数据量小，还不能很好地建立湿地整体生态预警分析。

四是湿地生态治理的应急管理系统未建立。应急管理系统是建立在湿地的动态监测、预警分析的基础上。湿地动态监测量和分析机制还不能满足应急管理系统的基础要求。

四、湿地保护整体性宣教不够

《国际湿地城市认证提名办法》要求建立专门的湿地宣教场地和湿地保护志愿者制度。杭州市虽然已经以中国湿地博物馆为依托，建立湿地宣传场地，但整体宣传上还不够。

一是湿地博物馆教化功能单一。中国湿地博物馆是以西溪湿地为主的宣传教育场地，其他湿地宣传较少，出现“西溪湿地知名度高，其他湿地知名度低”的现象，比如钱塘区江海湿地还处于开发保护粗放式阶段、临平区丁山湖湿地属于深藏着的“闺秀”。

二是尚未建立全覆盖多层次的湿地宣教场地。杭州市湿地宣教场地数量较少，宣传湿地面积也较少。除杭州西溪国家湿地公园之外，其他湿地宣教场地和相关内容比较少。湿地全面宣传还不够，还未建立从乡镇到县市的多层次、全覆盖的宣教场地。

三是湿地保护志愿者制度不健全。湿地保护志愿者仅在著名湿地较多，而原生态湿地保护和小微湿地保护方面志愿者较少，尚未建立完善的湿地保护志愿者制度。

第三节　杭州创建国际湿地城市的机遇分析（O）

一、习近平生态文明思想的正确指引

浙江省是习近平生态文明思想的重要萌发地。“绿水青山就是金山银

山”理念为杭州创建国际湿地城市提供了明确的思想指引。习近平总书记特别关心杭州市的生态文明建设，对杭州市的生态文明建设寄予厚望：希望杭州市成为美丽中国的样本，把杭州市誉为“生态文明之都”。习近平总书记也高度重视杭州湿地建设。2005 年，第一个国家湿地公园——西溪国家湿地公园开园时他就发来贺信，强调西溪湿地建设对于促进人与自然和谐相处、改善杭州城市生态环境质量、建设国际风景旅游城市具有积极的作用。2020 年 3 月 31 日，习近平总书记来到杭州西溪国家湿地公园考察，他特别强调：“湿地贵在原生态，原生态是旅游的资本，发展旅游不能牺牲生态环境，不能搞过度商业化开发。”① 习近平总书记殷切期望杭州市把西溪湿地和西湖保护作为城市发展和治理的鲜明导向，统筹好生产、生活、生态三大空间布局，在建设人与自然和谐相处、共生共荣的宜居城市方面创造更多经验。习近平总书记对杭州市湿地建设的多次考察和嘱托，为杭州市打造国际湿地城市提供了思想上、政治上、方法上的正确指引。

二、中央支持浙江省高质量发展建设共同富裕示范区

2021 年 5 月 20 日《中共中央国务院关于支持浙江高质量发展建设共同富裕示范区的意见》第六部分就生态文明建设提出了“践行绿水青山就是金山银山理念，打造美丽宜居的生活环境”的明确要求。要求浙江省高水平建设美丽浙江，支持浙江开展国家生态文明试验区建设，绘好新时代“富春山居图”。素有“上有天堂，下有苏杭”之称的杭州市理应在生态文明建设中标准更高、走得更快。在生态理念上，要牢固树立绿水青山就是金山银山理念，使之内化于心并外化于行；在生态环境上，要不断满足人民群众日益增长的优美生态环境与优质生态产品的需要；在生态经济上，要不断提高资源生产率、环境生产率和气候生产率；在生态宜居上，要不断营造人与自然和谐共生的新时代“富春山居图”。国际湿地城市的创建完全符合上述基本要求。

① 江南，郭扬．总书记刚刚来过这里｜让城市更聪明一些、更智慧一些［N］．人民日报，2020－04－02．

三、全国人大常委会颁布实施《中华人民共和国湿地保护法》

2021年12月24日，第十三届全国人民代表大会常务委员会第三十二次会议通过《中华人民共和国湿地保护法》（以下简称《湿地保护法》）。《湿地保护法》的颁布实施将开启我国湿地保护的历史新纪元，标志着湿地保护进入法治化发展新阶段，更是可以为创建国际湿地城市提供前所未有的机遇。

首先，《湿地保护法》要求县级以上人民政府将湿地保护纳入国民经济和社会发展规划，并将开展湿地保护工作所需经费按照事权划分原则列入预算；对本行政区域内的湿地保护负责，采取措施保持湿地面积稳定，提升湿地生态功能。杭州市湿地保护立法工作拥有了“上位法”的保障。

其次，《湿地保护法》要求湿地保护坚持保护优先、严格管理、系统治理、科学修复、合理利用的原则，发挥湿地涵养水源、调节气候、改善环境、维护生物多样性等多种生态功能。从湿地利用方式和功能的发挥方面提升国际湿地城市创建的条件。

最后，《湿地保护法》为杭州市出台湿地保护相关立法提供基础和保障。在《湿地保护法》的框架下，杭州市已经出台了《杭州西溪国家湿地公园保护管理条例》等地方法规，在此基础上有望出台更加全面、更加系统、更加综合的《杭州市湿地保护条例》。

第四节　杭州创建国际湿地城市的挑战分析（T）

一、国际湿地城市的创建越往后难度越大

2017年初，国际《湿地公约》履约国大会首次提出在全球范围启动“国际湿地城市”认证。国际湿地城市认证已完成了第二批，已有43个城市进入国际湿地城市名录。历史经验表明，国际性的“名片”越往后

难度越大。第三批国际湿地城市认证会更加困难，主要表现在以下几个方面：一是竞争更加激烈。开始认证时，谁首先认识到，谁就可以抢占“商机”。大家普遍觉醒后，国内兄弟城市竞争会趋于白热化。二是标准更加高。随着前两批的国际湿地城市创建，评委和专家对于湿地城市的认识更加深入，国际湿地城市“主观标准”会相应的“水涨船高”。三是特色要更明显。前两批国际湿地城市都各具特征和特色，如果简单复制其他城市建设模式，没有自己的特色，是很难通过认证的。

二、国际湿地城市创建面临兄弟城市竞争

国内城市对湿地城市建设日益重视，国际湿地城市认证热情逐渐高涨，造成国内创建国际湿地城市竞争激烈。据不完全统计，除杭州市外，国内已有 5 个城市启动了国际湿地城市创建工作。表 2－1 给出了国内和省内准备创建国际湿地城市的城市情况，包括创建基础和竞争点。

表 2－1　国内和省内准备创建国际湿地城市的城市创建基础和竞争点

城市（省份）	创建基础	竞争点
温州市（浙江省）	湿地生态价值高，三垟湿地被誉为“浙南威尼斯、百墩之乡”；具有“十大重要湿地百大乡村湿地”“蓝色海湾”等建设特色；实行“两步走”工作战略	省内竞争；湿地资源生态价值高；创建国际湿地城市战略鲜明；湿地保护成本相对较低
苏州市（江苏省）	已建成湿地公园 21 个，其中国家级 6 个、省级 8 个、市级 7 个，划定湿地保护小区 84 个，全市自然湿地保护率为 70.4%	湿地分级管理；湿地保护率较高
洛阳市（河南省）	已建包括“河南黄河湿地国家级自然保护区（吉利区）”在内的 7 处城市湿地，新建 9 处城市湿地样板	湿地修复工作体系完善；黄河湿地特色鲜明
淮安市（江苏省）	已完成《淮安市湿地科学考察评估报告》，掌握全市湿地本底资源；成立了淮安市湿地保护管理委员会，明确组成人员和职责；形成部门协调的管理体系	掌握全市湿地本底资源；形成整体性管理体系
保山市（云南省）	保山市位于“中亚”和“东亚—澳大利西亚”国际候鸟迁飞线路的重合区域内，生态区位极其重要。土地资源丰富，容易提高湿地保护率，湿地保护成本低	生态区位好，湿地资源生态价值高；湿地保护成本低

温州市是省内创建国际湿地城市的竞争城市，其湿地资源生态价值高，以“三垟湿地”为代表，被誉为“浙南威尼斯、百墩之乡”。同时创建国际湿地城市战略鲜明，实行“两步走”工作战略：第一阶段（至2023年6月）是要创建从国家到省级的湿地公园体系；第二阶段（2023年6月至2024年）是要凸显特色形成独特的湿地城市风貌。国内其他城市也各具特色，竞争力强。江苏省苏州市已进行了湿地分级管理，形成了湿地公园、湿地保护小区的保护体系，自然湿地保护率为70.4%。河南省洛阳市湿地修复工作体系完善，形成了16处重点湿地。江苏省淮安市已掌握了湿地本底资源，形成整体性管理体系。云南省保山市生态区位好，湿地资源生态价值高，湿地保护成本低。

由此可见，即使冲出了省内，也会面临着国内诸多很有优势的兄弟城市的竞争。一个突出的问题是：越是发达地区，湿地保护的机会成本越大；越是相对不发达的地区，湿地保护的机会成本相对不大。如此，发达地区相较于相对不发达地区创建国际湿地城市难度更大。

三、湿地用地与其他用地之间的矛盾十分尖锐

国际湿地城市认证同时有湿地量和质的要求。如果湿地面积和湿地保护率勉强达标，会在国际湿地城市认证中缺乏优势；如果扩大湿地面积、提高湿地保护率，又面临着巨大的机会成本和保护成本。根据《国际湿地城市认证提名办法》，国际湿地城市创建要求湿地保护率必须在50%以上。杭州市土地资源的稀缺性决定了杭州市难以大幅度增加湿地面积，只能从湿地保护率上做文章。这就要增加现有湿地保护用地面积。一旦成为湿地保护用地，城市建设将无法动用，湿地保护往往造成大面积土地禁止开发，或者开发标准要求极高。在“耕地红线”“生态红线”“城镇开发边界红线”的约束下，会加剧杭州市城市建设用地的稀缺性。另外，湿地生态环境修复需要大量的资金投入。湿地保护用地生态效益大、经济效益小。湿地生态修复资金、湿地保护资金都是不菲的开支，会加大财政负担。

第五节　杭州创建国际湿地城市的策略选择

将上述分析的杭州创建国际湿地城市的优势、劣势、机遇、挑战进行排列组合，可以形成表 2-2 所示的策略矩阵，从中可以得出杭州创建国际湿地城市的不同策略选择。

表 2-2　　　杭州创建国际湿地城市 SWOT 分析及策略矩阵

机遇和挑战 / 优势和劣势		机遇（O）	挑战（T）
		1. 习近平生态文明思想指引 2. 中央支持共同富裕示范区建设 3. 全国人大出台《湿地保护法》	1. 创建工作越往后难度越大 2. 面临兄弟城市白热化竞争 3. 湿地与其他用地矛盾尖锐
优势（S）	1. 湿地资源丰富多样 2. 湿地城市有机融合 3. 湿地保护水平领先 4. 保护立法具有基础 5. 保护规划逐渐完善	机遇—优势（O-S）组合 策略之一："乘势而上"策略 策略之二："优中更优"策略	挑战—优势（T-S）组合 策略之三："主动出击"策略 策略之四："韬光养晦"策略
劣势（W）	1. 湿地资源挖掘不够 2. 湿地保护参差不齐 3. 预警机制不够完善 4. 整体性宣教不够	机遇—劣势（O-W）组合 策略之五："扬长补短"策略	挑战—劣势（T-W）组合 策略之六："无中生有"策略 策略之七："出奇制胜"策略

一、机遇—优势（O-S）

策略之一："乘势而上"策略。突出习近平生态文明思想引领和中央支持浙江高质量发展建设共同富裕示范区政策，充分发挥湿地资源丰富、人水相亲和保护水平领先的优势，彰显杭州市"湿地水城"的显著特色，将杭州市绘制成新时代"富春山居图"。主要举措为：一是打造践行习近平生态文明思想的典范。深入践行习近平生态文明思想及习近平总书记对杭州市的指示批示精神，将湿地保护与城市建设紧密结合，彰显湿地城市建设的以人为本、人与自然和谐共生的理念；坚持生态优先，湿地保护与经济发展并重原则，兼顾湿地保护与城市经济发展，彰显湿地城市建设绿色发展导向；通过生态旅游、生态产品和非物质遗产等形式，实现湿地保护的生态价值转化，打造“绿水青山就是金山银山”的“杭州模式”。二是全力争取成为国家生态文明试验区。打造“湿地水城”，提升杭州市整体湿地建设的质量水平。发挥杭州西溪国家湿地建设经验优势，通过打造“自然保护区”“国家湿地公园”等途径，坚持全面保护、科学修复、合理利用、持续发展原则，高标准建设杭州市国家级、省级等湿地保护体系。用足中央支持共同富裕示范区建设政策，充分利用湿地保护水平领先的优势，提升杭州市整体湿地保护建设质量水平。

策略之二：“优中更优”策略。彰显湿地城市有机融合优势，强化保护立法基础、发挥规划体系完善优势，抓住全国人大出台《湿地保护法》机遇，完善杭州市湿地保护法规体系，奋力打造绿色共富的样版城市。主要举措为：一是构建“湿地湖链大走廊”。与杭州“城西科创大走廊”相匹配，以西湖为起点，往西串联起西溪湿地、梦溪水乡（和睦湿地和五常湿地）、南湖（新西湖）、北湖草荡、南苕溪、青山湖湿地等，自然构成了一条“湿地湖链大走廊”。二是出台系列湿地保护法律法规。在《杭州西溪国家湿地公园保护管理条例》等专门立法基础上，需要加快制定湿地保护的综合性法规——《杭州市湿地保护条例》及配套规定。三是编制湿地保护修复系列规划。编制整体性和具体性系列规划，比如《杭州市湿地保护修复专项规划》《钱塘区江海湿地保护建设规划》等，让湿地保护修复成为杭州市国土空间规划的专项内容。四是打造绿色共富“杭州模式”。通过绿色发展建设共同富裕试点，形成“湿地生态保护+生态旅游”“湿地生态保护+文化旅游”“湿地生态治理+生态产品转化”等湿地资源共富杭州模式，不断创新浙江省共同富裕模式。

二、挑战—优势（T-S）

策略之三：“主动出击”策略。进一步彰显杭州市国际湿地城市创建的诸多优势，从国家重要湿地数量、湿地保护率及人水相亲优势上增加筹码。主要举措为：一是增加国家重要湿地数量。从现在的1处国家重要湿地增加至2—3处，成功打造2处国家重要湿地——千岛湖和桐庐南堡国家湿地公园；力争创建国家重要湿地1处——钱塘区江海湿地。二是分类分区制定湿地保护率。不回避湿地与其他用地矛盾，提升湿地保护率。针对大规模湿地（10公顷以上），建成区外湿地保护率设置为65%以上，采用自然保护区形式；建成区内湿地保护率设置为55%以上，根据实际情况以多用途保护区为主的“自然保护区+多用途保护区”复合形式。针对较大面积湿地（8—10公顷），建成区外湿地保护率为80%以上，以自然保护区形式为主；建成区内湿地保护率设置为70%以上，以多用途保护区为主。针对小微湿地（8公顷以下），建成区外湿地保护率设置为90%—100%，建成区内湿地保护率设置为80%以上，都采取多用途保护区形式。三是凸显“人水相亲”特色，做好湿地“保护、恢复、利用、管理”四篇文章。通过湿地湖链建设打造湿地保护与经济发展综合走廊，凸显特色；严守生态保护红线，确保湿地不破坏、湿地面积不减少，做好保护文章；加强湿地保护生态补偿机制建设，做好恢复文章；重视钱塘区江海湿地及城北郊野湿地公园的建设，做好利用文章；解决“水保护的多头管理”体制问题，做好管理文章。

策略之四：“韬光养晦”策略。凸显杭州市湿地“生态经济协调”“功能多样化”“文化传承”等优势和特色，避开其他城市湿地单纯自然生态价值的劣势。主要举措为：一是打造湿地旅游城市。保障生态功能的同时把湿地纳入重要旅游资源，通过湿地保护区、景区及景点旅游体系，把杭州市建设成为国际性湿地旅游城市。把西溪国家湿地、西湖、千岛湖等湿地建设成国际旅游景点，把湘湖湿地、大运河湿地、钱塘区江海湿地、城北郊野湿地公园等建设成国内著名旅游景点。在发挥生态价值功能的同时兼顾经济效益，从而在经济效益上胜出。二是发挥功能多样化的优势和特色。强化杭州市水网密布优势，建造水要素相连的湿地保护网络。强化杭州市“人水相亲”的优势，通过湿地城市特色风貌规划建设，打造独特“人工湿地城市风貌”，从而在城市湿地保护形态和城市风貌上胜出。三是挖掘杭州市湿地历史文化价值。突出杭州市湿地城市的文化功能，比如杭州西溪湿地挖掘其具有千年历史的农耕文化；挖掘西湖和大运河湿地的历史文化价值，将“大运河国家文化公园”“西湖世界文化遗产”等打造成为湿地资源合理利用的样板；千岛湖湿地则是淳安县千年历史文化和中国水库历史文化价值，从而在文化价值上胜出。

三、机遇—劣势（O－W）

策略之五："扬长补短"策略。遵循"山水林田湖草是生命共同体"的系统思想，整体布局杭州市湿地系统和构建湿地生态预警机制。主要举措为：一是整体布局湿地系统，形成"点—线—面"网络形态。使用河流水系要素把全市河流湿地串连在一起，形成线状湿地系统，包括钱塘江水系湿地轴、苕溪湿地生态保护带、运河湿地文化展示带。建设生态廊道，将湖泊湿地连在线状湿地上，形成"三江（钱塘江、富春江、新安江）七湖（西湖、千岛湖等）一河（运河）一溪（西溪）"的湿地保护格局。通过城市绿地系统规划建设和湿地统一协调管理机制，把除西溪和千岛湖之外的所有湿地点缀在湿地保护大骨架上，包括杭州市境内的大量湖泊、库塘等各类重点湿地，如白马湖、三白潭、闲林水库、沿江湿地等，形成"点—线—面"网络形态湿地系统分布格局。二是构建动态监测、生态预警、应急管理三大体系。构建卫星遥感、空中无人机、远程视频及地面人员组成的"星—空—地"三位一体化的重要湿地动态监测体系。实时、连续、动态地进行湿地生态监测和定量分析，实时监控湿地水质情况、动植物活动、人为活动情况等。构建湿地生态预警体系，分类制定生态预警指标标准，形成"红—橙—黄"预警等级；采用数字智慧技术，建成杭州湿地智慧感知系统，保障全市无重大湿地破坏案件和行为。构建应急管理体系：构建以"局长—分管局长—资源保护科—分局"的完整预警工作领导小组；构建湿地基础信息大数据系统，实施"城市大脑"湿地智慧管理，做到早发现早处理，及时发现及时处理；实现应急安全设施湿地全覆盖，提升重要湿地、小微湿地等在水利防洪、人为突发情况等方面的应急能力。

四、挑战—劣势（O－W）

策略之六："无中生有"策略。稳定湿地保护面积，快速补齐湿地保护志愿者制度和湿地宣教体系，变挑战为机遇、变劣势为优势。主要举措为：一是快速响应《湿地保护法》，稳定湿地保护面积并提高湿地保护率。加快建设江海湿地、河流湿地、湖泊湿地等天然湿地。重视自然生态价值高的天然湿地保护，比如钱塘区江海湿地、城北郊野湿地公园、新安江—富春江河流湿地等，设置“湿地保护红线”，提高湿地保护率。坚持生态优先原则，建设不同等级湿地公园，进行分类管理，形成湿地保护与城市建设之间的协调机制。利用江南水乡优势，依托未来社区建设，加快有条件的社区向湿地社区转型，增加小微湿地保护面积。二是快速建立湿地保护志愿者制度体系。“由点到面”推广湿地志愿者制度，把杭州西溪国家湿地志愿者服务扩展到全部湿地；利用民间组织力量，形成“专家—工作人员—普通民众”的湿地志愿者服务体系，普及湿地生态文化知识，不断提升社会文明程度；鼓励公众参于湿地保护管理工作、宣传湿地保护知识，形成“湿地保护—管理监督—知识传播”的公众参与网络，三是快速完善湿地科普宣教体系。建设“市—区（县）—乡（镇）—小区”多级湿地宣教基地体系，实现湿地科普宣教县（区）全覆盖。开展国际湿地论坛和湿地文化节系列活动，向世界展示我国湿地生态系统治理成果，与民众共建共享湿地绿意空间。推动文化和旅游深度融合，宣传杭州市湿地建设和传播湿地知识等，提升杭州湿地文化软实力和影响力。

策略之七：“出奇制胜”策略。从外部寻求特别指导和政策支持，增加杭州市国际湿地城市创建胜算。主要举措为：一是积极寻求浙江省相关组织机构的特别指导，解决杭州创建国际湿地城市的外部困难和内部问题。充分利用杭州市省会城市的政治优势和地理优势，积极向省里汇报国际湿地城市创建进展，显示杭州创建国际湿地城市的信心，解决杭州市国际湿地城市创建所遇的问题。二是借助国家政策支持，加大杭州市国际湿地城市创建的价值和贡献。以习近平总书记对杭州生态文明建设和西溪国家湿地公园保护的重要指示统一国家有关部门的思想。以浙江省打造“国家生态文明试验区”为契机，向国家争取提高“湿地率”和“湿地保护率”的用地政策。三是邀请国际组织的特别指导和支持，建立杭州市国际湿地城市创建的湿地考察体系。杭州市要让参与创建国际湿地城市专班的人员走出去，和国际组织专家进行交流，学习国内外成功创建国际湿地城市的经验；也要请国际组织专家直接来杭州实地指导湿地公园建设，解决如何满足考察性湿地的需求。可以设立国际湿地组织联络小组，设置专职管理人员和技术人员，切实加强与国际湿地组织的联系，得到实际有力的特别指导，达到出奇制胜的效果。

第三章

杭州创建国际湿地城市的域外经验

截至2023年底，我国已经有两批共13个城市成为国际湿地城市。通过国内已经成为国际湿地城市的省会城市与杭州的比较分析，可以得到宝贵的经验启示。基于国外城市缺乏可比性，本章总结梳理了国内代表性省会城市的国际湿地城市创建经验及对杭州的启示。

第一节 代表性城市国际湿地城市创建的比较分析

一、中国的国际湿地城市创建情况

第一批国际湿地城市认证于2017年启动，国内15个城市递交申请。2018年10月，常德、常熟、东营、哈尔滨、海口、银川6个城市成为首批国际湿地城市。第二批国际湿地城市认证于2019年启动，武汉、长沙、合肥等13个城市向国家林草局递交申请。2022年6月，确定合肥、济宁、梁平、南昌、盘锦、武汉、盐城7个城市成为第二批国际湿地城市。

选择成为国际湿地城市的哈尔滨、海口、银川、合肥、南昌、武汉等省会城市与杭州开展比较分析，总结经验、提炼启示。杭州与代表性国际湿地城市的对比见表 3－1。

由表 3－1 可见，国内创建成功的国际湿地城市总体上湿地资源丰富但经济发达程度不高，如哈尔滨、海口、银川 2021 年人均 GDP 仅为 5 万—8 万元，同为长三角地区的合肥也仅为 12.12 万元，该指标均低于杭州 15.17 万元的水平。因此，杭州创建国际湿地城市的代价和难度普遍高于其他城市。但是，国内代表性城市在成功创建为国际湿地城市之后，均坚定不移推动绿色转型、绿色跨越，扎实推进城市发展和湿地保护深度融合，逐步实现了湿地、城市与人和谐共生，也进一步推动了科普教育阵地建设，加强了国际生态交流合作，打响了城市发展品牌，对于城市长远发展具有很强的指导价值。因此，作为“高投入、高产出”的系统工程，杭州创建国际湿地城市不仅对城市品位提升具有现实意义，而且也将对国内发达城市发展起到重要示范作用。

表 3－1　　杭州与代表性国际湿地城市基本情况比较

城市	创建成功时间	人均 GDP（万元）	境内主要湿地	湿地面积（万公顷）	主要特色
哈尔滨	2018.10	5.352	太阳岛、白鱼泡	19.87	实施三大湿地治理工程
海口	2018.10	7.159	东寨港、海口湾	2.91	建设多层次湿地公园
银川	2018.10	7.915	黄河外滩	5.31	注重配套政策供给
合肥	2022.06	12.119	环巢湖	11.82	规划建设环巢湖湿地群
南昌	2022.06	10.479	鄱阳湖、南矶	15.33	强调综合治理
武汉	2022.06	13.525	沉湖、安山	16.25	政府主导、部门协同、社会参与
杭州	—	14.986	西溪、西湖	14.07	—

注：数据截至 2022 年。

二、代表性城市国际湿地城市考察

1. 哈尔滨

哈尔滨拥有 19.87 万公顷湿地面积，建有国家湿地公园 6 处、省级自然保护区 3 处、水源地保护区 1 处、国家级森林公园 3 处、饮用水源保护地 1 处。建立湿地保护小区和湿地多用途管理区 400 多处，合计保护总面积为 8.33 万公顷，占全市湿地总面积的 60.39%。种子植物 63 科、315 属、848 种，占黑龙江省种子植物的 35% 左右；底栖无脊椎动物 57 种、脊椎动物 6 纲、39 目、105 科、470 种，包括珍稀濒危动物东方白鹳、中华秋沙鸭。

哈尔滨湿地保护具有下列三个显著特色：（1）实施湿地保护"硬工程"。实施三大湿地治理工程，包括"三沟一河"治理、万顷松江湿地、百里生态长廊工程和水生态文明城市建设，总投资 75.1 亿元。（2）实施湿地保护"软工程"。将湿地科普宣教编入课堂教学教案，出版系列湿地旅游宣教出版物 17 套，包括丛书、折页、首日封、有票、明信片、光盘等系列出版物。（3）发挥湿地保护"第三方"作用。2020 年成立市湿地保护协会，加强了湿地企业与科研单位之间联系，利用协会中信息、人才、政策等方面优势，开展生态与湿地保护。

2. 海口

海口拥有 2.91 万公顷湿地面积。通过湿地保护措施，海口市湿地保护率由原来的 16.10% 提升至 55.53%；通过湿地保护力度的不断加大，在东寨港观察到的鱼类分布种类由 2013 年的 119 种增加至 2016 年的 160 种，鸟类由 204 种增加至 212 种，2015 年在东寨港再次监测到全球濒危鸟类黑脸琵鹭；通过羊山湿地的整体性保护，只在我国海南省琼北地区分布水菜花、水角等濒危植物得到有效保护，保障了我国水菜花、水角物种基因的留存。

海口湿地保护的特色是：（1）规划先行引领湿地修复。2017 年发布《海口市湿地保护修复总体规划》，规划建设湿地保护小区共 45 处，系统地将全市小斑块湿地有效保护起来。对黑脸琵鹭、水菜花、野生稻等珍稀濒危动植物和重要水库、独流入海河流水环境修复起到重要作用。（2）生态红线规范湿地保护。建设东寨港湿地自然保护区、海口湾国家级海洋公园，打造五源河、美舍河、响水河、三江 4 个国家级湿地公园和三十六曲溪、铁炉溪、潭丰洋 3 个省级湿地公园及 45 个湿地保护小区。（3）科技创新驱动湿地保护。采用控源截污—内源治理—生态修复—景观提升的技术路线，采取"生态土地平整 + 湿地公园"的模式进行改造，全面推进海口水体治理。

3. 银川

银川拥有5.31万公顷湿地面积，市区湿地率为10.65%，湿地保护率为78.5%。现有自然湖泊、沼泽湿地近200个，其中面积在100公顷以上的湖泊、沼泽20多个，拥有5处国家湿地公园、1处国家城市湿地公园、6处自治区级湿地公园和8处市级公园。记录在册的湿地野生鸟类共239种，国家一级保护动物有黑鹳、中华秋沙鸭、白尾海雕、小鸨、大鸨5种，国家二级保护动物有大天鹅等19种。

银川湿地保护具有下列特色：（1）系列规划保障保护湿地。编制《银川市湿地保护与合理利用规划（2005—2006）》专项规划、《银川市湿地保护规划（2007—2020）》长远规划和《银川市湿地保护战略规划（2018—2030）》，将湿地保护纳入《银川市空间规划（2016—2030）》。（2）法规规章保障湿地保护。通过《关于加强黄河银川段两岸生态保护的决定》《关于加强鸣翠湖等31处湖泊湿地保护的决定》等法规，强化了湿地保护的政策配套。（3）财政预算保障湿地保护。累计投入湿地保护工程项目资金34.5亿元，将湿地管理日常工作经费纳入财政预算，每年区、市两级拨付经费350万元左右。

4. 合肥

合肥拥有11.82万公顷湿地面积，湿地率为10.33%。全市湿地类型分湖泊湿地（占69%）、河流湿地（占8%）、沼泽湿地（占1%）和人工湿地（占22%）4类。拥有国家重要湿地1处、国家湿地公园5处、省级湿地公园3处、国家级风景名胜区1处，湿地保护率达75%。环巢湖湿地鸟类资源共计达18目73科300多种，东方白鹳、白琵鹭、红胸秋沙鸭、蓑羽鹤等珍稀鸟类在此栖息、繁衍。合肥实施环巢湖十大湿地保护修复工程以后，维管束植物和鸟类的种类与数量以及湿地植被面积均显著增加，年净化水量达4亿吨，蓄洪量达2.3亿吨。

合肥市湿地保护具有下列特色：（1）工程措施保障湿地修复。强化环巢湖湿地修复，以湖堤外侧及入湖河流湿地修复为重点，大力实施“退耕、退养、退居还湿”，扩展湿地生态空间。以十五里河、南淝河、兆河等37条入湖河流、滩涂湿地为重点，规划建设10处湿地，形成环巢湖湿地群。（2）规章制度保障湿地保护。出台《合肥市人大常委会关于加强环巢湖十大湿地保护的决定》，印发《环巢湖十大湿地建设计划任务清单》和《环巢湖十大湿地管养技术导则》。（3）财政预算保障湿地保护。自2022年起将连续3年每年安排预算约8500万元，专项用于环巢湖十大湿地生态效益补偿，提高了财政保障能力。（4）科研合作保障湿地保护。与安徽大学资源与环境工程学院进行科研合作，对湿地公园的植被覆盖和土地覆盖类型、重要环境因素、外来物种等开展长期的监测工作。

5. 南昌

南昌湿地面积15.33万公顷，观测有冬候鸟112种、夏候鸟47种，有旅鸟58种、留鸟164种，有国家重点保护鸟类59种。南昌作为东亚－澳大利西亚候鸟迁徙通道的重要中转站，为全球数十万只水鸟（全球数量约75%的东方白鹳和约95%的白鹤）提供了不可替代的栖息地和中转站。南昌高新区五星白鹤保护小区通过湿地保护与修复建设，为全球近4000余只白鹤为应对极端自然环境，提供了关键避难所，被称为“全世界离白鹤最近的地方”。

南昌湿地保护具有下列特色：（1）建立多层次的自然保护区和湿地公园。建有国际重要湿地2处（江西鄱阳湖国家级自然保护区、江西鄱阳湖南矶湿地国家级自然保护区），省级重要湿地4处（瑶湖、青山湖、青岚湖、军山湖），省级湿地公园5处（进贤磨盘洲省级湿地公园、进贤青岚湖省级湿地公园、南昌澄碧湖省级湿地公园、安义北潦河省级湿地公园、南昌瑶湖省级湿地公园），县级湿地保护区1处（南昌县三湖县级自然保护区）。（2）将湿地保护纳入高质量发展目标。南昌市将湿地候鸟保护工作，纳入全市高质量发展综合目标考核的重要内容。成立了越冬候鸟和湿地保护及创建国际湿地城市工作等工作领导小组，并制定相关工作方案，统一部署和协调湿地保护工作。（3）重视财政预算保障湿地保护。全市先后投入700多亿元用于城市湿地的综合治理，加强水系连通性、提升水质、保障饮用水源等预算保障。

6. 武汉

武汉湿地面积16.25万公顷，湿地率达18.9%，有“百湖之市，湿地之城”之称，拥有后官湖、东湖、金银湖、安山、藏龙岛、杜公湖六大国家湿地公园。具有高等维管束植物408种，栖息野生动物413种，其中，国家重点保护野生动物38种，国家一级保护动物有东方白鹳、黑鹳等10种，国家二级保护动物有灰鹤、白琵鹭等28种。不仅湿地资源居内陆副省级城市第一位、居全球内陆城市前三位，武汉还是全国拥有国家级湿地公园最多的副省级城市，现有1处国际重要湿地、6处国家级湿地公园。

武汉市湿地保护具有下列特色：（1）以地方性法规保障湿地保护。2010年，在副省级城市中率先出台《武汉市湿地自然保护区条例》，随后，《武汉市湖泊保护条例》《武汉市基本生态控制线管理条例》等湿地保护地方性法规也陆续出台。（2）以生态补偿制度激励湿地保护。2013年10月，在全国第一个推出湿地生态补偿机制——《武汉市湿地自然保护区生态补偿暂行办法》。自2014年开始，由市、区两级财政每年出资1000万元，对全市5个湿地自然保护区进行生态补偿。（3）以工程措施修复湿地生态。实施长江大保护、两江四岸整治、六湖联通、四水共治、海绵城市、沉湖湿地保护修复等一批重大湿地生态修复工程后，水质稳步提升，湿地生态的蓝绿底色越来越浓。同时，对湿地进行功能划分，湿地自然保护区和湿地公园的核心区严格“留白”。（4）形成多方协同的湿地保护格局。武汉形成“政府主导、部门协同、社会参与”的湿地保护合力，30余个NGO机构、20万名志愿者助力湿地生态保护。依托湿地资源，全市建立至少12处宣教场馆、69处科普基地。

代表性国际湿地城市创建的基本做法见表3-2。

表3-2 代表性国际湿地城市创建的基本做法

城市	发展规划	主管部门	制度建设	监测预警	宣传教育
哈尔滨	《全市湿地保护利用中长期规划（2018—2035年）》	市林业局	《哈尔滨市湿地保护办法》	对资源档案信息化管理	“哈尔滨湿地节”
海口	《海口市湿地保护修复总体规划》	市林业局	《海口市湿地保护若干规定》	红外触发相机生态监测	“湿地之美”湿地保护摄影比赛
银川	《银川市湿地保护战略规划（2018—2030）》	市自然资源局	《关于加强鸣翠湖等31处湖泊湿地保护的决定》	湿地生态监测系统	湿地宣传月
合肥	《合肥市湿地公园发展规划（2013—2030年）》	市林业和园林局	《合肥市人大常委会关于加强环巢湖十大湿地保护的决定》	对生态状况监测评估、预警	主题宣传展览

续表

城市	发展规划	主管部门	制度建设	监测预警	宣传教育
南昌	《南昌市湿地保护工程规划（2016—2020年）》	市林业局	《南昌市湿地保护管理办法》	鄱阳湖湿地生态系统监测预警平台	“南昌湿地有多美”融媒体宣传采风活动
武汉	《武汉市湿地保护总体规划》	市园林和林业局	《武汉市湿地自然保护区条例》	生物多样性智慧监测系统	武汉市湿地之城宣传片

第二节　代表性城市国际湿地城市创建的基本经验

一、把湿地保护纳入区域发展规划，确保湿地保护和开发科学性

为实现湿地可持续发展，代表性城市注重编制湿地保护与利用的长远规划，为中长期自然生态系统保护与修复提供决策依据。通过严格执行法规和方案形成较为完整的生态保护体系，利用建设湿地、恢复地表植被，合理的调控生态补水等手段，维持了城市湖泊湿地生态系统的稳定性。以生产、生活、生态“三生融合”为重点，完善空间规划体系，优化空间布局，如出台《海口市湿地保护修复总体规划》《合肥市湿地公园发展规划（2013—2030年）》《武汉市湿地保护总体规划》等。

二、成立湿地管理的专门组织和机构，常态化开展湿地保护

为更好实现湿地保护利用，代表性城市普遍强调顶层设计，建立了湿地保护管理的组织机构体系和多方协调机构，成立负责湿地保护管理的专门部门，在湿地公园设置管理站，并配置专职的管理和专业技术人员，分解落实责任，形成“大生态”“大环保”合力。如哈尔滨成立了“哈尔滨

市湿地保护管理领导小组”，明确了市、县（区）政府主体责任，并由市湿地和林业自然保护区管理中心具体负责湿地常态化保护；武汉成立市湿地保护中心，将发改、自然资源、水务、生态环境、农业农村等机构湿地保护职责纳入中心工作，形成多部门、多组织、多成员的联动保护格局。

三、颁布法规规章和标准，将湿地保护纳入城市考评体系

为解决在城市建设用地需求和湿地面积保护的矛盾，代表性城市重视制度的引领作用，构建多层次湿地保护与合理利用的法律法规体系和湿地监测体系。通过部门间例会、通报、考核、督察等协调机制，将国际湿地城市创建关键指标如湿地面积、湿地保护率、湿地生态状况等纳入各级政府、部门目标责任和考核体系，形成齐抓共管责任体系。如银川对黄河银川段两岸湿地保护区域划定了500米的区间红线，对鸣翠湖等31处湖泊湿地根据面积大小，划定50—100米不等的区间红线，禁止开发建设和经营活动。

四、实施湿地生态修复工程，以系统整体思维开展湿地保护

为推进优质生态产品供给和恢复湿地功能，代表性城市普遍建设扩湖增容、退田（塘）还湖、河湖连通、植被恢复、鸟类栖息地修复、湿地管理等项目，并重视推进纵横交错的水域网络建设。按照宜耕则耕、宜林则林、宜草则草、宜湿则湿、宜荒则荒、宜沙则沙原则，通盘安排湿地生态退耕、国土绿化等生态建设。按照自然恢复为主和“谁保护、谁受益，谁修复、谁受益”的原则，开展湿地土地综合整治试点等各项工作，形成不同的模式。如海口东寨港湿地生态修复工程项目于2019年3月18日开工建设，共退塘2550亩，新增红树林面积1950亩，合计栽种桐花树、红海榄、秋茄等红树苗100多万株。

五、重视湿地科学研究，与大学、科研院所、社团组织等开展合作

湿地科学研究水平的高与低，直接关系到湿地的有效保护。加强湿地

科研机构建设是保证湿地研究的重要手段。代表性城市十分重视湿地调查和科学研究工作，组织专家就湿地调查、分类、形成演化、生态保护、污染防治、防灾减灾、水资源安全、合理开发利用与管理等领域开展了多维度多领域的科学研究，推广应用了一批湿地保护与恢复实用技术。如2021年南昌林业局与江西林业科学研究院签订战略合作协议，合作开展湿地领域理论研究与技术创新；武汉市园林局与市观鸟协会共同发起武汉重点区域鸟类监测，200余位资深观鸟爱好者组成志愿者队伍，在武汉开展有规律的鸟类观测与科学研究。

六、湿地保护经费纳入财政预算，并争取各级资金参与湿地建设

将湿地管理日常工作经费纳入财政预算，优化湿地保护与修复资金投入，加大湖泊湿地保护与恢复的财政保障力度，是国际湿地城市创建的普遍做法。如合肥2020—2021年争取中央水污染防治资金1.56亿元，分配用于巢湖槐林、栖凤洲、马尾河、十八联圩等湿地修复。2016年以来争取中央、省级林业转移支付资金4084万元，用于补助巢湖半岛、柘皋河等省级以上湿地公园。自2022年起，将连续三年每年预算安排约8500万元，专项用于环巢湖十大湿地生态效益补偿。

七、建立湿地生态预警实施机制，开展动态监测与评估

为更好针对湿地实际采取保护恢复措施，代表性城市重视技术应用，建立湿地生态监测预警系统。通过监测平台软件开展实时远程监控，对珍稀动植物的生存状况进行记录。重视水资源利用与保护，积极采取措施解决水资源短缺和污染问题。加强湿地污染防治，在水资源优化配置、调整用水结构、普及现代节水技术、提高水资源有效利用率等方面做工作。如武汉“智慧湿地”建设项目，通过在监测区域布设自运行、自供能全要素感知设备，每半小时扫描一次湿地场景，基本覆盖核心鸟类栖息地分布情况。截至2021年底，系统识别出40多种鸟类鸣叫声音，获取到86万条声音数据。

八、重视湿地宣传教育，引导社会参与湿地保护开发

为了提高全社会湿地保护意识，代表性城市围绕创建国际湿地城市主题，建立了湿地保护志愿者制度，开展了多种形式的宣传教育活动，大力宣传湿地的功能效益和湿地保护的重要意义。利用报纸、电视、网络、社交平台和数字媒介等各类媒体，利用“世界湿地日”“爱鸟周”和“野生动物保护月”等时机，组织开展宣传活动，宣传湿地保护法律法规，普及湿地科普知识。如开展“哈尔滨湿地节”、银川湿地宣传月、海口“湿地之美”湿地保护摄影比赛、“南昌湿地有多美”融媒体宣传采风等活动。

第三节　代表性城市国际湿地城市创建对杭州的启示

一、处理好保护与开发的关系

湿地保护与开发是辩证统一的关系。从逻辑上看，保护是开发的基础，开发是保护的手段。杭州必须高点定位、高水平规划，借鉴国际国内成熟经验，在保护中适度开发，在开发中加强保护，必须避免“重开发、轻保护”与“只保护、不开发”这两种现象。“重开发、轻保护”降低了湿地的生态功能和景观功能，将对湿地造成不可逆转的严重影响。“只保护、不开发”忽视了湿地的经济功能和社会功能，长期来看也不利于湿地保护。杭州在创建国际湿地城市过程中，必须立足杭州“人间天堂”“生态文明之都”等定位，面向浙江，示范全国，走向世界。合理运用系统理论，完善湿地保护规划，实施湿地治理修复工程，构建多层次、全方位的保护、治理与开发体系。在科学开发湿地的同时，必须达到国际湿地城市刚性指标，如“湿地保护率不低于50%”等。为了保险起见，“湿地率”和“保护率”都要适当留有余地。

二、处理好城市与湿地的关系

城市的经济功能、社会功能与湿地的生态功能、景观功能之间具有密切关系。国际湿地城市建设的目标就是将湿地的生态功能、景观功能放大为城市的生态功能、景观功能，将城市的经济功能、社会功能内聚为湿地的经济功能、社会功能，形成“湿地入城、城在湿地”的格局。与以保护为主、与城市关联不足的湿地创建路径不同，杭州应发挥“天人合一、人水相亲”优势，坚持湿地与城市融合发展，妥善处理好湿地与湿地、湿地与周边社区、湿地功能与城市功能之间的关系，尤其是重视杭州城市湿地保护“重西南、轻东北”的问题，明确城北郊野湿地公园和钱塘区江海湿地公园定位及下一步建设方向，处理好湿地内外河流的协同治理难题，如解决好西湖、西溪湿地钱塘江引流之后的污水净化及排放问题，讲好“杭州湿地故事”。杭州要发挥政府、非政府组织、社区在湿地保护开发合力，优化提升“组团式、网络化、生态型、一体化”空间布局，将不同类型湿地串联为点、线、面相结合的体系，凝练提升杭州“一河（湖）一策”先进经验，形成湿地与城市融合发展格局。

三、处理好生态与经济的关系

处理生态与经济关系的重点是厘清湿地的生态用地与其他功能用地的关系。事实上，从短期看，这两者是有矛盾的，在用地指标一定的情况下，生态用地的增加必然挤压其他功能用地的面积，这种矛盾在杭州表现得尤为明显。但是，从中长期来看，保证湿地生态用地同样能够收获水资源、旅游观光等经济价值和生物资源、教育科研等社会价值。杭州在创建国际湿地城市中必须以系统性观念，坚持生态优先，以美丽“提质”和“两山”转化为重点，分阶段、分步骤、分重点地优化产业布局，以空间总体规划和系统性治理手段，推动杭州历史文化遗产保护与传承，统筹发挥生物多样性保护、供水防洪排涝、旅游观光休憩、生态产品供给等功能。在国际湿地城市创建中，杭州要发挥好特色优势，把握好生态经济化和经济生态化关系，健全完善生态产品价值实现机制，拓宽“绿水青山”向“金山银山”的转化通道。

四、处理好市场与政府的关系

在湿地保护开发方面，既要规避政府力量的过度干预，反对政府大包大揽，又要避免市场力量的无序扩张，反对湿地范围内的“会所经济”。既要发挥市场在湿地开发中的主导作用，又要更好发挥政府在湿地保护中的引领作用。为了更好发挥政府作用，要通过立法确保湿地作为永久性生态用地对其进行保护和统一维护管理；在湿地系统修复、生态治理等方面予以财政专项资金支持；加强多元主体在城市湿地治理中的协同合作，推动社会企业、非营利组织、科研机构和公众共同参与湿地治理。为了更好发挥市场作用，要成立政府类投融资平台或混合类项目法人开发建设纯公益性湿地项目，鼓励杭州金融机构对湿地项目进行融资支持；建立环境保护开发基金，发行湿地保护与开发专项债券；在杭州各级政府中建立与重大项目相对应的生态补偿机制，在项目效益中提取适当比例资金，专项用于湿地保护。

五、处理好科技与制度的关系

既要避免“科技强、制度弱”的问题，又要避免“制度强、科技弱”的问题，实现科技与制度的相互匹配。一方面，要重视制度体系的保障。基于《湿地保护法》，结合杭州实际，对标国际先进做法，出台与国际湿地城市创建配套的地方法规、任务清单、实施方案、监测预警、科普宣传等制度文件，健全系统完备的标准体系、监测体系和现代治理体系。明晰杭州市国际湿地城市创建工作中各部门、各级政府的责任界定，在制度构建层次、政策制定层次和政策执行层次，既要分系统推进，又要多系统协同。另一方面，要重视科学技术的应用。加强信息化建设，强化数字赋能、整体智治和集成治理。杭州可借助城市大脑建立统一的湿地信息平台，完善湿地监测体系，对关键指标开展摸底和跟踪调查，针对指标数据开展综合研判。创新开展湿地碳汇评估和潜力分析，系统探索湿地环境保护、资源利用和气候价值实现的新路径。

值得指出的是，杭州创建国际湿地城市既不能故步自封，要借鉴域外经验，又不能照搬照抄，要坚持杭州特色。将杭州市与已经成功创建国际湿地城市的国内城市做比较，从城市经济发展水平看，其他城市总体上低于杭州市的水平，这说明杭州创建国际湿地城市面临着更高的机会成本；从城市与湿地的关系看，其他城市或者是城市与湿地是分离的，或者是湿地的保护与利用是分离的，而杭州市则是“城在水中，水在城中”“保护中利用，利用中保护”。

第四章

杭州创建国际湿地城市的总体构想

杭州湿地资源丰富，具有类型种类多样、生物多样性丰富、珍稀濒危物种较多、生态价值领先全国、生态服务功能显著等特点，“中国十大魅力湿地”——杭州西溪湿地更是走出一条保护和合理利用双赢的湿地保护“西溪模式”。然而，美中不足的是杭州还未荣获湿地保护利用最高荣誉称号——“国际湿地城市”。2021 年，国家林业和草原局《关于支持浙江共建林业践行绿水青山就是金山银山理念先行省、推动共同富裕示范区建设的若干措施》中明确“支持杭州创建国际湿地城市”。为了确保成功创建国际湿地城市，需要明确创建总体思路及目标，对照标准寻找创建国际湿地城市的主要差距，提前安排有效路径补足创建国际湿地城市的短板，开启湿地保护利用的新篇章。

第一节　杭州创建国际湿地城市的总体思路和目标

一、杭州创建国际湿地城市的总体思路

坚持以习近平新时代中国特色社会主义思想为指导，认真践行习近平生态文明思想，按照《国际湿地城市认证提名办法》指标的具体要求查漏补缺，夯实杭州创建国际湿地城市的支撑条件，以“山水相融、湖城合璧、拥江枕河、人水相亲”为美丽蓝图，以保护健康、稳定、安全的湿地生态系统为核心，以江、河、湖、海、溪“五水共导”为抓手，切实做好全市湿地资源的保护、恢复、利用、管理“四篇文章”，全力推进国际湿地城市创建，争当浙江高质量发展建设共同富裕示范区城市范例，加快建设美丽中国样本和生态文明之都，为建设世界一流的社会主义现代化国际大都市提供坚实的生态保障。

（一）指导思想

坚持以习近平新时代中国特色社会主义思想为指导，认真践行习近平生态文明思想，深入贯彻党的十九大和十九届历次全会精神、习近平总书记对杭州的指示批示精神，坚持生态优先、绿色发展，厚植生态文明之都优势，彰显美丽中国样本特色，按照顺应自然、保护自然的建设理念，重点保护湿地生态系统及珍稀野生动植物资源，开展湿地系统性生态修复，引导和促进合理利用湿地资源，充分发挥湿地综合效益，加快打造成新时代“富春山居图”。

（二）创建标准

创建国际湿地城市由 16 个指标构成，包括重要湿地数量、湿地率、湿地保护率、湿地保护规划、协调机制、湿地保护专门机构、湿地保护法规或规章、高质量发展综合绩效评价、水资源管理、湿地利用、科普宣

教、志愿者制度、湿地保护修复措施、湿地监测管理计划及生态预警机制、否定性指标和其他，各个指标都有创建标准，且各个指标越接近标准得分越高。

（三）美丽蓝图

在湿地保护利用之路上，杭州继续高水平推进西湖西溪一体化保护提升工程，加强千岛湖优质水体综合保护，提升湘湖、铜鉴湖等知名湿地综合保护和利用水平，打造世界湿地保护与利用的典范。推动钱塘江、苕溪、大运河等流域的治理与水生态修复保护，强化流域生态联防共治，实施运河山水景观连廊工程，持续提升“三江两岸”人文景观。成功绘制杭州市湿地保护和利用的“山水相融、湖城合璧、拥江枕河、人水相亲”的美丽蓝图。

（四）“五水共导”

“五水”包括江、湖、河、海、溪。江是指钱塘江；湖是指以西湖为代表的各类湖泊；河主要是指京杭运河杭州段和杭州市区 291 条河道；海是指杭州湾，杭州湾畔的钱塘区，充分做好杭州湾“海”的文章；溪是指以西溪为代表的各类湿地。“五水共导”是指要在治理好水环境的基础上，引水入湖、引水入溪、引水入河，疏通城市水脉，保护城市水系，改善城市水质，做活城市江、河、湖、海、溪，通过“五水共导”，做到“人水和谐”，实现城市与人、自然、文化的完美结合，提升城市居民的生活品质。

（五）“四篇文章”

指湿地资源的保护、恢复、利用、管理这“四篇文章”。湿地保护坚持生态优先、绿色发展，完善湿地保护制度，健全湿地保护政策支持和科技支撑机制，保障湿地生态功能和永续利用。湿地恢复指被侵占或破坏的湿地坚持自然恢复为主、自然恢复和人工修复相结合的原则，通过地形改造、植被恢复、栖息地营造、引水补水（水系沟通）等手段恢复湿地，重构生态功能完善的湿地生态系统，发挥其巨大的生态调节功效。湿地利用指在湿地范围内从事旅游、种植、水产养殖、航运等利用活动，但要避免改变湿地的自然状况，并采取有效措施减轻对湿地生态功能的不利影响。湿地管理指通过建立湿地资源调查评价制度、面积总量管控制度、湿地保护专门机构、湿地保护志愿者以及编制湿地保护规划等，确保湿地总量不减少，严格控制占用湿地的行为，按照监测技术规范开展重要湿地动态监测、评估和预警工作。

二、杭州创建国际湿地城市的总体目标和具体指标

总体目标：以打造“闻名世界、引领时代、最忆江南”的“湿地水城”为总目标，通过夯实湿地资源本底、优化湿地保护管理条件、健全科普宣教和志愿者制度以及加强湿地生态修复和监测预警管理等措施，切实提升创建国际湿地城市的支撑条件，力争增加湿地面积，完善湿地保护制度体系，深度挖掘湿地资源特色和文化底蕴，全力打造“西湖西溪一体化”“大运河国家文化公园”“钱塘江涌潮”“千岛湖世界湖泊”等湿地可持续利用典范。构建“一河（运河）二溪（西溪、苕溪）三江（新安江、富春江、钱塘江）十湖（西湖、千岛湖、白马湖、青山湖、南湖、北湖、湘湖、丁山湖、阳陂湖、铜鉴湖）百个大小微湿地，一万里碧水，十万顷湿地”的湿地保护格局，实现湿地生态系统健康稳定、湿地生态功能充分发挥、湿地资源利用可持续发展，提升钟灵毓秀人间天堂的独特魅力、彰显形胜繁华“三吴都会”的千年风韵，建设全国湿地保护与管理的“重要窗口”和世界湿地修复与利用的“示范样板”，成功创建“国际湿地城市”。

具体指标：《杭州市创建国际湿地城市工作方案》（杭政办函〔2022〕31号）指出：“到2025年底，全市湿地率不低于8%，湿地保护率达到60%以上，全面达到国际湿地城市认证指标要求，成功创建国际湿地城市。”课题组认为，杭州市应该把握第三次国际湿地城市认定的“时间窗口”，时间节点应当提前。到2023年底，至少新增国家重要湿地1处、省级重要湿地2处；湿地率保持在8%以上，确保湿地面积三年内不减少，湿地保护率达到60%；实现湿地保护纳入国民经济和社会发展规划，加快湿地国土空间落地；成立湿地保护专门机构，出台《杭州市湿地保护条例》，湿地面积、湿地保护率等纳入高质量发展综合绩效评价体系；建立湿地保护志愿者制度和湿地监测、管理计划及生态预警机制；全市无重大湿地破坏案件和行为。国家重要湿地是指符合国家重要湿地确定指标，

湿地生态功能和效益具有国家重要意义，按规定进行保护管理的特定区域。湿地率是指城市的湿地总面积占该城市国土面积的比例。湿地保护率是指城市受保护的湿地面积占该城市湿地总面积的比例。

第二节　杭州创建国际湿地城市的主要差距

对标《关于特别是作为水禽栖息地的国际重要湿地公约》和国家林业和草原局制定的《国际湿地城市认证提名办法》指标，明确杭州在创建国际湿地城市建设中存在的差异。《国际湿地城市认证提名办法》16 个指标的总分值为 100 分，杭州市自评得分为 57 分，课题组评价得分为 61 分。杭州市自评时间较早，课题组评价就在近期；杭州市自评比较严格，课题组评价相对客观。两者有高低之分，但基本结果一致，均表明杭州在创建国际湿地城市中还存在较大差距。具体见表 4－1。

表 4－1　国际湿地城市认证提名指标与杭州市实际情况比对表

序号	指标类型	指标名称	单项分值	具体内容	支撑材料	备注	已经完成情况	自评得分
1	资源本底	重要湿地	8 分	区域内应当至少有 1 处国家重要湿地（含国际重要湿地），或者 2 处省级重要湿地	批准文件	符合基本条件为 5 分，每增加 1 处国家重要湿地（含国际重要湿地）加 1 分，每增加 1 处省级重要湿地加 0.5 分，总分不超过 8 分	杭州市现有国际重要湿地 1 处，省级重要湿地 4 处，萧山湘湖、余杭三白潭、富阳富春江咕噜咕噜岛、淳安千亩田。西湖、富阳阳陂湖、杭州大湾区、淳安千岛湖已申报省级重要湿地	杭州市：7 分 课题组：7 分

续表

序号	指标类型	指标名称	单项分值	具体内容	支撑材料	备注	已经完成情况	自评得分
2	资源本底	湿地率	9分	滨海城市湿地率≥10%，且湿地面积3年内不减少	以第三次国土调查，年度国土变更调查和湿地专项调查等数据为准，湿地面积是《土地利用现状分类》(GB/T 21010—2017)中湿地归类表的13个二级类（不包括水田）和浅海水域的面积之和；湿地率计算时分母应为国土面积与浅海水域面积之和；“不减少”是指用最新的丰水期（7—9月）遥感解译数据与3年数据相对比	湿地率≥10%<15%，7分；湿地率≥15%<20%，8分；湿地率≥20%，9分	/	/
				内陆平原城市湿地率≥7%，且湿地面积3年内不减少	以第三次国土调查、年度国土变更调查和湿地专项调查等数据为准，湿地面积是《土地利用现状分类》(GB/T 21010—2017)中湿地归类表的13个二级类（不包括水田）和浅海水域的面积之和；湿地率计算时分母应为国土面积与浅海水域面积之和；“不减少”是指用最新的丰水期（7—9月）遥感解译数据与3年数据相对比	湿地率≥7%<10%，7分；湿地率≥10%<13%，8分；湿地率≥13%，9分	/	/

续表

序号	指标类型	指标名称	单项分值	具体内容	支撑材料	备注	已经完成情况	自评得分
2	资源本底	湿地率	9分	内陆山区城市湿地率≥4%，且湿地面积3年内不减少	以第三次国土调查、年度国土变更调查和湿地专项调查等数据为准，湿地面积是《土地利用现状分类》（GB/T 21010—2017）中湿地归类表的13个二级类（不包括水田）和浅海水域的面积之和；湿地率计算时分母应为国土面积与浅海水域面积之和；“不减少”是指用最新的丰水期（7—9月）遥感解译数据与3年数据相对比	湿地率≥4%<6%，7分； 湿地率≥6%<8%，8分； 湿地率≥8%，9分	全市湿地率为8%	杭州市：9分 课题组：9分
3	保护管理条件	湿地保护率	8分	≥50%	批准建立各种保护形式的文件或证明	湿地保护率≥50%<55%，6分； 湿地保护率≥55%<60%，7分； 湿地保护率≥60%，8分	全市湿地保护率为51.36%	杭州市：6分 课题组：6分

续表

序号	指标类型	指标名称	单项分值	具体内容	支撑材料	备注	已经完成情况	自评得分
4	保护管理条件	湿地保护规划	8分	湿地保护修复纳入当地国民经济和社会发展规划；在国土空间规划中有专门针对湿地保护修复的内容；编制了湿地保护专项规划，基本保障了湿地保护修复投入需求	(1) 当地最新的国民经济和社会发展规划； (2) 国土空间规划中有专门针对湿地生态系统保护的内容； (3) 湿地保护专项规划； (4) 地方政府对湿地保护安排资金证明	4个条件同时满足的为8分，每减少1个条件扣2分	(1)《杭州市国民经济和社会发展第十四个五年规划和二〇三五年远景目标纲要》中“第十二篇 坚持人与自然和谐共生，建设新时代美丽中国样本”中“第三十八章建设湿地水城”。 (2) 杭州市国土空间规划中已有专门针对湿地保护的内容表述，但尚未发布。 (3) 已印发实施《杭州市湿地保护“十四五”规划》。 (4) 已完成《杭州市湿地生态保护补偿实施办法（试行)》项目事前绩效评估，计划对受保护的121.8万亩湿地给予每亩30元的补偿，拟争取补偿资金3654万元	杭州市：4分 课题组：6分

续表

序号	指标类型	指标名称	单项分值	具体内容	支撑材料	备注	已经完成情况	自评得分
5	保护管理条件	协调机制	3分	当地人民政府已经建立由相关部门组成的国际湿地城市创建工作机构	相关文件	已成立国际湿地城市创建工作机构的为2分；运行情况为1分	已成立杭州创建国际湿地城市工作领导小组	杭州市：3分 课题组：2分
6		湿地保护专门机构	8分	已经成立湿地保护管理的专门机构，配置专职的管理和专业技术人员，开展湿地保护管理工作	当地编办文件；地级及以上城市所辖主要湿地县级政府成立专门管理机构，配备专门人员	当地已成立专门湿地保护管理机构的（编办文件为准）为4分；有专职管理和专业技术人员的为2分；所辖主要县级人民政府成立专门管理机构的为2分		杭州市：0分 课题组：0分
7		湿地保护法规或规章	8分	湿地保护法规或规章	当地人大或人民政府颁布实施的湿地保护法规或规章	有湿地保护相关法规或规章的，其中由人民政府通过的为7分；由人大通过的为8分		杭州市：0分 课题组：0分
8		高质量发展综合绩效评价	10分	将湿地面积、湿地保护率、湿地生态状况等保护成效指标纳入当地高质量发展综合绩效评价等制度体系	纳入高质量发展综合绩效评价体系的湿地保护成效指标或文件，以及实施情况说明	纳入高质量发展综合绩效评价体系的湿地保护成效指标或文件为5分；实施效果为5分	森林和湿地资源状况已纳入高质量发展综合绩效评价体系，其中湿地资源状况考核指标为湿地面积、湿地保护率、湿地生态状况指数	杭州市：5分 课题组：5分

续表

序号	指标类型	指标名称	单项分值	具体内容	支撑材料	备注	已经完成情况	自评得分
9	保护管理条件	水资源管理	8分	在水资源管理、污染防治工作中体现湿地保护修复理念并采取具体措施	(1) 面源污染管控措施; (2) 点源污染防治措施; (3) 节水和水资源综合利用; (4) 重要湿地水质和水量保障措施	4个条件同时满足的为8分，每减少1个条件扣2分	已落实面源污染管控措施、点源污染防治措施和节水和水资源综合利用相关措施，但是重要湿地水质和水量保障措施还未落实，杭州市重点流域水生态环境保护“十四五”规划中已将恢复湿地生态系统列为主要任务	杭州市：6分 课题组：6分
10		湿地利用	6分	符合生态优先及合理利用原则，综合考虑湿地保护和湿地供给、调节、文化以及支持功能的有效发挥	湿地生态旅游、相关生态产业开展情况及产生的效益	湿地利用情况符合生态优先及合理利用情况为2分；相关产业开展情况为2分；产生效益的为2分	杭州市湿地生态旅游、相关生态产业已开展，并产生较好效益。下一步将开展《杭州市湿地生态系统综合效益评估》	杭州市：6分 课题组：5分

续表

序号	指标类型	指标名称	单项分值	具体内容	支撑材料	备注	已经完成情况	自评得分
11	科普宣教与志愿者制度	湿地宣教	6分	有专门的湿地宣教场所，或依托保护形式建立的宣教场所，并且开展了专门的湿地宣教活动	（1）宣教场所的建设及运行情况说明	1.5分	已建成少量宣教场所，并开展世界湿地日等宣传活动。未形成完善的宣教体系	杭州市：3分
					（2）世界湿地日开展的活动	1.5分		
					（3）开展的其他宣教活动	1.5分		课题组：6分
					（4）利用网络开展宣传活动	1.5分		
12		湿地保护志愿者制度	3分	建立了湿地保护志愿者制度并开展了相关活动，组织公众积极参与湿地保护和相关知识传播活动	（1）湿地保护志愿者制度	1分	已开展湿地保护志愿者和相关知识传播等活动，但并未建立湿地保护志愿者制度，“十四五”规划已将“建立湿地保护志愿者制度”纳入目标	杭州市：2分
					（2）志愿者参与人数及活动开展情况	1分		
					（3）社区参与情况（协会、观鸟会或自然保护组织等）	1分		课题组：2分
13	所依托重要湿地的管理	湿地保护修复措施	10分	针对该湿地已经采取湿地保护修复措施并且取得较好成效	（1）湿地保护修复项目的立项数量	3分	西溪湿地、萧山湘湖、淳安千亩田等部分重要湿地采取保护修复措施并且取得较好成效。缺少对重要湿地整体保护修复情况的评估分析	杭州市：6分
					（2）经费投入	3分		
					（3）湿地保护恢复开展情况和效果	4分		课题组：7分

续表

序号	指标类型	指标名称	单项分值	具体内容	支撑材料	备注	已经完成情况	自评得分
14	所依托重要湿地的管理	湿地监测、管理计划及生态预警机制	5分	针对该湿地已经建立湿地生态预警机制；制定实施管理计划；开展动态监测和评估，在遇到突发性灾害事件时有防范和应对措施	（1）湿地管理计划及应急预案	2分	无	杭州市：0分
					（2）湿地年度动态监测数据与评估报告	3分		课题组：0分
15	湿地破坏	否定性指标	重要湿地	（1）开(围)垦、填埋、排干湿地或者擅自改变湿地用途，永久性截断湿地水源； （2）过度放牧、捕捞； （3）排放不达标的生活污水、工业废水； （4）破坏湿地野生动物栖息地和鱼类洄游通道； （5）破坏湿地及其生态功能的其他活动		如果在所依托的重要湿地中存在这5种情形的，一票否决。以最新国土调查数据和遥感数据并加以人工核实为准	无	

续表

序号	指标类型	指标名称	单项分值	具体内容	支撑材料	备注	已经完成情况	自评得分
16	湿地破坏	否定性指标	其他湿地	近3年来发生了重大破坏案件和行为		经中央级和省级新闻媒体报道，引起广泛社会关注的湿地破坏行为	无	

注：“自评得分”这一列中：“杭州市”为杭州市林业水利局自评得分、“课题组”为本课题组自评得分。

各个指标的具体得分及存在不足，分析如下：

1. 湿地资源本底不够雄厚

湿地资源本底用重要湿地数量及湿地率来衡量，这两个指标满分分别为8分和9分，杭州市和课题组自评分别为7分和9分，基本满足要求。

（1）重要湿地：包括国家重要湿地（含国际重要湿地）和省级重要湿地，现拥有西溪国际重要湿地1处，萧山湘湖、余杭三白潭、富阳富春江咕噜咕噜岛、淳安千亩田省级重要湿地4处，但杭州市湿地资源丰富，重要湿地数量完全有条件进一步增加。

（2）湿地率：杭州市城市类型为内陆山区城市，湿地率指标基本要求是湿地率≥4%，且湿地面积3年内不减少；杭州市湿地率为8%，能够拿到满分，但杭州市在维持湿地面积与经济发展之间矛盾依旧存在，湿地面积3年内维持不减少困难较大。

2. 湿地保护管理条件差距不小

湿地保护管理条件包括湿地保护率、湿地保护规划、协调机制、湿地保护专门机构、湿地保护法规或规章、高质量发展综合绩效评价、水资源管理、湿地利用8个指标。该8个指标的满分分别为8分、8分、3分、8分、8分、10分、8分和6分，杭州市自评得分分别为6分、4分、3分、0分、0分、5分、6分和6分，课题组自评得分分别为6分、6分、2分、0分、0分、5分、6分和5分。协调机制、湿地利用这2个指标杭州市自评得分高于课题组自评得分，归因于课题组认为这2个指标还需要进一步完善，未能得满分。湿地保护规划指标课题组自评得分比杭州市自评得分高2分，归因于课题组认为“杭州市国土空间规划中已有专门针对湿地保护的内容”则“湿地保护规划”指标可以加2分。其他5个指标杭州市和课题组评分一致。湿地保护率、湿地保护规划、高质量发展综合绩效评价和水资源管理4个指标基本满足要求；湿地保护专门机构和湿地保护法规或规章2个指标缺失，两个指标得分均为0分。

（1）湿地保护率：杭州市现有的湿地保护率为51.36%，该指标得分6分，离满分8分（要求湿地保护率≥60%）还存在一定距离；若湿地保护率达到60%，则需新增湿地保护面积11600公顷，存在较大压力。

（2）湿地保护规划：《杭州市国民经济和社会发展第十四个五年规划和二〇三五年远景目标纲要》《杭州市国土空间总体规划（2021—2035年）》《杭州市湿地保护“十四五”规划》中均体现湿地保护内容，制定并安排了相应资金用于湿地保护，但《杭州市国土空间总体规划（2021—2035年）》尚未发布，且地方政府对湿地保护安排资金证明材料缺失。

（3）协调机制：已成立以市长为组长的“杭州市创建国际湿地城市工作领导小组”，并将其纳入《杭州市湿地保护“十四五”规划》中。一方面，要切实加强领导，确保该机构良好运行；另一方面，要在领导小组下面成立相关工作专班，进行专题攻关。

（4）湿地保护专门机构：该指标具体要求是已经成立湿地保护管理的专门机构，配置专职的管理和专业技术人员，开展湿地保护管理工作。杭州市还未成立湿地保护管理的专门机构，只是将其纳入《杭州市湿地保护“十四五”规划》中，该指标不能满足要求。

（5）湿地保护法规或规章：该指标具体要求是当地人大或人民政府颁布了湿地保护法规或规章，但杭州市人大或人民政府还未颁布湿地保护法规或规章，只是将其纳入《杭州市湿地保护“十四五”规划》中，该指标不能满足要求。

（6）高质量发展综合绩效评价：杭州市已将湿地面积、湿地保护率、湿地生态状况等保护成效指标纳入高质量发展综合绩效评价体系，并将其纳入《杭州市湿地保护“十四五”规划》中，但湿地保护实施效果的凝练总结工作不充分，后续需要加强相关的凝练总结工作。

（7）水资源管理：在节水和水资源管理、点源和面源污染防治工作中，均体现湿地保护修复理念并采取具体有效措施；在重要湿地水质和水量保障措施方面，西溪湿地采取切实有效的水质和水量保障措施，其他重要湿地水质和水量保障措施需要进一步加强。

（8）湿地利用：西溪、西湖等重要湿地，湿地利用基本符合生态优先合理利用原则，综合考虑湿地保护和湿地供给、调节、文化以及满足相关要求，但是缺少杭州全市湿地利用整体效益评估。

3. 科普宣教和志愿者制度不够健全

科普宣教和志愿者制度由湿地宣教和湿地保护志愿者制度 2 个指标组成，这 2 个指标满分分别为 6 分和 3 分，杭州市自评得分分别为 3 分和 2 分，课题组自评得分分别为 6 分和 2 分。湿地宣教包括宣教场所的建设及运行情况说明、世界湿地日开展的活动、开展的其他宣教活动、利用网络开展宣传活动 4 个支撑材料，每个支撑材料均为 1.5 分；杭州市自评得分认为只有“宣教场所的建设及运行情况说明、世界湿地日开展的活动”2 个得分项，但课题组认为“开展的其他宣教活动、利用网络开展宣传活动”这两项工作均已开展，只是缺少相关支撑材料收集，因此课题组自评给予满分 6 分。

（1）湿地宣教：杭州市已有 7 个湿地宣教基地，依托宣教基地，开展了世界湿地日等宣教活动，并利用网络开展宣传活动，但还未形成完善的宣教体系。

（2）湿地保护志愿者制度：杭州市已开展湿地保护志愿者和相关知识传播等活动，但未建立湿地保护志愿者制度，只是将其纳入《杭州市湿地保护“十四五”规划》，需要尽快建立湿地保护志愿者制度。

4. 湿地管理体系不够完善

湿地管理体系包括湿地保护修复措施和湿地监测、管理计划及生态预警机制 2 个指标，这 2 个指标满分分别为 10 分和 5 分，杭州市自评得分分别为 6 分和 0 分，课题组自评得分分别为 7 分和 0 分，湿地保护修复措施指标勉强满足要求，而湿地监测、管理计划及生态预警机制这一指标缺失。课题组认为杭州市湿地保护恢复工作取得较好效果，因此“湿地保护修复措施”指标自评得分比杭州市高 1 分。

（1）湿地保护修复措施：西溪湿地、萧山湘湖、淳安千亩田等部分重要湿地已采取保护修复措施并且取得较好成效，比如西溪湿地建立了保护和合理利用双赢的湿地保护“西溪模式”等，但需要加强湿地保护立项数量、经费投入等支撑证明材料收集工作以及修复效果的总结凝练和评估分析工作。

（2）湿地监测、管理计划及生态预警机制：杭州市未完全建立湿地监测、管理计划及生态预警机制，已将其纳入《杭州市湿地保护“十四五”规划》中，需要尽快制定湿地管理计划及应急预案、湿地年度动态监测方案，加强相关监测数据分析与评价工作。

5. 湿地破坏行为

湿地破坏行为为否定性指标，杭州市湿地未发生破坏性行为。

（1）否定性指标：杭州重要湿地未发生开（围）垦、填埋、排干湿地或者擅自改变湿地用途，排放不达标的生活污水、工业废水，破坏湿地野生动物栖息地和鱼类洄游通道等破坏湿地行为。

（2）其他湿地：近 3 年来未发生重大破坏案件和行为。

从得分情况看，除了 2 个否定性指标外，满分的只有“湿地率”“协调机制”和“湿地利用”3 个指标；零分的有“专门机构”“法规规章”和“预测预警”3 个指标；其他 8 个指标均有扣分。从整改难度情况看，“专门机构”“水资源管理”“科普宣教”“志愿者制度”4 个指标，难度相对较小，只要责任到人、积极推进，就可以完成；“湿地保护规划”“法规规章”“综合绩效评价”“湿地保护修复措施”“监测预警”4 个指标，是有一定难度的，但是可以解决的，需要大力推进；“重要湿地数量”“湿地保护率”2 个指标是难度极大的，需要强力推进才可解决。而“湿地率”指标虽然可赋分满分，其实保持稳定很不容易。因此，杭州创建国际湿地城市不可掉以轻心。

第三节 杭州创建国际湿地城市的路径安排

一、夯实湿地资源本底

（一）有序推进重要湿地建设

依托杭州市现有国际重要湿地和省级重要湿地，进一步健全湿地分级保护制度，扩大国家重要湿地（含国际重要湿地）名录，有效推动省级重要湿地申报，加快市县级重要湿地名录发布，明确重要湿地管控要求，保护一批典型湿地。打造西湖、千岛湖国家级、国际一流湿地，提升杭州大湾区、千亩田高山沼泽、余杭三白潭等市域特色湿地，力争西湖、富阳阳陂湖、淳安千岛湖、钱塘区江海湿地成功申获省级重要湿地。到2023年底，至少新增国家重要湿地1处、省级重要湿地2处。

（二）严守湿地保护底线

提高政府对湿地资源的保护和管理能力，确保湿地率稳定在8%以上。严守生态保护红线，对纳入生态保护红线范围的湿地，实行严格管控，确保湿地面积不减少。建设杭州大湾区国家湿地公园等其他国家湿地公园，扩展杭州市国家公园的湿地面积。实施西溪湿地原生态保护提升行动，增加西溪湿地公园内的湿地面积，高标准建设“无废湿地”，提升湿地率。丰富湿地保护小区、水源地保护区等湿地多用途管理区保护方式，统筹提升杭州市湿地保护率，制定出台《杭州市湿地保护小区建设方案编制指南》等湿地保护方案，分解下达各区、县（市）湿地保护率目标任务，稳步提升湿地保护率。

二、优化湿地保护管理条件

（一）全面落实湿地保护规划

严格落实《杭州市国民经济和社会发展第十四个五年规划和二〇三五年远景目标纲要》《杭州市国土空间总体规划（2021—2035年）》中有关湿地保护相关内容。全面落实《杭州市湿地保护“十四五”规划》，进一步管控杭州市湿地生态空间，切实加强湿地生态修复、湿地文化传承、湿地可持续利用工作，制定并安排足够的资金用于湿地保护，督促各区县编制完成县级湿地保护“十四五”规划。

（二）成立湿地保护专门机构

对标国家林业和草原局制定的《国际湿地城市认证提名办法》，积极对接杭州市委编办，成立各级湿地保护专门机构，加快完善杭州全市湿地管理职责体系。加强区、县（市）湿地保护机构建设，区、县（市）人民政府设立湿地保护管理机构，全面负责区、县（市）的湿地管理工作。

建立完善区、县（市）、乡、村级管护联动网络，推进湿地保护与自然资源管理有效结合，创新湿地保护管理形式。

健全市县级湿地保护机构队伍，各相关部门在设置岗位、引进人才时，有针对性地引进湿地保护相关专业的人才，提高湿地保护管理机构业务能力。定期选送相关人员参加湿地相关的技术、管理、政策培训，不断提高湿地保护专职人员的业务和政策水平。大力推进与浙江大学、浙江农林大学等高等院校人才联合培养工作，通过创建湿地保护学院、在职培训等模式，做好湿地管理专业技术人才保障机制。

（三）尽快出台《杭州市湿地保护条例》

根据《湿地保护法》《浙江省湿地保护条例》等上位法，在《杭州市湿地保护条例》纳入 2022 年杭州市人大调研项目的基础上，建议将《杭州市湿地保护条例》调整为 2023 年度正式立法项目，确保在 2023 年上半年出台《杭州市湿地保护条例》。明确湿地规划与建设、保护和利用、监督与管理等的方针、原则和行为规范，规范管理程序及对违法行为的处理方法等，为开展湿地保护与合理利用提供基本的行为准则。

（四）加强湿地水资源管理

（1）加强点源污染防治。深入实施城镇污水处理厂提标改造，加强雨污分流监管工作，确保源头雨污分流到位，出水水质满足污染物排放标准。根据《浙江省农村生活污水处理设施管理条例》相关要求开展污水处理设施运行、维护、管理工作，选择具有相应能力的运维单位对污水处理设施进行运行维护，强化农村污水治理设施运营管理，确保农村污水处理设施水质达标排放。

（2）深入推进农业面源污染防治。积极发展现代化生态循环农业，深入实施农业清洁化生产。深化“肥药两制”改革，积极引导、鼓励和支持种植主体综合采用测土配方施肥、有机肥替代、农作物病虫害绿色防控和统防统治等肥药减量技术与模式。加强湿地上游水源涵养林及两岸绿化带的建设和保护，确保对上游地区农业农村面源污染的治理。深入推进农田氮磷拦截沟建设，减少氮磷污染。加强与学校、科研院所合作，因地制宜共同开展农业面源污染治理新技术、新模式、新途径的研究工作，从源头减量、过程拦截等不同途径建立适用于湿地的面源污染防治技术库，实现有效控制农业面源对湿地的污染。

（3）大力推进湿地节水和水资源综合利用。综合考虑杭州市湿地资源现状，制定杭州市湿地水资源综合利用规划或方案，作为开发利用湿地水资源与防治水污染活动的基本依据；深入实施《杭州市节水行动实施方案》，结合杭州市湿地保护“十四五”规划，大力推进湿地节水行动的落实，提高节水工作系统性，实现优水优用、循环利用。湿地公园全面使用节水器具，公园内新建公共建筑严格执行“节水三同时”制度和《节水型生活用水器具》标准，积极创建节水型单位。

（4）多措并举保障重要湿地水质和水量安全。以西溪湿地、萧山湘湖等重要湿地为对象，通过配水等措施确保湿地水量既能满足生态需水量要求，又能确保湿地内部水体流动。完善重要湿地管网基础设施，实行雨污分流排水体制，加强污水和初期雨水的收集治理工作，不断加强湿地排水管网常态化巡查维护工作，杜绝污水管网跑冒滴漏影响湿地水质现象。湿地内植物绿化和病虫害防治倡导以生物治理为主，逐步减少对杀虫剂等农药的依赖和使用，大力推广高效、低毒和低残留的生物农药及其他可持续发展的植物绿化管理模式，进一步保护湿地水质和生物栖息地环境安全。

三、健全科普宣教和志愿者制度

（一）强化湿地科普宣教

广泛开展湿地宣传教育，厚植生态文明理念，营造全民共建氛围。举办湿地保护研讨会，建设宣教场所，组织世界湿地日等系列活动，推动湿地保护知识进学校。制定实施创建国际湿地城市宣传活动方案，制作国际湿地城市宣传片（中英文版），投放湿地公益广告，杭州市主要媒体开辟创建国际湿地城市专栏。围绕创建工作主题，加强宣传引导，营造良好氛围。利用电视、报刊、短视频等媒体宣传弘扬湿地生态文化，普及湿地科普知识，宣传湿地保护法律法规，吸引广大市民积极参与国际湿地城市创建活动，切实提高市民的知晓率和参与度。

（二）建立湿地保护志愿者制度

出台《杭州市湿地保护志愿者管理办法》，鼓励市民参与湿地保护志愿工作，加深市民对湿地保护和湿地文化的认识。组织湿地公园、湿地保护小区、湿地文化教育基地、湿地学校、观鸟协会或自然保护组织等开展不同主题的湿地志愿活动，将开展志愿活动与促进湿地环境改善相结合，有效维持湿地生态系统自我修复功能，保护湿地植被及生态系统健康。

四、加强湿地生态修复和监测预警管理

（一）提升湿地科研技术水平

依托中国科学院、中国林业科学研究院、浙江大学、浙江农林大学、浙江省自然博物馆、西溪湿地生态系统国家级观测研究站等科研院校技术力量，组建湿地技术顾问小组及专家咨询小组。建立专业培训基地，培养一线湿地专业人才，鼓励参与国内外湿地建设的交流活动，增强湿地保护业务能力。加强保护技术、修复技术、管理技术和资源监测技术等基础理论和应用技术研究。选择湿地保护、湿地恢复、水禽栖息地修复、湿地水文水质动态监测、退化湿地评估、湿地生态状况评价等方面存在的问题为突破口，确定研究方向及具体项目，提升杭州湿地科研技术水平。

（二）有效推进湿地保护修复

以西湖、西溪、千岛湖、湘湖、大湾区等重点湿地为对象，以不同重要湿地现存问题为导向，采取科学治理手段，以自然恢复为主、人工恢复为辅，基于自然的理念，对面积减少和生态功能退化的湿地，通过湿地植被恢复、栖息地修复营造、生态廊道建设、湿地环境整治、有害生物防治等生态工程措施，修复退化湿地生境，提升湿地生态功能。对照《杭州市湿地保护三年行动计划（2021—2023年）》中西湖西溪一体化和千岛湖提升工程中的主要工程建设情况，加快推进建设进度滞后的工程，对生态修复效果不理想的工程提出整改措施，确保达到最佳生态修复效果。西湖西溪一体化保护提升工程，持续优化水生态，注重保护生物多样性，深入挖掘文化内涵，提升文化展示水平，打造“全球知名的世遗保护典范、世界级湿地保护修复利用样板、普惠共享的人民大公园、城市生命共同体的新蓝本”。在湘湖、铜鉴湖、三江汇、阳坡湖、南堡湿地、南湖湿地等湿地开展河道常态化清淤、生态护岸及植物植被、地形地貌等修复工作开展过程中，因地制宜，充分融入文化要素，不同的湿地采用不同的修复技术，突出各自的亮点和特色，打造成国内知名湿地。衔接《杭州市湿地

保护“十四五”规划》，在湖荡、河流适宜区域实施沼泽湿地修复工程，恢复典型沼泽湿地，逐步扩大沼泽湿地规模；积极开展饮用水源保护区库塘退田还库（湿），恢复扩大库塘湿地面积，建设滨岸湿地植被带，针对库塘湿地生态特征，修复从上游丘陵山体溪流、小型河流到库塘水体之间以湿地植被为主的前置库生态缓冲带。将湿地建设与水生态环境关键节点相结合，在污水处理厂下游、支流入干流口、河湖入库口建设功能型湿地，同步实现水质净化与生态环境美化。

（三）建立湿地监测、管理计划及生态预警机制

（1）系统布设监测点位。以杭州市重要湿地为重点，充分调研，以代表性、连续性、多功能性为原则，以可达性为基本要求，依据有关标准和监测规范，结合不同湿地水系特点和水环境功能区具体要求，在湿地内部分水体不连通的池塘、湿地上游水系、湿地下游水系等水体布设水质监测点位，同时布设降雨量、流量、流速等水文监测点位。

（2）湿地年度生态环境动态评价。将湿地斑块调查、湿地生态状况、湿地生态服务功能和价值、湿地生态环境质量纳入调查监测范围。建立湿地专项调查监测领导小组，全面准确地掌握湿地资源的实际数据和动态变化。建立由多部门参与、分工协调、相互补充的湿地资源监测体系，实现监测数据共享共用。基于湿地水质、水量、生物多样性等实际监测数据结果，运用适用的评价模型，高质量编制年度报告——《杭州市重要湿地生态预警监测报告》。

（3）建立湿地水质预测预警体系。开发以“自动监测—遥感影像解译—湿地水文模拟—三维水质模拟”为核心，依托湿地水环境自动监测系统，建立湿地水环境质量感知层，获取大量水质原始数据，并对其赋予特定的算法，模拟出未来重点监测湿地出入湿地流量、水动力和水质指标的空间分布及动态变化，即刻自动生成“杭州市湿地水质态势报告”，根据态势报告预测湿地未来的水质变化趋势。

（4）制定湿地环境突发事件应急预案。为了及时有效地处理因暴雨造成内涝、外涝、溃坝以及其他有害污染物泄漏等突发事件，强化事件管理责任，明确事件处理中各级人员的职责，最大限度地控制突发事件的扩大和蔓延，编制湿地环境突发事件应急预案。应急预案应包括预案编制目的与工作原则、应急预案体系、组织指挥机制、监测预警、信息报告、应

急监测、应对流程和措施、应急终止、事后恢复、保障措施和预案管理等内容。

（四）加强湿地保护修复总结凝练工作

广泛收集各区、县（市）已经开展的湿地保护修复项目研究成果，湿地保护管理部门自己或委托浙江大学、浙江农林大学等高等院校，及时总结和凝练湿地保护修复研究成果，并在主流媒体、杂志等公开发表，加大杭州市湿地保护工作的社会影响力。各区、县（市）之间以及林水局、生态环境局等部门之间进一步加强交流，注重湿地保护修复成果的共享，保证相关研究成果能够落到实处，为实际的湿地保护管理提供科学支撑。

五、杜绝湿地破坏等违法活动

严格落实各级政府保护管理、常态防控责任制度，遏制各种破坏湿地生态的行为，定期组织对湿地保护利用工作的监督检查，严厉查处违法利用湿地的行为；造成湿地生态系统破坏的，由湿地保护管理相关部门责令限期恢复原状，情节严重或逾期未恢复原状的，依法处理。

重点监察开（围）垦、填埋、排干湿地或者擅自改变湿地用途等行为。建立对水域开发以及用途变更的生态影响评估、审批管理程序，实施水域开发环境影响评价制度，严格依法论证、审批并监督实施。同时要研究水域占用费的制度与办法，采用经济措施来调控水域占用和防止多占滥占。增强污水处理能力，严格控制污水排放，减少污水排放量。优化杭州湿地生物多样性保护建设格局，重点提升杭州西溪湿地、余杭区北湖草荡、钱塘区江海湿地、临安区千顷塘、淳安千岛湖等湿地生物多样性保护水平，加强湿地生物多样性就地保护。

第五章

杭州创建国际湿地城市的对策建议

创建国际湿地城市，既要对标补短，又要创新扬优。杭州创建国际湿地城市，有必要完善组织保障、规划保障、法治保障、投入保障、社会保障等方面的政策与措施。本章就杭州市湿地保护立法、湿地保护规划、湿地保护体制、湿地保护机构等方面提出对策建议。

第一节　加强杭州创建国家湿地城市的组织保障

一、健全湿地保护与管理体制

（一）明确湿地保护管理体制

湿地的保护、规划、建设和管理等工作涉及许多行业与领域，涉及多个主管部门，需要明晰湿地保护管理体制以及长效化协同配合机制。需要通过《杭州市湿地保护条例》来规定和理顺湿地保护管理体制。湿地保护工作要实行政府综合协调、分部门实施、跨部门协同配合的管理体制，建立跨部门间的公共决策协商联动机制。建议杭州市人民政府加强统一领导，市、区、县（市）、乡镇街道齐抓共管，杭州市林水局组织协调，发改委、财政、自然资源、交通、水利、生态环境、农业、旅游等有关管理部门各负其责，共同做好湿地保护工作。

（二）明确部门职责分工

一是建议市林业行政主管部门负责全市湿地保护的组织、协调、指导和监督工作，负责湿地保护统筹协调机制日常工作。区、县（市）林业行政主管部门要按照规定的职责分工负责本行政区域内全市湿地保护的组织、协调、指导和监督工作。二是建议本市各级发展和改革、财政、生态环境、水利、农业农村、城乡建设、规划和自然资源、城市管理、交通运输、教育、旅游、文化、城市绿化、应急管理等行政部门按照职责分工，将国际湿地城市创建工作列入本部门重要议事日程，各司其职、协同攻坚，形成工作合力。三是建议有关部门在办理环境影响评价、国土空间规划、养殖、防洪等相关行政许可时，加强对有关湿地开发利用活动的必要性、合理性以及湿地保护措施等内容的审查，以及湿地生态系统综合效益评估。

二、构建湿地保护协调配合机制

（一）区、县（市）要加快成立湿地保护专门机构

杭州市和区、县（市）两级均缺少湿地保护管理的专门机构，未配置专职的管理和专业技术人员开展湿地保护管理工作。一是建议对接市委编办，加快完善全市湿地管理职责体系，落实市和区、县（市）湿地管理人员力量，成立湿地保护管理的专门机构，配置专职的管理和专业技术人员，提高湿地保护管理等治理能力。二是建议加强湿地保护管理机构能力建设，建立完善区、县（市）与乡镇（街道）及村（社区）三级管护联动网络，为湿地保护修复和管理提供有力保障。三是按照城区一体化管理原则，市、县两级林业主管部门可以组织设立湿地保护专家委员会。

（二）成立领导小组及办公室

杭州市已成立“杭州市创建国际湿地城市工作领导小组”，领导小组下

设办公室，在市林水局办公，具体负责领导小组日常工作。各区、县（市）、市直各相关部门要建立健全湿地保护与修复和国际湿地城市创建工作机制，定期开展部门联席会议，将湿地保护纳入重要议事日程，及时协调解决湿地保护与修复和国际湿地城市创建工作中的重大事项和重要问题。

（三）建立高质量发展综合绩效评价机制

杭州市森林和湿地资源状况已纳入高质量发展综合绩效评价体系，其中湿地资源状况考核指标为湿地面积、湿地保护率、湿地生态状况指数。接下来要加强考核评价的刚性约束力，做好规划实施、检查等工作，做好统筹协调和监督落实，确保湿地保护和国际湿地城市创建的各项政策和措施有序落实。

第二节　加强杭州创建国家湿地城市的规划保障

一、加强湿地保护规划的制定与细化

（一）建立健全市级与县级湿地保护规划

杭州市已印发实施《杭州市湿地保护“十四五”规划》，基本保障了湿地保护修复投入需求；已在《杭州市国民经济和社会发展第十四个五年规划》中将湿地保护纳入规划，国土空间规划中已有专门针对湿地保护的内容表述但尚未发布。建议各级政府把湿地保护纳入社会经济发展规划，亟须指导各区、县（市）加快编制完成县级湿地保护“十四五”规划。区、县（市）林业行政主管部门应当会同有关部门，依据本级国土空间规划和上一级湿地保护规划编制本行政区域内的湿地保护规划；县（市）湿地保护规划还应当报市林业行政主管部门备案。

（二）定期开展湿地资源普查

湿地资源调查与监测等本底数据应当作为编制或者调整湿地保护规划

的依据。一是建议实行湿地资源调查、监测制度。自然资源、林业等有关部门要根据国家有关规定和技术规程进行对湿地类型、分布、面积、保护和利用情况常态化湿地资源调查，并公布调查数据，建立湿地资源信息库。二是杭州市缺少重要湿地的生态预警机制、实施管理计划、动态监测和评估、突发性灾害事件的防范和应对措施。建议编制《杭州市重要湿地管理计划》《杭州市重要湿地预警机制及生态预警监测报告（含省级以上重要湿地分报告）》等。

（三）加强对规划实施情况的监督检查和规划后评估

建议对规划确定的目标指标、主要任务、重大举措和重大工程落实等情况进行及时评估总结，严格实施《杭州市湿地保护“十四五”规划》《杭州市湿地保护三年行动计划（2021—2023年）》，定期对规划执行情况开展中期评估和终期考核，并对评估考核结果进行通报，并向社会公开。

二、加强湿地保护规划与其他规划的衔接、执行及检查

（一）加强湿地保护规划与其他规划相衔接

湿地保护管理是一项复杂的系统工程，涉及社会的各个方面。建议编制湿地保护规划要依据国民经济和社会发展规划，与流域综合规划、区域发展规划、防洪规划、水资源规划、水土保持规划、国土空间生态修复规划等各方面的规划相衔接。有关部门编制规划涉及湿地的，应当征求同级林业行政主管部门的意见。

（二）加强湿地保护规划执行情况的监督检查

湿地保护规划是湿地管理、保护、修复、利用的依据。一是建议有关部门要按照湿地保护规划保护和合理利用湿地，必须转变不利于湿地保护和合理利用的传统的资源环境观，落实重大湿地保护修复工程项目实施。二是建议市、区、县（市）人民政府定期加强对湿地保护规划实施情况的监督检查，不得违反规划批准建设项目或者进行其他开发建设活动。

第三节 加强杭州创建国家湿地城市的投入保障

一、健全资金投入和财政保障机制

（一）发挥政府财政投入的主渠道作用

一是建议政府将结合本地实际，把湿地保护纳入社会经济发展规划，纳入政府公共财政支出范畴，实现湿地资金投入的制度化。二是建议政府加大对湿地保护的财政投入力度，同时要积极争取国家湿地保护修复项目和财政补助资金加大财政投入支持，形成政府投资、社会融资、个人投入等多渠道投入机制。三是建议各区、县（市）区要加大湿地保护修复资金投入，将湿地保护修复资金纳入同级财政预算。通过财政贴息等方式引导金融资本、社会资本的支持和投入，有条件的地方可研究给予风险补偿。

（二）广开社会筹资渠道

湿地资源是公共资源，湿地保护是公益事业，湿地保护成果是公共福利。一是建议要全面推动湿地保护各项工作的社会化进程，广开募资渠道，争取社会各方面的投资、捐赠和国际资金的融入，鼓励不同经济成分和各类投资主体参与生态环境建设。二是要鼓励社会各界捐助和投资，争取关心湿地生态保护的社团和个人的捐赠，建立湿地生态环境保护基金。三是在不影响湿地生态功能的情况下，要研究出台鼓励引导社会投资的优惠政策，坚持“谁受益、谁补偿”“谁受损、谁贡献、补偿谁”的原则，调动社会资本投入湿地保护的积极性。

（三）争取国际组织支持

利用国际对湿地保护的重视，广泛开展国际合作，积极争取国际组织、外国政府和国外民间团体对湿地保护的资助，最终形成政府投资、社会融资、国际合作等多渠道投入联动机制。

二、加强队伍建设与人才培养

（一）加强湿地保护科研队伍建设

一是建议各级主管部门配备从事湿地研究的多学科、专职研究人员，及时掌握国内外最新的学术动态，积极总结、筛选和推广湿地保护、利用及开发的科技成果和经验，全面强化科技保障工作，切实将科技保障贯穿规划始终随着科研的逐步深入，湿地物种价值将日益得到挖掘和开发利用。二是建议针对湿地保护规划的重大问题，加强国内各相关部门、科研院所、高等院校的交流与合作，依托西溪、西湖等湿地管理委员会成立湿地学院，开展社会、经济、人文等多学科、多课题的科学研究，以及高层次人才合作培养。三是要建立新型的人才竞争机制，充分发挥湿地管理人员的积极性，竞争上岗，优胜劣汰，让优秀人才脱颖而出。

（二）充分发挥专家委员会的作用

杭州湿地保护管理决策中还没有建立起有效的咨询机制，因此建议建立由生态学、植物学、动物学、工程学、管理学、法学等多个学科组成的专家委员会，对湿地名录编制、资源评估、生态修复、制定政策、执行法规、实施工作计划、项目可行性研究等方面，要征求专家小组意见。同时在湿地范围内开展保护和利用等活动提供技术咨询及评审意见，为全市湿地保护和合理利用提供咨询服务，全面提高湿地保护管理的科学决策水平。

（三）加强专门的湿地人才培养与作用发挥

一是要培养和引进具有现代经营管理理念、有旅游专业知识、管理协调能力强的高素质管理人员。二是要注意人才的组合效应，湿地保护不仅需要优秀的综合性管理人才，还要有优秀的专业管理人才。三是建议在相关大学设置湿地保护专业，培养专门从事湿地保护和湿地研究的高级专业人才。四是建议各级政府科委及相关部门加大对湿地科研专项经费投入力度，促进湿地科研工作的开展；制定鼓励高新技术引进优先政策；优先引进具有正高专业技术职务任职资格的人员、具有博士学位、研究生学历及相应硕士学位的人员，为湿地建设提供人才保障。

三、健全科技保障机制

（一）加强湿地科学研究

杭州市湿地具有类型多、分布范围广、保护管理难度大及湿地资源监测技术要求高和工作连续性强等特点。一是建议全市湿地保护管理应在充分利用现有技术与人员的基础上，可以委托具有相应资质和能力的大专院校、科研院所承担湿地生物资源的监测任务；湿地非生物资源监测则由各行业原有的监测站（点）完成。二是建议成立湿地资源调查监测专家组，负责审议全市湿地资源监测方案制定、监测数据处理和监测成果的形成，为湿地保护管理提供可靠依据，以建立湿地保护管理决策的科技支撑机制，提高科学决策水平。三是要加强湿地基础和应用科学研究，突出湿地与气候变化、生物多样性、水资源安全等关系研究。开展湿地保护与修复技术示范，在湿地修复关键技术上取得突破。建立湿地保护管理决策的科技支撑机制，提高科学决策水平。四是要及时地掌握国内外最新的学术动态，建立国内、国际合作交流机制。

（二）加强湿地智慧监测体系建设

一是要以林业“一张图”为基础，建设集空间规划管控、资源数据更新、用途审批管理、生态监测评价、治理项目推进和重要水域达标于一体的智能化管理体系，提升湿地资源的整体智治水平。二是建议市林业行政主管部门会同自然资源、生态环境、农业农村等主管部门，建立湿地生态智慧监测体系和湿地生态系统信息网络，利用遥感技术、全球定位系统、地理信息系统、物联网、人工智能等高新技术，开展湿地范围内人类活动、野生生物、湿地景观、植物群落、生态环境质量的动态监测。三是要加快建立全市湿地资源数据库，定期对全市湿地资源进行调查和统计、对湿地和野生动植物进行动态监测，掌握各类湿地动态变化、发展趋势，分析变化的原因，加强湿地保护与合理利用的专业化水平。

（三）提高湿地保护和管理的数字化治理水平

湿地数字化保护是数字化改革的重要场景，通过数字赋能、变“人治”为“数治”是提高湿地治理效能的必由之路，建议政府启动智慧湿地项目和“湿地超级大脑”建设。一是整合湿地资源管理信息系统、优化湿地资源数据库，构建基于数字化、感知化、互联化、智能化的杭州市湿地智能监测新模式，建设以公共服务、数据展示、信息共享为内容的湿地数据服务平台。二是将本市湿地生态智慧监测体系接入本市“城市大脑”，加强湿地资源相关数据有效集成、互联共享，以“城市大脑”推进湿地保护和管理的专业化、智慧化，提升湿地治理体系和治理能力现代化。三是通过统筹整合各湿地的基础信息资源、遥感信息、气象信息、水务信息、自然资源信息等多源异构数据，将重点湿地信息接入气象、生态环境、自然资源、水利等政府部门数据，为湿地主管部门的业务应用提供数据服务，提高重点湿地智慧化监测水平。

第四节 加强杭州创建国家湿地城市的法治保障

一、严格执行相关国家法律和省级法规

我国已颁布了与湿地保护有关的法律 16 部、法规条例 18 部，其中包括《湿地保护法》《水法》《防洪法》《水土保持法》《水生野生动物保护实施条例》等。建议严格执行现行的国际、国家与地方已经出台的相关法律、法规、规章以及有关的行动计划、国际公约，做到有法必依、执法必严。

二、构建杭州湿地保护的法治体系

（一）加快《杭州市湿地保护条例》的立法步伐

《杭州市湿地保护条例》的专门立法对于落实市委市政府确立的湿地保护工作目标，依法界定湿地保护权、责、利关系，推动湿地的系统保护和可持续利用，创建国际湿地城市具有重要作用。《杭州市湿地保护条例》是

杭州市人大采取“双组长”制的重点立法项目之一，制定该条例是贯彻落实上位法的需要，是推进“湿地水城 · 大美杭州”建设和创建国际湿地城市的需要，是优化城市国土空间与实现城市可持续发展的需要。

为贯彻落实国家和省级湿地保护的法律法规，杭州市政府和市人大需要及时总结杭州市的湿地保护、开发、利用的成功经验，将其写入《杭州市湿地保护条例》；要督促指导有关区县市结合实际制定完善湿地保护与修复的地方行政立法规定。同时，区县市一级有必要结合本行政辖区内的湿地保护工作实践和特色，在地方立法的权限内，制定更为细致的制度和规范，促进湿地保护工作向纵深发展。在立法调研过程中，各有关部门间要加强沟通配合，加快立法步伐，完善湿地分级管理、湿地资源调查评价、市级湿地公园和保护小区、小微湿地保护、湿地修复、湿地环境影响评价、湿地生态补偿、湿地生态补偿、湿地建设项目管理、湿地占用管控、湿地保护考核责任等制度。

（二）建立健全相关的政府规章

加强湿地保护的地方专门立法，是湿地保护和实现湿地资源可持续利用的关键。除了《杭州市湿地保护条例（草案）》（详见附录的“草案专家建议稿”）中规定的湿地公园、湿地保护小区、湿地名录、湿地生态补偿等内容，还需要杭州市政府进一步完善湿地公园管理、湿地保护小区管理、湿地名录管理、湿地生态补偿制度等方面的政府规章或实施细则。建议各区、县（市）政府依据国家和省政府制定的相关自然资源和湿地保护的法律法规和技术规程，尽快配套制定本地的湿地保护和合理利用政策与规章制度。

（三）加强湿地保护的执法机构与执法能力建设

要采取多种渠道和方式，通过培养教育、执法培训、学习提高等方式，使执法人员具有强烈的湿地保护工作的政治责任感和使命感，能够熟练掌握湿地保护的相关法律、法规，具有较好的湿地保护基础知识和专业知识，为湿地保护的执法工作提供坚实的基础。采取日常执法与突击检查相结合的工作机制，坚决打击破坏湿地、加剧湿地污染、危及湿地动植物的违法犯罪活动，遏制一些地方出现的捕杀候鸟以及倒卖、走私等非法行为。

第五节 加强杭州创建国家湿地城市的社会保障

一、建立健全社区共管机制

（一）实行湿地保护社区共管政策

一是要改善湿地管理部门和当地社区间的关系，尽最大努力得到社区相关利益群体对湿地保护工作的理解和支持，提高当地社区的管理能力。二是要开发和构建合理实用的共管模式，最大程度地调动和发挥当地社区群众在内的各利益相关群体的主观能动性，协调和解决自然资源开发利用和生态保护之间的矛盾，促进湿地生态系统及生物多样性的有效保护和社会经济的可持续发展。三是建议成立农村保护合作组织，建立社区共管组织制度。在湿地周围村社，可以成立各种形式的农村保护合作组织，例如，可以成立湿地公园生态养殖协会、湿地公园生态经济发展协会、水源保护区志愿者协会等；可以与世界自然基金会、环球环境基金、中国野生动植物保护协会等国内外 NGO 开展合作。

（二）拓宽公众参加国际湿地城市建设和管理的途径

杭州市已开展湿地保护志愿者和相关知识传播等活动，但未建立湿地保护志愿者制度。支持生态志愿者协会、湿地保护协会、爱鸟协会、观鸟会等社会组织开展相关活动，引导广大市民积极参与国际湿地城市创建活动。积极探索湿地的合作共管等新型综合管理途径，鼓励并引导当地居民和社区组织积极参与湿地保护工作，提高公众的知晓率和参与度。

二、健全社会组织和公众参与监督机制

（一）营造国际湿地城市创建的浓厚舆论氛围

杭州市已建成少量宣教场所，并开展世界湿地日等宣传活动。未来，

还需要进一步利用电视、报刊、网络、湿地博物馆等多元化手段，普及湿地科学和湿地保护法律知识，形成全社会保护湿地的良好氛围，提高公众对创建国际湿地城市的重要性和必要性认识。此外，可以通过地方立法设立“湿地保护周”，并将湿地保护宣传结合到每年一度的“世界湿地日”“世界环境日”“爱鸟周”“世界生态日”等活动当中。

（二）构建湿地保护的利益相关者保护协调机制

湿地保护利益相关者的利益保护是保护湿地的重要方面，通过利益相关方的参与，可妥善协调不同部门与利益集团的利益。发挥各种自然保护组织和团体作用，提高政府、非政府组织、当地社区在湿地保护和合理利用的能力。鼓励并引导当地居民和社区组织积极参与湿地保护工作，使公众在湿地保护中受益，提高当地民众的湿地保护意识。

（三）充分发挥各类社会组织的参与和监督作用

工青妇等群众组织、各级各类社团组织、行业协会组织等是湿地保护等生态文明建设的重要参与者、监督者、受益者，要大力发挥他们的作用，充分听取他们的意见，提高国际湿地城市创建的治理合力。

第六章

杭州创建国际湿地城市的若干问题

杭州创建国际湿地城市，既要凸显“人水共生”等重大“亮点”，又要破解“犹豫不决”等突出“堵点”。本章就调研中发现的五个重大问题予以梳理并提出建议。

第一节　妥善处理湿地建设的“点”“线”“面”关系

杭州市的湿地资源是“点”“线”“面”有机结合的复合体，彼此不可割裂，需要统筹兼顾。只有这样，才能形成“江南水乡”的“水城文化”。

一、关于湿地“点”的建设

加强典型湿地的“点”的建设，使之成为一块块靓丽的“青绿翡翠”。杭州市在十大湖泊湿地中，除了继续重视西湖、千岛湖等著名湖泊湿地的保护和利用外，要更加关注白马湖、青山湖、南湖、北湖、湘湖、丁山湖、阳陂湖、铜鉴湖等湖泊湿地的保护和建设。杭州市在湿地“点”

的建设上存在不平衡性，存在“西多东少，南显北隐”的局面。西部有西溪湿地和西湖、千岛湖、青山湖、南湖、北湖、阳陂湖等众多湖泊湿地；南部有白马湖、湘湖、铜鉴湖等湖泊湿地，因滨江区、萧山区和西湖区的高度重视，这些湖泊湿地名声大振；北部的丁山湖湿地是典型的江南水乡风格，但是十分隐约；东部位于杭州湾的江海湿地保护重视不足，而江海湿地在“五水共导”体系中具有不可或缺的独特的定位和功能。在打造“城西”的“西溪湿地金名片”的基础上，还要着力打造“城东”的“江海湿地金名片”和“城北”的以丁山湖为代表的“郊野湿地金名片”。

二、关于湿地“线”的建设

加强典型湿地的“线”的建设，使之成为以曲为美的“绿色玉带”。杭州市线状湿地的布局可以概括为“一河二溪三江”。“一河”：京杭大运河。京杭大运河杭州段是贯穿杭州城市南北、连接城市内河、具有深厚文化底蕴的人工运河。要奋力打造“大运河国家文化公园”，使之成为“人（人口）水（湿地）文（文化）”“三位一体”的亲水性河流。“二溪”：西溪、苕溪。西溪湿地的保护和利用已经成为一个典范，而苕溪的保护和利用有待加强。苕溪则是杭州市汇入太湖流域的独特的河流。相当长一段时期，苕溪的保护一是立足于防洪排涝，如西险大塘的建设；二是立足于污染防治，如原余杭区的水源保护和“治太”行动中的污染防治。其实，苕溪还有十分重要的湿地功能，需要引起重视。“三江”：新安江、富春江、钱塘江。“三江”是杭州市的母亲河，把西湖和千岛湖“两湖”串成一线。在生态系统的有机更新和历史文化的日积月累下，该流域形成了两个国家级风景名胜区——西湖风景名胜区和新安江、富春江、千岛湖、湘湖组成的“两江两湖”风景名胜区。总体上看，这些河流湿地保护存在标准不一、制度不一、治理不一的问题，要强化标准化保护、法治化保障和一体化治理。

三、关于湿地“面”的建设

加强杭州市全域湿地的“面”的建设，使之成为经典的“江南水城”。《湿地公约》指出：湿地包括珊瑚礁、滩涂、红树林、湖泊、河流、河口、沼泽、水库、池塘、水稻田等多种类型。从湿地分类可见，杭州市除了珊瑚礁和红树林外，其他各类湿地齐全，是湿地类型最为丰富的城市。在湿地城市创建中，既要高度重视重点湿地的建设，也要高度重视沼泽、池塘、稻田等小微湿地的建设，要加强各类社区湿地、郊野湿地、湿地公园等湿地的综合保护，真正让“一万里碧水，十万顷湿地”有效发挥作用。除此而外，杭州市西部拥有天目山自然保护区和清凉峰自然保护区。因此，杭州市也要关注千亩田高山湿地等特殊湿地的保护。

由于杭州市湿地保护“点”“线”“面”的职能归口各不相同，需要形成省、市、县三级联动机制。市、县之间的关系是杭州市内部事务，省、市之间的关系则是杭州市外部事务。杭州创建国际湿地城市，首先要取得省委省政府的支持，进而取得国家主管部门的支持。

总之，杭州市的“水要素”极为丰富，有江、河、湖、海、池、泉、田等。这些“水要素”如果各自割裂就可能成为“死水一潭”，如果相互贯通就可能“活水一方”。河流是有生命的，湖泊是有生命的，湿地是有生命的。一定要像保护生命一样保护湿地，确保具有立体感的杭州市湿地拥有“活水”、拥有健康的生命。

第二节　高度重视钱塘区江海湿地的建设与保护

杭州市的湿地布局以江河湖泊为主体。其实，“海”的因素一直没有得到足够的重视。杭州湾的地理条件及钱塘江的潮涨潮落，孕育了沿海沿江的大片湿地。钱塘区江海湿地主要为滩涂、农田、绿地、水塘、河道，水系纵横交错，形成河、湖、塘、田、滩涂等生态景观格局，是杭州最大的江海滩涂地，拥有天鹅、白鹭、灰鹭、绿头鸭、罗纹鸭、紫背苇鳽、野鸬鹚等保护鸟类。其中，相当部分已经成为建设用地和农业用地。布局和建设江海湿地成为当务之急。

一、充分认识钱塘区江海湿地的建设意义

杭州对钱塘区的湿地保护与建设表现出“不重视”。究其原因，是担

心重视湿地保护和建设会影响钱塘区的建设和发展。这是一种认识误区。

钱塘区江海湿地位于钱塘江与杭州湾入海口钱塘江南岸，岸线长达58千米。曾经规划的“大江东江海湿地公园”面积50平方千米，是杭州市最大的沿江滩涂湿地。总面积相当于5个西溪湿地。

钱塘区江海湿地具有两大重要功能：一是生态环境功能。从规模大小和周边环境因素看，钱塘区江海湿地的生物多样性等功能远远大于西溪湿地。二是生活品质功能。钱塘区江海湿地的建成，将大大增强杭州市“向海”的特性，将成为“生态文明之都”的亮丽风景线。

建议杭州市高度重视钱塘区不可多得的江海湿地建设。20年前，重视西溪湿地建设，让杭州这座城市在今天享受到无与伦比的“西溪湿地福利”；今天，重视江海湿地建设，也一定会让杭州这座城市在20年后享受到无与伦比的“江海湿地福利”。

二、尽早规划钱塘区江海湿地的美好蓝图

杭州市湿地众多，但是国家级重点湿地只有西溪湿地一处。西溪湿地因保护模式及自然野趣等因素而获得美誉。钱塘区江海湿地则完全可以依靠生态环境功能和生物多样性功能获得全球赞誉。钱塘区江海湿地建设曾经有过两轮规划：一是2010年通过国际招标形成的概念性规划；二是2016年国家级湿地规划。两轮规划均因行政区划的调整、保护与发展的矛盾、湿地公园建设的巨大成本等因素而搁置。迄今，钱塘区的湿地保护尚处于“不确定”状态。这种不确定状态持续越久，越不利于钱塘区的湿地保护，也越不利于钱塘区的经济发展。越是迟疑不决，越会导致湿地保护成本的上升。

建议杭州市趁创建国际湿地城市的契机，启动钱塘区湿地保护和建设规划的研究与编制。初步建议如下：对于江堤以北的18.9万亩的杭州湾滩涂湿地明确划定生态红线，予以严格保护，申请成为省级及以上重点湿地。对于江堤以南的其他湿地，也要主动作为，一些已经稳定成为鸟类栖息地的湿地资源要“人类让位于自然”，例如，3万亩的湖泊型湿地以及部分已经成为候鸟繁衍栖息地的湿地让位于生态，进行点状保护；一些水塘、稻田等湿地资源要做到“人与自然和谐共生”，例如，30万亩的农用湿地，形成“农地、水塘、人家”的独特景观；一些工业区、居住区则

要“自然让位于人类”，同时也要防止城区连片硬化的传统城市化的做法，而要将城市融入自然之中，形成“田园新城”的格局。总之，钱塘区江海湿地规划应该按照国家级重点湿地的标准来规划和建设，使之成为举世闻名的国家级江海湿地公园。

三、抓紧推进钱塘区江海湿地的保护行动

钱塘区江海湿地的建设是需要付出代价的。问题的症结在于：钱塘区的“新区”功能主要是发展工业，而江海湿地的“湿地”功能则是生态保护。从短期看，保护成本大、保护收益小；从长远看，保护成本大、保护收益更大。即使从短期看，杭州市是有能力承担钱塘区江海湿地公园保护的机会成本和建设成本的。杭州市已经进入工业化后期，并已转入“生态文明时代”和“数字文明时代”。杭州市的工业化进程的推进不应该再沿袭传统的“要素扩张”和“土地扩张”的模式，一定要转向“人才第一资源”和“创新第一动力”。江海湿地的保护与建设正是“吸纳创新人才资源、让人才灵感无限”的重要生态环境。时间会证明，钱塘区江海湿地的建设是一件具有里程碑意义的工程，必将大大提升杭州市的城市品质和生态韵味。

四、强力推进钱塘区江海湿地的协调发展

钱塘区江海湿地的行政区划虽然属于钱塘区，但其具体权属则十分复杂，有钱塘区的，有萧山区和滨江区的“飞地”，还有省水利厅和部队的“飞地”。因此，在湿地建设和保护上表现出“不好办”的现象。这类问题的解决仅依靠钱塘区确实是无能为力的。但是，如果杭州市委、市政府主动作为，那么，解决这类问题则是轻而易举的。就此，需要抓紧统筹协调。方案一是进行行政区划的调整，争取省委、省政府及有关部队的支持，彻底解决“一地多区”的问题，实施“一张蓝图，一区保护”的体制。在该体制下，无论是行政区划还是权属全部划拨给钱塘区，以便江海湿地的属地管理。方案二是成立杭州市江海湿地建设领导小组及办公室，实施“一张蓝图，分工保护”的体制。根据湿地建设规划，土地权属是谁的、湿地建设和保护的责任也归谁。由领导小组承担协调功能，共同建

设钱塘区江海湿地。另外，钱塘区的规划范围之内还存在永久性农地，对于部分需要纳入生态红线的农地须通过规划调整予以解决。

第三节　加快谋划并建设城西“湿地湖链大走廊”

杭州市的湿地资源是大自然的馈赠。构建人水相适的国际湿地城市，有大量的“水文章”可做。“湿地湖链大走廊”建设便是其中一个壮举。

一、创新走廊需要生态廊道相匹配

在浙江省委省政府和杭州市委市政府的高度重视下，杭州城西科创大走廊已经展现出“创新策源地”的端倪。该走廊不仅是杭州市的标志性科创大走廊，也不仅是浙江省的标志性科创大走廊，必将是中国的标志性科创大走廊，也可能是世界级的标志性科创大走廊。

科创工作往往需要能够激发灵感的优美生态环境。例如，美国旧金山的硅谷，位于加利福尼亚州北部、旧金山南部，大约是处于圣塔克拉拉县的帕罗奥图市到圣何塞市一段长 25 千米的谷地。最早该河谷是研究生产以硅为基础的半导体芯片的地方。目前，硅谷已成为高技术创新和发展的“领头羊”，占全球风险投资和技术的三分之一以上。硅谷是“建筑融入自然、自然引入城市”的一个典范。

二、“湿地湖链大走廊”与“城西科创大走廊”是绝配

立足于打造世界级科创大走廊的杭州城西科创大走廊，也要充分考虑周边生态环境的匹配性。从现实基础和条件看，构建“湿地湖链大走廊”，与“城西科创大走廊”相匹配，是一种可能的选择。城西科创大走廊以浙江大学为东端，串联未来科技城、省委党校、杭州师范大学、青山湖科技城，以浙江农林大学为西端。湿地湖链大走廊以西湖作为起点，串联或并联西溪湿地、梦溪水乡（五常水乡与和睦水乡）、北湖草荡、南

湖、三白塘，通过苕溪连接临安青山湖等，自然构成了一条“湿地湖链风景线”。如果考虑山的因素，可以形成“溪山双链”格局：以老和山、灵峰山、屏峰山、小和山等湿地南侧自然山体又自然构成了“双西山链风景线”。在以未来科技城、云城西站地区为发展核心的城西科创大走廊，可以充分体现杭州湿地水城特征的自然山水景观。

三、“湿地湖链大走廊”建设中坚持人水共生理念

“湿地湖链大走廊”建设，仅仅是余杭区境内的部分就包括北湖草荡综合保护工程、梦溪水乡综合保护工程、南湖综合保护一期工程、三白塘综合保护工程等重大工程。有些保护工程的政策边界十分清晰，如南湖综合保护工程就是坚持“滞洪优先”方针，湖区只保护，周边可开发；北湖草荡综合保护工程就是坚持“滞洪优先、兼顾生态”，在非滞洪期间，充分发挥“候鸟天堂”的湿地生态功能。有些保护工程的政策边界是模糊不清的，如梦溪水乡综合保护工程和三白塘综合保护工程。

梦溪水乡综合保护工程是未来科技城以及城西科创大走廊的核心区块。该工程以湿地湖链格局为依托，以湿地水城交融为本地，打造世界级水城风貌的核心样板区、未来城市建设新地标、未来数智生态新名片，规划面积 1171 公顷，大约是现有湿地面积的两倍。这就意味着，梦溪水乡是“湿地水城”，不是“自然湿地”。因此，不能“只保护，不利用”，而是“以保护促利用，以利用促保护”。土地政策、湿地政策、生态政策、经济政策等都要据此进行专门的设计。

处于余杭区北部的三白塘湿地，长期来就是水塘与水田交替共生的区域。如果简单化划定为保护性湿地，就会断绝当地居民的生存基础。在这一的特殊区域，一定要坚持实事求是的态度，尊重历史，尊重自然，尊重原住民。通过三白塘综合保护工程的建设，即使得湿地保护效果更好，又使得当地居民生活更美好。这就是政策设计应有的初衷。

四、建立统筹协调机制推进“湿地湖链大走廊”建设

“湿地湖链大走廊”的主体工程在余杭区，又涉及西湖区、临安区及双溪管委会等多个区域和机构。“湿地湖链大走廊”不仅是余杭区的大走

廊，不仅是杭州市的大走廊，更是浙江省的大走廊。因此，要杭州市成立专门的协调机构进行统一规划和统筹协调。为了节省成本和防止机构臃肿，建议由国际湿地城市创建领导小组及其办公室承担这一综合协调的功能。

第四节　抓紧谋划城北“郊野湿地公园”建设

国际湿地城市不是“市域”概念，而是“区域”概念。因此，在重视城区湿地资源保护和利用的同时，必须重视郊野和乡村的湿地资源保护和利用。

一、杭州城北不缺湿地资源，缺湿地公园建设谋划

浙江省是典型的江南水乡。浙江省江南水乡的核心区块在哪里？在杭嘉湖地区。杭州市作为“江南水乡”的区域在哪里？在杭州市城北。打开杭州市地图就可以发现，京杭大运河穿越杭州南北，在杭州市与嘉兴市、湖州市交界的大片区域水网密布，村落星罗棋布。这就是法国著名法学家孟德斯鸠所说的“除水害、兴水利”的成功典范——中国最富庶的江南水乡。

在工业化和城市化进程中，往往自觉不自觉地出现“重城市、轻乡村”“重土地、轻湿地”的现象。位于杭州市临平区和余杭区北部的大片水网地带似乎成为“被遗忘的角落”。“不看不知道，一看吓一跳。”课题组正是通过实地踏勘，才发现城北乡村湿地天然去雕饰的自然之美、人水相亲的和谐之美。但是，这些乡村湿地就在城市边缘，不做主动谋划，可能造成无法弥补的后果。

二、杭州不要回避矛盾，而要勇于破解“郊野湿地公园”的题

应该说，杭州市城北不缺湿地资源，它所缺乏的（或者说它的“短

板”）是湿地保护和建设的“大手笔”，从而产生杭州市湿地保护和建设中“东西南北缺城北”的现象。为此，谋划和打造“杭州市城北郊野湿地公园”是一种可能。第一，郊野湿地公园的区域范围。主要为临平区北部以丁山湖为核心的河网密布地区（可称“丁山湖湿地群”）和余杭区北部以三白塘为核心的河网密布地区（可称“三白塘湿地群”）。丁山湖湿地群在京杭大运河的东侧，三白塘湿地群在京杭大运河的西侧，形成“一轴两肺”的格局。第二，郊野湿地公园的规划编制。由杭州市湿地主管部门牵头，以招投标方式邀请湿地研究和规划的专业团队进行统一规划。按照市级规划的审批程序批准实施。第三，郊野湿地公园的保护和建设定位。郊野湿地公园不是自然地保护，也不是公园化开发，而是“生态优先，人水共处”的保护和利用并举的建设工程。既然如此，要防止大拆大建，立足尊重历史、尊重原貌、尊重原住民的基本理念。第四，郊野湿地公园的保护和建设分工。由于原余杭区一分为二，杭州城北郊野湿地公园的核心区域分属临平区和余杭区，需要构建“一张蓝图、分区实施；协同保护，共同受益”的机制。

三、加强长三角地区的协同，推动“江南水乡”“江南水城”建设

当今的长三角地区是江、浙、皖、沪“三省一市”，属于大长三角。历史上的长三角地区则是苏南、浙北和上海，属于小长三角。就是这个小长三角成为全国最富庶的地区，而且是典型的“江南水乡”“江南水镇”和“江南水城”。建议将“江南水乡”“江南水镇”和“江南水城”的保护和建设纳入长三角一体化工作领导小组的议题，尽早进入议事日程，给子孙后代留下宝贵的自然和文化遗产。

第五节　尽力解决湿地保护中的体制机制性问题

体制机制顺畅，可以做到事半功倍。体制机制不顺，可能导致事倍功

半甚至一事无成。湿地保护和利用也不例外。

一、解决“多张蓝图不一致”的问题

湿地保护首先需要明确哪里是湿地、哪里是农地、哪里是建设用地等。但是，杭州市存在的突出问题是：不同部门编制的规划其国土空间的边界是不同的。第三次全国国土调查的湿地面积数量和国家林业和草原局统计的湿地面积数量存在较大差异。林草部门编制的规划湿地口径要大于规划与资源部门，而有些规划则根本没有湿地一说。因此，必须解决“多张蓝图不一致”问题，推广“多规合一”试点经验，实现“多张蓝图变一张，一张蓝图绘到底”。从各地“多规合一”的试点经验看，“多规合一”必须是市委书记和市长主抓，而且要一抓到底，直到多张规划形成互补型镶嵌为止，既无“三不管”地带，又无重叠性区块。一旦确定湿地范围，如果是重点湿地，就要划定生态红线，确保湿地保护真正落实。

二、解决“湿地保护多头管”的问题

由于杭州市“水”要素的丰富性也带来了水生态、水环境、水资源、水交通、水安全（防洪排涝）等“水保护的多头管理”体制问题。西溪湿地建设与保护涉及城建部门、林水部门、生态环境部门、农业部门等多个部门。有的甚至连谁主管还不明确，例如，“两江两湖风景名胜区”的管理机构还不明确。建议湿地保护的日常工作统一由“绿色与自然保护地委员会”统筹，赋予其协调各方的职能，形成江、河、湖、海、溪“五水共导”统筹保护、齐抓共管的机制。建议湿地保护的重大工作由“杭州市创建国际湿地城市工作领导小组”统筹协调解决或审议后递交市委市政府决策。

三、解决“湿地管控措施不一致”的问题

《中华人民共和国湿地保护法》第二十八条规定了 5 种禁止行为，《浙江省湿地保护条例》规定了 9 种禁止行为。但在湿地保护和利用的审批中，省级及以上的湿地要求征求林业部门意见，而市县级湿地没有要求

征求林业部门意见，由此造成湿地监管的“真空”。建议在《杭州市湿地保护条例》中予以明确，湿地保护和利用要征求林业部门意见。

四、解决“双溪一体化保护”的相关问题

一是“权衡利弊”“去弊兴利”。“双溪一体化保护”有效解决了西溪湿地东西两区分割的问题，打通了行政区划壁垒，方便了群众游览和休闲，提高了群众满意度。同时，西溪湿地的管理标准提高了，治理能力提升了。但是，西湖和余杭分区管理是社会管理、社区支持、交通设施等相对容易一体化落实，一体化管理后存在财政投入的难题。建议市政府统筹考虑“双溪集团”的资产划拨清晰化和资金预算保障问题。二是确保西湖与西溪湿地的差别化发展。西湖与西溪湿地有着诸多共同之处：如共同的生态功能、景观功能、文化功能等。但是，西湖是国家级重点风景名胜区，保护基础上的旅游功能是首当其冲的；西溪湿地是国家级重点湿地，生态保护功能则是首当其冲的，当其他功能与生态功能冲突是必须做到生态优先。

五、加强湿地生态保护补偿机制建设

湿地保护既涉及生态保护的成本投入和机会成本，又涉及湿地保护的生态收益和经济收益；既涉及既得利益受损问题，又涉及保护收益外溢问题。西湖给杭州市带来的无形资产是无法估量的，西溪湿地给周边地区发展的带动作用也是极其巨大的。因此，要加强湿地保护生态补偿机制建设。对于在湿地保护中付出机会成本、实际成本、利益受损的经济主体都要给予补偿；对于在湿地保护中获得显著外溢性收益的经济主体都要提供补偿。在损益主体和金额容易明细的情况下，鼓励市场机制补偿；在损益主体和金额难以明细的情况下，依靠政府机制补偿。

附　录

杭州市湿地保护条例（草案专家建议稿）

杭州市湿地保护条例（草案专家建议稿）[①]

目　录

① 2022年8月10日，杭州市司法局采纳本建议稿并公开征求意见。参见《关于公开征求〈杭州市湿地保护条例（草案）〉意见的公告》，http：//sf. hangzhou. gov. cn/art/2022/8/10/art_1659435_58925590. html。《杭州市湿地保护条例》于2022年12月20日杭州市第十四届人民代表大会常务委员会第七次会议通过，2023年3月31日浙江省第十四届人民代表大会常务委员会第二次会议批准。

第五章 法律责任

第六章 附则

第一章 总 则

第一条［目的和依据］ 为了加强湿地保护，维护湿地生态功能和生物多样性，促进湿地资源可持续利用，建设人与自然和谐相处、共生共荣的宜居城市，促进生态文明建设，根据《中华人民共和国湿地保护法》《浙江省湿地保护条例》等法律法规，结合本市实际，制定本条例。

第二条［适用范围］ 本市行政区域内湿地的规划、保护、利用、修复以及相关管理等活动，适用本条例。

相关法规对西溪国家湿地公园、西湖风景名胜区、钱塘江有特别规定的，从其规定。

第三条［基本原则］ 湿地保护坚持保护优先、严格管理、系统治理、科学修复、合理利用的原则，发挥湿地涵养水源、调节气候、改善环境、维护生物多样性等多种生态功能。

第四条［政府职责］ 市和区、县（市）人民政府应当加强湿地保护工作的领导，将湿地保护纳入国民经济和社会发展规划，建立政府主导和社会共同参与的湿地保护机制，将湿地保护管理经费和生态补偿经费列入财政预算。

市、县（市）人民政府应当建立湿地保护统筹协调机制，研究、决定湿地保护和管理中的重大问题。

乡（镇）人民政府、街道办事处应当依法履行湿地保护职责，开展日常巡查，及时制止非法侵占、破坏湿地的行为，组织群众做好湿地保护工作，村（居）民委员会予以协助。

第五条［部门职责］ 市林业主管部门负责全市湿地保护的组织、协调、指导和监督工作，并负责湿地保护统筹协调机制日常工作。区、县（市）林业主管部门按照规定的职责分工负责本行政区域内湿地保护的组织、协调、指导和监督工作。

发展和改革、教育、财政、规划和自然资源、生态环境、城乡建设、城市绿化、交通运输、水利、农业农村、文化旅游、城市管理等部门应当按照职责分工，做好湿地保护工作。

第六条［专家委员会］ 市、县（市）林业主管部门组织设立湿地保护专家委员会。湿地保护专家委员会由湿地保护的相关部门、科研机构、高等院校以及其他社会组织的有关专家组成，负责对湿地保护与利用的活动提供决策咨询意见。

第七条［宣传教育］ 市和区、县（市）人民政府及有关部门应当组织开展湿地保护宣传教育，普及湿地科学知识和湿地保护法律法规，利用湿地公园、湿地博物馆等载体传播湿地文化，提高全社会湿地保护意识。

每年二月第一周为本市湿地保护宣传周。

第八条［公众权利义务］ 任何单位和个人都有保护湿地资源的义务，并有权举报、制止、控告破坏湿地的行为。

鼓励单位和个人依法通过捐赠、资助、志愿服务等方式参与湿地保护活动。

对在湿地保护中做出重要贡献的单位和个人，按照国家有关规定给予表彰、奖励。

第二章 规划和管理

第九条［资源调查］ 市规划和自然资源主管部门会同林业、水利、生态环境、城乡建设、城市绿化、农业农村等主管部门定期开展湿地资源调查评价工作，对本市湿地类型、分布、面积、生物多样性、保护和利用情况进行调查，建立湿地资源信息数据库，并做好信息共享。

第十条［规划编制］ 市、县（市）林业主管部门应当会同发展和改革、规划和自然资源、生态环境、交通运输、水利、农业农村等部门，依据本级国土空间规划和上一级湿地保护规划编制本行政区域内的湿地保护规划，报本级人民政府批准后组织实施。县（市）湿地保护规划应当报市林业主管部门备案。

湿地保护规划应当体现本地区特色，明确湿地保护的目标任务、总体布局、保护修复重点和保障措施等内容。

第十一条［总量管控］ 市人民政府应当按照国家规定的湿地面积总量控制制度，根据湿地保护规划确定的湿地面积总量，确定各区、县（市）湿地面积管控目标，确保湿地保有量不下降、功能不降低。

第十二条［分级管理与名录］　本市按照国家规定对湿地实施分级管理和名录制度。

列入国家重要湿地、省级重要湿地之外的一般湿地，根据生态区位、面积、功能的重要程度，分为市级湿地、县级湿地和其他湿地。市级湿地、县级湿地和其他湿地的分级标准由市人民政府制定。

市级湿地的名录和范围由市林业主管部门根据分级标准确定，报市人民政府批准并公布。县级湿地和其他湿地的名录和范围由区、县（市）林业主管部门根据分级标准确定，报本级人民政府批准并公布。

第十三条［保护标志］　经公布的市级湿地、县级湿地应当由所在地的区、县（市）林业主管部门设立保护标志，任何单位和个人不得擅自设置、移动、涂改或者损毁保护标志。

保护标志由市林业主管部门统一式样。保护标志应当标明湿地名称、类型、保护级别、保护范围、管护目标、管护责任单位及其联系方式、监督电话等内容。

第十四条［占用管控］　本市严格控制占用湿地。

禁止占用市级湿地、县级湿地，市级以上重大项目、防灾减灾项目、重要水利及保护设施项目、湿地保护项目等除外。

经依法批准占用市级湿地、县级湿地的，建设单位应当按照占补平衡的原则，恢复或者建设与占用面积和质量相当的湿地；因客观条件限制无法恢复或者建设的，应当按照规定缴纳湿地恢复费。已经缴纳湿地恢复费的，不再缴纳其他相同性质的恢复费用。

第十五条［选址管理］　建设项目选址、选线应当避让湿地，无法避让的应当尽量减少占用，并采取必要措施减轻对湿地生态功能的不利影响。

建设项目规划选址、选线审批或者核准时，涉及市级湿地、县级湿地的，规划和自然资源主管部门应当征求市、区、县（市）林业主管部门的意见。

经批准占用湿地的，建设单位编制的建设项目环境影响评价文件应当包括湿地生态功能影响评价，并制定相应的湿地保护方案。生态环境主管部门在批准占用湿地的建设项目环境影响评价文件前，应当征求市、区、县（市）林业主管部门的意见。

第十六条［建设控制］　在湿地范围内新建、改建建筑物、构筑物的，应当符合有关规划要求。建筑物、构筑物的选址、体量、风格等，应当与湿地自然景观、生态环境和人文历史风貌相协调。

第三章 保护和利用

第十七条［保护方式］ 除依法将湿地纳入国家公园、自然保护区或者自然公园外，本市采用建立湿地公园、湿地保护小区等方式予以保护和利用。

第十八条［市级湿地公园和湿地保护小区］ 湿地面积在八公顷以上且符合下列条件之一的，可以设立市级湿地公园或者湿地保护小区：

（一）湿地生态景观优美，适宜开展游览休闲活动；

（二）湿地生物多样性丰富，具有科学研究价值；

（三）人文景物集中，具有较高历史文化价值；

（四）湿地生态系统在本市行政区域范围内具有典型性、代表性，具有明显的科普、教育意义。

设立市级湿地公园由所在地的区、县（市）林业主管部门提出申请，经市林业主管部门进行审核、论证后，报市人民政府批准后公布。

市级湿地公园、湿地保护小区管理办法，由市林业主管部门另行制定。

第十九条［公园管理］ 除开展保护、监测、科学研究、生态旅游、生态教育、自然体验等活动外，市级湿地公园不得进行与湿地保护和管理目的无关的活动。

第二十条［小微湿地管理］ 乡（镇）人民政府、街道办事处应当会同区、县（市）林业、水利、规划和自然资源、生态环境等主管部门开展小微湿地生境恢复和生态景观功能改造提升。

前款所称小微湿地，是指面积八公顷以下的湿地，主要包括建成区内二百平方米以上、建成区外四百平方米以上的湿地。

第二十一条［水环境治理］ 市和区、县（市）人民政府应当开展湿地水环境污染管控、面源污染管控、点源污染防治、湿地土壤环境治理，提升湿地生态环境状况，实施湿地水资源管理，保障湿地水源补给。

任何单位和个人不得擅自在湿地内取水、拦截湿地水源、或者截断湿地水系与外围水系的联系。

第二十二条［化肥农业管控］　在湿地范围内开展农耕渔事活动，应当采取绿色环保的综合防治措施，控制化肥、农药、饵料的使用；确需使用的，应当减少对水体、土壤和空气的污染。

第二十三条［生物保护］　市和区、县（市）人民政府应当加强湿地野生动植物资源的保护，依法确定湿地禁伐区、禁猎区（期）、禁渔区（期）、禁采区（期）。

任何单位和个人不得破坏野生生物资源生存环境，不得擅自引进外来物种进入湿地。确需引进的，应当进行科学论证，依法办理审批手续，并采取相应安全措施。

市、区、县（市）林业主管部门、湿地管理责任单位应当开展野生动物疫源疫病监测、有害生物监测，采取措施预防、控制、消除有害生物对湿地生态系统的危害；建立野生动物收容救助机制，对受伤、受困的野生动物采取救护措施。

第二十四条［防疫安全］　因生物防疫需要在湿地范围内投放药物的，林业主管部门应当会同其它相关行业主管部门进行论证，并采取安全预防措施，避免对湿地生物资源造成危害。

第二十五条［湿地修复］　市和区、县（市）人民政府应当组织开展栖息地营造、退耕还湿、退养还滩、封育禁牧、野生生物种群恢复、污染源控制、建设人工湿地等措施，恢复和提高湿地生态系统功能，防止湿地面积减少和生态功能退化。

市规划和自然资源主管部门应当会同林业、生态环境、农业农村等主管部门编制饮用水水源保护区、自然保护地、重要湿地以及生态红线区域等范围内非基本农田的退耕还湿计划，并组织实施。

第二十六条［退化湿地提升］　因气候变化、自然灾害或者其他原因造成湿地生态功能退化或者破坏的，市和区、县（市）人民政府应当通过湿地植被恢复、栖息地修复营造、生态廊道建设、湿地环境整治、有害生物防治等生态工程措施，修复退化湿地，提升湿地生态功能。

第二十七条［生态补偿］　本市实施湿地保护生态补偿制度。市林业主管部门应当按照湿地分级、面积等因素，给予保护管理责任单位生态补偿经费，用于湿地生态修复、资源监测、巡护管理、宣传教育等保护工作。

因湿地保护造成湿地所有权人者或者使用人合法权益受到损害的，应当给予补偿。

湿地生态补偿的范围、标准、资金使用等，由市人民政府另行制定。

探索建立市场化的湿地补偿制度。

第二十八条［利用原则］　鼓励对湿地资源进行合理利用。湿地利用不得破坏野生动植物的生存环境、改变湿地生态功能、超出资源的再生能力，或者给野生动植物物种造成永久性损害。

湿地利用应当符合湿地保护规划要求，与湿地资源的承载能力和环境容量相适应，根据湿地资源的不同功能定位和自然特性，采取生态教育、生态旅游、生态农业等方式进行。

第二十九条［文化弘扬］　市和区、县（市）人民政府及其相关部门应当采取措施促进京杭大运河、西湖、西溪、千岛湖、湘湖等湿地的历史文化研究、挖掘、整理、传播，组织传统节庆活动，传承非物质文化遗产。

第三十条［生态产业］　市和区、县（市）人民政府应当统筹协调湿地范围内的基础设施和公共服务设施建设，引导、扶持湿地周边区域的居民依法、科学利用湿地资源，发挥湿地固碳和碳汇增量作用，发展生态产业，推动湿地周边地区绿色发展。

第四章　监督管理

第三十一条［目标责任制］　市人民政府应当建立湿地保护目标责任制，将湿地面积、湿地保护率、湿地生态状况等保护成效指标纳入各级高质量发展、生态文明建设综合绩效评价体系。各级林长、河长履职中，将湿地保护纳入巡林、巡河内容。

第三十二条［监测站点］　市、县（市）林业主管部门应当根据湿地保护管理工作需要，建立本行政区域内的湿地监测站点。

禁止任何单位和个人破坏湿地监测设施及场地。

第三十三条［智慧监测］　市林业主管部门应当会同生态环境、农业农村、城市绿化等主管部门，建立湿地生态智慧监测体系，利用地理信息系统、物联网、人工智能等高新技术，开展湿地景观、植物群落、生态环境质量监测。在监测中发现湿地面积减少、生态功能退化、湿地污染等情况的，应当及时采取措施予以恢复、修复。

湿地生态智慧监测体系应当接入城市大脑，推进湿地新型智慧管理，提升湿地治理体系和治理能力现代化。

第三十四条［管理单位职责］　湿地名录确定的湿地管护责任单位应当制定各项管理制度和湿地保护应急预案，加强湿地保护和相关活动管理，实施湿地资源调查和动态监测，及时制止、报告破坏湿地的违法行为，并配合做好湿地保护执法工作。

第三十五条［配合义务］　湿地资源的使用人应当履行湿地保护义务，配合林业、生态环境等部门开展湿地保护与管理工作。

湿地资源的使用人发现破坏湿地资源的行为，应当予以劝阻；对不听劝阻的，应当及时向林业、生态环境等部门报告。

第五章　法律责任

第三十六条［违反标志保护的法律责任］　违反本条例第十三条第一款的规定，擅自设置、移动、涂改或者损毁湿地保护标志的，由林业主管部门责令改正，处二百元以上一千元以下罚款。

第三十七条［违反湿地占用管理的法律责任］　违反本条例第十四条规定，建设单位未按照规定恢复或者建设湿地的，由林业主管部门按照每平方米五百元以上二千元以下处以罚款。

第三十八条［违反监测站点管理的法律责任］　违反本条例第三十二条规定，破坏湿地监测设施及场地的，由林业主管部门责令停止违法行为，限期恢复原状，并处以五千元以上两万元以下罚款。

第六章　附　则

第三十九条［施行日期］　本条例自　年　月　日起施行。

第二篇 绿色共富篇

本篇是在沈满洪主持的杭州市委市政府咨询委员会2023年度重点项目“杭州市山区农民绿色共富机制和政策研究”最终成果基础上修改而成。

本篇研究重点是杭州市山区农民增收。一是聚焦物质文明的共同富裕。共同富裕是统筹城乡、东西部地区、不同行业的全体人民的共同富裕；共同富裕是建立在经济、生态和社会可持续发展基础上的共同富裕；共同富裕是物质文明和精神文明相协调的共同富裕。本课题的主要问题导向是山区农民的增收问题，因此，本课题研究重点聚焦杭州市山区农民的物质文明。二是聚焦杭州市山区农民共富问题。杭州市是区域面积最大的省会城市之一。但是杭州市“西部高、东部低”“西部山区、东部平原”的地理特征十分明显。杭州市其他地区的城乡居民收入差距比较小，但西部山区农民相对于城市居民甚至相对于城市近郊农民的收入差距则十分显著，山区农民的共同富裕是一个突出的短板。因此，本课题研究重点聚焦杭州市富阳区、临安区、桐庐县、建德市、淳安县等山区农民共富问题。三是聚焦杭州市山区农民增收。山区农民的增收致富可以立足生态优势、发展生态经济、提高收入水平，也可以依靠转移支付、依靠社会捐赠等被动等待。共同富裕是共同劳动的共同富裕，不是简单的劫富济贫和平均主义。因此，对于具有劳动能力的人口都要鼓励他们依靠各种生产要素实现增收致富的目的。本课题研究重点聚焦于杭州市山区农民的增收问题，也会兼顾一些转移性政策举措。

本篇的主要创新性观点有：

第一，山区农民绿色共富具有生态经济学等学科理论的支撑。从市场逻辑来考察：根据生态需求递增规律，具有需求拉动绿色共富的动力；根据供给创造需求的“萨伊法则”，具有供给推动绿色共富的动力；根据交易双赢的经济学基本原理，具有贸易联动绿色共富的动力。

第二，杭州市山区农民绿色共富的探索形成了一些宝贵的经验。一是针对山区要素小而散的问题，推进生态产业组织化，发挥规模经济效果。二是针对产业发展趋同化问题，推进生态产业特色化，形成特色取胜优势。三是针对生态产业链短链断的问题，推进生态产业链接化，产生“接二连三”的产业联动效果。四是针对山区农产品附加值低的问题，推进生态产业品牌化，在提高农产品附加值的同时提高山区农民收入。

第三，杭州市山区农民绿色共富的实践存在突出的机制性障碍。市场机制这只“无形之手”不愿进，政府机制这只“有形之手”勾不着，社会机制这只“第三只手”未长成。由此导致杭州市主城区与其他县市区、近郊农民与山区农民、城镇居民与农村居民的发展的不平衡性、不充分性问题十分突出。杭州市山区五县市区的问题的严峻性顺序是，淳安县 > 建德市 > 桐庐县 > 临安区 > 富阳区。

第四，构建村级集体经济发展机制促进山区农民绿色共富。一是促进乡贤回归以解决人才短缺问题。以活动为载体吸引乡贤回归。以组织为纽带加强乡贤聚合。以发展为导向激励乡贤创业。二是促进企业进村以解决资本不足问题。找准村企合作的结合点，以多种方式促进村企联动。通过“政银企村共建”

的模式，为村集体经济解决融资问题。完善制度促进村企合作规范化发展。三是集聚发展以解决规模不经济问题。加强统筹规划，实现多规合一。明确特色产业，培育产业集群。创新驱动发展，形成示范效应。

第五，助推生态产业发展以提高山区农民的经营性收入。一是助推山区生态农业发展。推进高标准农田示范区和绿色高产创新示范区建设。打造“一区一品、一体一业、一带一特”富民兴村特色产业。通过“农户 + 合作社 + 公司 + 基地”的集中化经营降低成本，通过“建设 + 保护 + 开发 + 运营”的全产业链运营来重构产业链。二是支持山区生态工业发展。引导山区乡村“选好”生态工业产业，以做特“一片叶”、做强“一瓶水”的精神谋划生态工业发展。深化土地“点状”开发政策，统筹山区工业和农业用地。三是促进山区文旅产业发展。做好做活杭州市山区山水林田湖一体化谋划的大文章，推进农文旅融合发展，城乡对接发展。

第六，培养山区农民现代劳动技能以提高其劳动性收入。技能型农民工具有劳动收入的倍增效果。一是组织多形式培训提高农民生产技能。建立农民田间学校，建立农业技能传帮带机制，培育国际前沿的农业领衔技能。二是培育一批叫得响的劳动品牌。总结建德师傅经验，形成富阳茶叶师傅、临安竹笋师傅等劳务品牌。三是把农民在外打拼的经验转化成创业本领。通过恳谈会、项目介绍会、投资座谈会等多种形式，鼓励和吸引学有一技之长、掌有管理经验、拥有资金积累的在外务工农民返乡创业。

第七，助力制度创新以增加山区农民的财产性收入。有序推进宅基地有偿退出机制，根据实际情况确定宅基地退出补偿范围、补偿标准及补偿内容，确保山区农民获取应得的足额补偿收入。适度放开宅基地使用权流转范围，提高宅基地资源配置效率，通过宅基地流转，增加农民的租房、租地等财产性收入。建立林权、用水权、排污权、碳排放权、碳汇、用能权交易机制。基于生存权和发展权均等的原则探索建立全市域生态产权交易机制，确保农民获得合法性生态产权收益。

第八，加强山海协同以提高山区农民的帮扶性收入。组建杭州市山区5区、县（市）“绿色共富”联盟，打造示范型共富协作区。推动5区、县（市）共建杭州“农文旅体”融合的运动休闲综合体。针对山区创业农民提供专项资金支持，通过政府担保进行创业贷款，实现对山区农民的资金支持。鼓励山区村镇积极与杭州市供销社、发达街道联合结对，与省农科院等高校院所深入交流种植技术以求提升农业产业质量，与明康汇生鲜超市、各乡镇街道深化开展产销合作，不断推动低收入农户和村集体快速增收致富。

第九，完善社会保障政策以提高山区农民的保障性收入。一是提高医疗保险标准。建立与经济社会发展水平、各方承受能力相适应的筹资机制和筹资标准的动态调整机制，促进医疗救助协同慈善和商业保险。二是完善社会保险政策。提高山区农民基本养老保险，完善农村社会救助制度，建立山区农业保险制度。三是构建城乡一体化社会保障制度。构建城乡统筹农民失业保险制度，健全农民健康保险体系，切实提高社会保障法治化水平。四是试点农民退休金制度，探索建立职业农民制度，试点农民企业年金制度。

第七章

山区农民绿色共富的理论依据及内在逻辑

山区[①]农民绿色共富既有习近平生态文明思想的指导，又有经济学基础理论的支撑，学理上是可以证明“生态优先、绿色发展、共同富裕”的基本逻辑的。现实与理想总是存在差距，政府的制度政策驱动就成为调节变量。本章旨在廓清山区农民绿色共富的理论依据及内在逻辑，并概括本报告可能的创新点。

第一节　习近平总书记关于绿色共富的重要论述

一、“绿水青山就是金山银山”

时任浙江省委书记的习近平同志早在2003年就提出了关于“绿水青

① 山区是以山地为基础，包括一部分与其经济社会活动有内在联系的相邻非山地区域。历届省委、省政府一直高度重视山区发展，1997年制定《浙江省山区经济发展规划纲要（1996—2010年）》，此后又陆续出台多项政策措施，有力推动了山区经济社会发展。参见《浙江省山区经济发展规划（2012—2017年）》（浙政发〔2012〕59号）。

山”和“金山银山”关系的人类认识三阶段论：第一阶段，只要金山银山，不要绿水青山；第二阶段，只顾自己的小环境、小家园，而不顾他人，以邻为壑；第三阶段，只有一个地球，共同保护环境。① 2005 年习近平同志旗帜鲜明地提出了绿水青山就是金山银山理念。2006 年，习近平同志再次阐述人类认识三阶段论：第一阶段，只要金山银山，不要绿水青山；第二阶段，既要金山银山，又要绿水青山；第三阶段，绿水青山就是金山银山。② 2013 年，习近平同志就“绿水青山”和“金山银山”的关系作了系统完整的阐述：“我们既要绿水青山，也要金山银山。宁要绿水青山，不要金山银山，而且绿水青山就是金山银山。”③ 该论述清晰表明了“三个论断”：第一，“既要绿水青山，也要金山银山”“既要环境保护，又要经济发展”的“兼顾论”；第二，“宁要绿水青山，不要金山银山”“宁要环境保护，不要经济增长”的“优先论”；第三，“既要生态环境福利，又要经济社会福利”“既要经济生态化，又要生态经济化”的“转化论”。这是绿水青山就是金山银山理念的完整表述。因此，党的十九大把绿水青山就是金山银山理念写入党章，成为全党和全国的指导思想。绿水青山就是金山银山理念鲜明地表明了“生态优先，绿色发展”的核心思想，同时也蕴含了建立在“生态优先、绿色发展”基础上实现共同富裕的绿色共富思想。

二、“小康不小康，关键看老乡”

改革开放的总设计师邓小平同志指出：让一部分地区、一部分人先富起来，先富带后富，走共同富裕道路。习近平同志在浙江工作期间，正是处于“先富帮后富”的阶段，重点任务是推进浙江省社会主义现代化建设，虽然较少涉及共同富裕的话题，但是一系列的举措都是聚焦这一奋斗目标的。2013 年 12 月 23 日，习近平总书记在中央农村工作会议上指出：“小康不小康，关键看老乡。农业仍旧是‘四化同步’的短腿，农村仍旧是全面建成小康社会的短板。中国要强，农业必须强；中国要美，农村必

① 习近平．之江新语［M］．杭州：浙江人民出版社，2007：13.

② 习近平．之江新语［M］．杭州：浙江人民出版社，2007：186－187.

③ 习近平．论坚持人与自然和谐共生［M］．北京：中央文献出版社，2022：40.

须美；中国要富，农民必须富。农业基础稳固，农村和谐稳定，农民安居乐业，整个大同就有保障，各项工作都会比较主动。因此，我们必须坚持把解决好‘三农’问题作为全党工作重中之重。”[①] 从“千万工程”到美丽乡村建设和乡村振兴战略，均充分展现出习近平总书记的“三农”情怀。经过几代人的接续奋斗，我国终于在建党一百周年之际实现了全面小康这个中华民族的千年梦想。党的二十大报告系统阐述了中国式现代化。中国式现代化是全体人民共同富裕的现代化，是物质文明和精神文明相协调的现代化，是人与自然和谐共生的现代化。在建设现代化国家的新征程中，农民的共同富裕依然是最突出短板和最重要任务。随着时代的进步，我国的经济发展已经从“小康不小康，关键看老乡”阶段转入“共富不共富，关键看农户”阶段。山区农户又是所有农户中特别需要关注的群体。

三、“生态富县生态富民是很高境界的富”

2003 年 6 月 12 日，时任浙江省委书记的习近平同志到磐安县考察时指出：“磐安生态富县的路子是对的。生态是可以富县的，生态好不仅可以富县，而且可以让老百姓很富，是很高境界的富。”[②] 这一论述可以概括为“生态富县生态富民是很高境界的富”论断。理解该论断需要把握下列几层含义：第一，从内涵角度看，生态富县就是生态优势转化为某个县域的发展优势，做大县域经济总量和税收规模。生态富民就是做大生态优势惠及县域内外居民的生态福利，利用生态优势提高县域内外居民的收入水平。第二，从战略角度看，典型山区县必须坚持生态优先的方针，做大“绿水青山”，彰显生态优势；生态优势本身就是一种绿色福利，而且可以转化为经济优势，积极推进生态富县生态富民战略。第三，从价值角度看，“很高境界的富”又包括多层含义：一是实现代内的绿色福利转移，局部的生态保护惠及全局的生态福利，这是很高境界；二是实现代际的生态优势传承，前人栽树、后人乘凉，这是很高境界；三是实现人与自然的和谐共生，尊重自然、顺应自然、保护自然，

① 习近平．论“三农”工作［M］．北京：中央文献出版社，2022：70－71.
② 陈新森．很高境界的富——绿色发展看磐安［M］．北京：红旗出版社，2021：1.

这是很高境界。

习近平总书记关于绿色共富的重要论述是杭州市山区农民绿色共富的重要遵循。在发展规划、战略谋划、政策优化的过程中都要始终以此作为指导思想。

第二节 山区农民绿色共富的市场力量

在不同的发展阶段对待生态环境的态度是各不相同的，因此，呈现出“人类认识三个阶段”。在不同的发展阶段，人们利用生态环境的层次也是各不相同的，首先追求生态安全的需要，其次追求生态经济的需要，进而追求生态审美和生态共富的需要。山区农民实现绿色共富在理论上是可以自圆其说的。

一、生态需求拉动绿色共富机理

生态产品是一种高档货和奢侈品，生态产品符合生态需求递增规律。经济收入低下时，人们处于生理需要阶段，“与其被饿死不如被毒死”。随着收入水平的上升，随着温饱问题的解决，人们不再停留于衣食住行等最低层次的生理需要了，开始关注生态环境安全等第二层次的需要了。随着全面小康社会的实现，人们不再停留于低层次的生态环境安全需要了，人们对优质的生态环境、优质的生态产品、生态环境民主的机会、生态环境协商的参与等高层次的需要呈现出递增的趋势。这就是生态需求递增规律，即随着消费者收入水平的上升，消费者对生态产品的需求呈现递增的趋势，生态需求递增规律也决定了生态价值增值规律。这就从需求侧决定了绿色共富的基础。

二、生态供给推动绿色共富机理

萨伊定律显示，供给自动创造需求。该定律表明：在一切社会中，生产者越多，产品越多样化，产品的行销便越快、越多和越广泛，而生产者所得的利润也越多。供给侧结构性改革，就是要解决低端产品的产能过剩，增加高端产品的供给；就是要解决非绿色产品的产能过剩，增加绿色产品的供给；就是要解决技术含量低的产能过剩，增加技术含量高的产品供给。毫无疑问，生态产品的供给在供给侧结构性改革的范畴之内。生态产品显然属于需要“扩产出”的范畴。生态需求递增规律激励微观主体积极开展生态创新，想方设法提供生态产品，形成供给推动格局。供给创造具有巨大的威力：从 1 只橘子几毛钱到 1 只“红美人”20 元；从 1 斤草莓几元钱到 1 只草莓 15 元；从几百元一个晚上的“农家乐”到几千元一个晚上的“洋家乐”和“侨家乐”。只要能够提供独具特色的生态产品，市场就会有相应的需求；只要产品差别尚未消失，生态产品的超额垄断利润就会继续存在。这就从供给侧决定了绿色共富的基础。

三、生态贸易联动绿色共富机理

比较优势理论表明，贸易必然实现贸易双方的双赢。生态产品尤其如此。对于可移动的有机食品、高山茭白、竹林鸡等生态产品，物质流从农村到城市，价值流从城市到农村，城市居民获得的是绿色福利，农村居民获得的是绿色收入。对于生态景观、负氧离子、天然氧吧等不可移动的生态产品，人口流和价值流都是从城市到农村，城市居民获得的是绿色享受，农村居民获得的是绿色收入。可见，通过贸易实现城乡居民的绿色共富。当然，生态产品的贸易需要优化社会信用。2008 年课题组到甘肃省南部调研发现：在酸苹果贸易中，当地农民“宁可低价卖到欧盟，不愿高价卖在国内。”当时是“先发货，后付款”，卖到欧盟发货单一递交，货款就来到；卖在国内则十笔货发出总有几笔货收不到款。2022 年到甘肃省河西走廊考察发现：在大棚蔬菜贸易中，贸易方式从“先发货，再付款”转变为“先付款，后发货”。这样国内贸易和国际贸易均实现了畅通无阻。这充分说明，生态产品的贸易必然保障其价值的实现，真正做到绿色共富。

第三节　山区农民绿色共富的政府驱动

杭州市西部山区富阳区、桐庐县、建德市、淳安县主要处于富春江、新安江、千岛湖“三江一湖”的生态保护带上，其中千岛湖流域还是杭州市、嘉兴市的饮用水源保护区；临安区又是浙江天目山国家级自然保护区、浙江清凉峰国家级自然保护区的所在地。因此，杭州市西部山区的生态优势是“绿水”和“青山”，首要的任务是坚持生态优先，做大绿水青山，不能简单地“在山靠山，在水靠水”。为了守护绿水青山，杭州市西部山区除了县城和工业重镇，大部分不允许发展工业。因此，杭州市山区农民只能走绿色共富之路。

一、生态要素优化配置的改革驱动

长期以来，自然资源、环境资源、气候资源是共享资源、开放产权。随着自然资源稀缺性的增加，界定自然资源产权并开展产权交易可能获得的收益不断递增；随着科学技术的进步，自然资源产权的界定成本不断下降。如果把自然资源产权、环境资源产权和气候资源产权都统称为生态产权，那么，生态产权稀缺性的增加和生态产权界定成本的降低两个方面的共同作用，使得通过生态产权交易实现交易双方的双赢成为可能。产权是所有权、使用权、用益权、决策权和让渡权等组成的“权利束”。产权的不同权属是可以分离的。对于中国而言，自然资源产权、环境资源产权、气候资源产权等生态产权大多属于国家所有或集体所有，但是，这些生态产权均可以借鉴土地产权制度改革的做法，把使用权从所有权中分离出来，推进使用权的交易，通过交易实现社会福利的最大化。一旦把生态要素纳入财富分配体系，农民不仅可以获得劳动收入而且可以获得要素收入，从而大大促进共同富裕。

假如仅仅考察每个人的生存权和发展权，并不考虑区位条件等因素，就山区和非山区相对比较而言，山区农民至少可以增加下列收益：

山区农民的环境权收益 =（区域的人均排污量 - 山区的人均排污量）×山区人口数 × 排污权价格

山区农民的用能权收益 =（区域的人均用能量 - 山区的人均用能量）×山区人口数 × 用能权价格

山区农民的碳排放权收益 =（区域的人均碳排放量 - 山区的人均碳排放量）×山区人口数 × 碳排放权价格

山区农民的碳汇权收益 =（山区的人均碳汇量 - 区域的人均碳汇量）×山区人口数 × 碳汇价格

可见，如果把生态要素纳入财富分配体系，收入水平相对较低的山区农民可以大幅度增加收入或财富。更为重要的是，城乡土地的巨大“剪刀差”是农民财产性收入增加缓慢的主要原因。因此，应该大力推进农村土地制度改革，让农民在土地使用权的经营、转让中获取应得的收益。一旦生态要素和土地要素纳入财富分配体系，那么，就可以真正做到在山靠山、在水靠水，实现城乡之间的共同富裕。作为乡村居民重要组成部分的山区农民也可以从中获益。

二、生态产业健康发展的制度驱动

如果说生态补偿只能实现生态产品的小于 100% 的价值，生态产权交易可以实现生态产品的 100% 的价值，那么，发展生态产业则可能实现生态产品的大于 100% 的价值。因此，利用生态优势，发展生态产业是生态产品价值实现的重中之重。早在 2005 年，习近平同志就指出：“如果能够把这些生态环境优势转化为生态农业、生态工业、生态旅游等生态经济的优势，那么绿水青山也就变成了金山银山。”①

山区农民发展生态产业是绿色共富的根本之策。杭州市山区生态旅游资源丰富，已成为长三角居民休闲养生度假、生态旅游的黄金区域。只有发展生态产业，才能够使山区农民具有造血功能。磐安县利用中药材种植历史悠久的优势，以“江南药镇”为平台推进中医药健康产业的发展，甘肃省河西走廊利用光照优势和荒地资源优势发展光伏产业，四川省宜宾市利用亚热带竹资源优势发展竹产业，浙江省淳安县利用千岛湖水资源优

---

① 习近平．之江新语［M］．杭州：浙江人民出版社，2007：153.

势发展水产业，云南省曲靖市利用海拔“不高不低”的地理优势发展“云上”民宿业等，这些都是值得借鉴的成功案例。

每个区域的特质性生态优势不同，生态产品价值实现的外部条件也不同。因地制宜，立足本地实际促进生态产品价值实现，是始终要遵循的原则。发展生态农业、生态服务业毋容置疑，但是需要集聚化、特色化、品牌化。除了少数山区之外，发展生态农产品加工业也是可能的。要纠正“山区别谈工业”的错误倾向。面向山区的产业政策比城市复杂很多。为此，需要制定精准的产业政策：如山区土地集聚利用和点状开发政策，山区产业集聚发展和股权制度，山区农村人才回归与激励政策，山区产业共享技术的研发和转化等。

三、山区农民生态致富的政策驱动

农业、农村、农民是实现共同富裕的最大短板，山区尤其如此。杭州市西部山区农民缺乏有效的政策支持是难以实现共同富裕的目标的。杭州市对于西部山区的公共产品和公共服务的供给总体上还是相当不错的，乡村公路建设、水利设施建设、水电设施建设、网络设施建设、农事服务中心建设等尽可能落实城乡融合发展的要求。但是，在如何让山区农民增加收入、跟上共同富裕的步伐上仍然显得乏力。为此，要对症下药。

针对“山区最需要人才，山区最缺乏人才”的问题，要出台“人才回乡、人才下乡”的政策。通过建设“农创客”平台，让人才在山区创业拥有光明前途。

针对“山区最需要资金，山区最缺乏资金”的问题，要出台“资金回乡、资金下乡”的政策。通过出台政府财政支持、企业投资山区、乡村集体融资等各种渠道，加强乡村运营，服务山区农民增收。

针对“山区最需要科技，山区最缺乏科技”的问题，要出台“科技为农、科技支农”的政策，通过设立共享型科技创新和服务平台，向山区农民提供科技服务。

第八章

杭州市山区农民绿色共富的成就及经验

杭州市是市域面积最大的省会城市之一。其实，市域面积大，主要大在杭州市西部山区。因此，杭州市特别注重聚力于以绿色发展推动共同富裕，实现农村居民收入水平的大幅度上升、城乡居民收入倍差的显著缩小，其基本经验是坚持绿色发展、坚持特色发展、坚持创新发展。

第一节　杭州市山区乡村绿色发展的二十年回顾

一、国家层面支持乡村绿色发展的政策举措实施

民族要复兴，农村必振兴。新中国成立后，我国在“三农”领域进行了艰辛探索。20 世纪 80 年代初，农村改革取得了历史性突破，从生产队合作制度到家庭联产承包责任制，农村社会生产力得以有效释放。2004 年至今，中央一号文件已连续聚焦“三农”问题 20 年。特别是党的十八大以来党把脱贫攻坚作为全面建成小康社会的标志性工程，组织推进人类历史上

规模空前、力度最大、惠及人口最多的脱贫攻坚战。党的十九大报告提出实施乡村振兴战略，并提出了产业兴旺、生态宜居、乡风文明、治理有效、生活富裕的总要求。习近平总书记强调，坚持人与自然和谐共生，走乡村绿色发展之路。① 2018 年中央一号文件指出，推进乡村绿色发展，打造人与自然和谐共生发展新格局。党的二十大报告指出，推动经济社会发展绿色化、低碳化是实现高质量发展的关键环节。2020—2023 年，国家层面先后出台了《关于做好 2020 年农业生产发展等项目实施工作的通知》《全国农垦扶贫开发"十三五"规划》《关于建立健全生态产品价值实现机制的意见》《关于加强国家乡村振兴重点帮扶县人力资源社会保障帮扶工作的意见》《关于动员引导社会组织参与乡村振兴工作的通知》《关于做好 2023 年全面推进乡村振兴重点工作的意见》等政策文件。其主要举措有：

（一）大力发展乡村生态产业发展

一是推广绿色农业生产模式。通过转向有机耕种、生物防治和循环农业，不断推广绿色、可持续的农业生产模式。② 例如，使用有机肥料和天然杀虫剂，实施作物轮作和多样化种植，以及发展生态养殖等。这些做法有助于保护土壤和水源，同时提升农产品的市场价值和竞争力。临安区 2021 年 10 月—2022 年 9 月，施用商品有机肥共计 7871 吨，培育出临安有机核桃、有机笋、有机大米等多种区域品牌。

二是发展乡村生态旅游。乡村生态旅游的发展是推动乡村生态产业增收的重要途径。乡村生态旅游不仅可以直接增加当地的经济收入，还能促进当地文化的保护和传承。通过开发乡村旅游项目，比如农家乐、民宿、生态体验园等，可以吸引城市游客体验乡村生活，感受生态环境的魅力。杭州市临安区潜东村通过引入乡村运营商，2020—2021 年招引社会资本参与投资项目 10 余个，累计投资 600 余万元，6 个合计 800 万元的项目已签约落户。全村 2022 年农文旅综合收入超 300 万元，参与项目的农户年增收超 2 万元。乡村生态旅游不仅提升了乡村的知名度和吸引力，还为农民创造了新的就业和收入机会；而收入增加又让居民更加重视环境保护，

① 李兴平．以绿色发展引领乡村振兴的哲学意蕴［N］．光明日报，2020-01-02.

② 于法稳．新时代农业绿色发展动因、核心及对策研究［J］．中国农村经济，2018（05）：19-34.

形成生态环境保护与农民收入增加的双赢状态。

三是加强生态产业链的构建和创新。构建和创新乡村生态产业链是实现产业的可持续发展的关键。包括发展与生态农业相关的加工业、促进农产品的品牌化、利用现代信息技术提高生态产品的市场竞争力等。淳安县通过建立农产品加工厂，可以将新鲜农产品加工成高附加值的产品，如白马地瓜干、富阳有机茶、千岛湖有机鱼等。加强品牌建设和营销策略，提升产品的市场认知度；利用电子商务平台，可以将生态农产品直接销售给消费者，减少中间环节，提高农民的收入；同时，鼓励创新和科技应用，如智能农业、生态监测技术等，提高农业生产的效率和可持续性。

通过上述三个方面举措实施，可以有效地推动乡村生态产业的发展，不仅促进了农民的增收，也为乡村的可持续发展和生态文明建设作出了积极贡献。这种综合发展模式不仅有助于实现农业的绿色转型，还为乡村振兴提供了新的动力和路径。大力发展乡村生态产业是实现乡村全面振兴和生态文明建设的重要途径，需要政府、企业和农民的共同努力和创新。①

（二）积极推进乡村生态产品价值实现

一是制定和推广生态产品标准与认证。制定统一的生态产品标准并推广相应的认证体系是确保生态产品得到公正评价和合理定价的基础。鼓励地方政府牵头制定一套全面、科学的生态产品标准，明确生态产品的生产、加工、包装、运输等各个环节的环保要求，并建立相应的认证体系，如生态农产品的有机认证，确保生态产品的质量和安全。这不仅有助于消费者识别和信任生态产品，也促进生态产品生产者遵守环保规范，提升产品质量。同时，政府应通过宣传教育活动，提高公众对生态产品和可持续消费的认识，增强消费者对生态产品的需求。

二是发展生态产品电子商务与市场推广。利用现代信息技术发展生态产品的电子商务平台，拓宽生态产品的销售渠道，是提升其市场竞争力的关键。通过建立专门的生态产品在线销售平台或在现有电商平台中增设生态产品专区，可以让消费者更方便地购买生态产品。利用大数据、人工智能等技术对消费者行为进行分析，可以帮助生产者更准确地把握市场需

---

① 于法稳．习近平绿色发展新思想与农业的绿色转型发展［J］．中国农村观察，2016（05）：2－9，94.

求，调整生产策略。通过社交媒体、网络广告等多种方式推广生态产品，增加其市场知名度。政府还可以通过补贴、税收减免等措施，鼓励企业开展生态产品的电商销售和市场推广活动。

三是实施生态补偿机制与政策支持。实施生态补偿机制和提供政策支持是激励生态产品生产者的重要手段。[①] 鼓励地方政府建立一套公平合理的生态补偿机制，确保那些在生产过程中采取环保措施、维护生态平衡的农民和企业能够得到相应的经济补偿。[②] 主要包括直接的财政补贴、减税优惠、优惠贷款等政策支持。这些措施不仅能减轻生态生产成本，还能增加生态产品生产者的收益，激励更多的农民和企业投入生态产品的生产。此外，政府还可以通过扶持生态产业园区、加强生态产品研发和技术支持等方式，进一步促进生态产品产业的发展。

（三）全面落实科技和人才创新政策

一是加强农业科技创新和推广。加强农业科技创新是乡村绿色发展的核心。国家鼓励并支持农业科技研发，包括新型环保农药、生物肥料的开发，智能农业技术（如精准灌溉、智能监测系统）的应用，以及农作物遗传改良等。科技创新不仅能提高农业生产效率，还能确保生态环境的可持续性。杭州市重点是对优势产业进行关键技术攻坚，专注于农业生产中的关键问题，如新品种的开发、动植物病害防治、可持续生产方法及生态与土壤的恢复。杭州市提出实现一系列拥有自主知识产权的重要农业科技创新目标，致力于智慧农业的快速发展，将物联网、人工智能、区块链技术和遥感卫星技术等融入农业实践中，加强对数字冷链物流的深入研究，并启动数字化农业示范区和工厂的一系列项目。杭州市针对山区进行绿色智能农业机械补贴政策，加强对粮食生产薄弱环节的支持，促进粮食生产效率的提升和人力资源的优化配置。推动粮油作物全程机械化作业和社会化服务的发展，并推行“全程机械化＋综合农事”以及“机械化＋数字化”的新型服务模式，到“十四五”规划期末实现水稻耕种收的综合机械化率超过85%的目标。

二是培养和引进农业科技人才。培养和引进农业科技人才是乡村绿色

---

① 丘水林，庞洁，靳乐山．自然资源生态产品价值实现机制：一个机制复合体的分析框架［J］．中国土地科学，2021（01）：10－17＋25．

② 罗琼．“绿水青山”转化为“金山银山”的实践探索、制约瓶颈与突破路径研究［J］．理论学刊，2021（02）：90－98．

发展的关键支撑。① 提倡和支持农业科技教育和培训，通过建立农业大学、职业学院、在线课程等多种途径，提高农民的科技素养和技能水平。通过政策引导和激励措施，如科研项目资助、税收优惠、生活补贴等，吸引高端人才，包括科研人员、技术专家、农业管理人才等，到乡村地区工作和创业，促进科技成果在乡村的应用和传播。

三是构建乡村科技创新体系。构建完善的乡村科技创新体系对于实现乡村绿色发展同样至关重要。支持鼓励地方建立乡村科技创新平台，如农业科技园区、创新研发中心等，促进科研机构、高等院校、企业与乡村的合作，共同推进农业科技研发和成果转化。鼓励地方政府和企业投资科技创新项目，特别是那些能够直接解决乡村绿色发展中面临的问题的项目。此外，通过政策支持，加强乡村创新创业环境的建设，激发乡村地区的创新活力和潜力。

二、省级层面支持乡村绿色发展的政策举措实施

浙江省在“八八战略”的引领下，一直非常重视乡村绿色发展。从“千万工程”到“五水共治”再到“共同富裕”，浙江深刻认识到乡村发展必须尊重自然、顺应自然、保护自然，走绿色发展道路，推动乡村自然资本加快增值，实现百姓富、生态美的统一。良好生态环境是农民最普惠的福祉，是农村发展最大优势和宝贵财富。如何真正让农村的绿水青山给农民带来金山银山，让农民吃上“生态饭”，浙江省积极探索，将乡村生态优势转化为发展生态经济的优势，创建一批特色生态旅游示范村镇和精品线路，打造绿色生态环保的乡村生态旅游产业链，从而提供更多更好的绿色生态产品和服务，促进生态和经济良性循环。浙江省针对乡村绿色发展，站在高质量发展建设共同富裕示范区的新起点上，出台支持山区县“一县一策”高质量发展若干举措及相关专项政策，持续打造山海协作升级版。通过梳理相关政策，浙江省促进乡村绿色发展主要聚焦以下四个维度：

（一）支持重点产业联动

一是重点产业发展。支持山区县探索将生态优势转化为产业优势、经

---

① 张海鹏，郜亮亮，闫坤．乡村振兴战略思想的理论渊源、主要创新和实现路径［J］．中国农村经济，2018（11）：2－16.

济优势、发展优势，着力发展生态农业、生态工业、生态旅游业，同时基于山区药材资源及生态资源丰富，明确要培育壮大生物科技产业。

二是产业平台建设。支持构建绿色产业集群，建设不少于3平方千米的特色生态产业平台。推动原有平台整合提升，支持升级成为省级经济开发区、省级高新区、省级农业科技园区等。

三是产业链山海协作。通过优化产业链布局、联动开展主体培育、创新产业链对接模式等方式，推动山区县充分融入全省标志性产业链生态圈。推动山区县打造“产业飞地”“科创飞地”“消薄飞地”三类飞地，并在资金、土地、人才认定等方面提供政策支持。

四是科技赋能产业发展。分类启动创建一批高质量发展创新型县（市），培育一批县域创新驱动发展标杆。不断加强关键核心技术攻关和产业化，支持山区县到沿海发达地区布局建设山海协作“科创飞地”，完善“众创空间—孵化器—加速器—产业园”的全链条孵化体系。

五是市场主体推动强链强基。鼓励央企、省属国企、优质民企到山区26县围绕重点产业链投资布局，搭建交流合作平台，开展经济技术合作和人才交流等多层次全方位协作。

（二）支持关键要素联动

一是土地要素支撑。加大对空间规划指标和建设用地指标的统筹力度，优先保障重大产业项目和“产业飞地”“科创飞地”用地。允许条件成熟的项目提前预支新增建设用地计划指标。符合耕地占补平衡指标省级统筹的项目，视库存情况，省级统筹比例可提高到40%。

二是人才要素支撑。壮大山区县高层次人才队伍，支持引进高端人才，加大“飞地”人才扶持力度。

三是金融要素支撑。充分发挥金融资源对乡村振兴和经济发展的积极作用，加大山区县金融资源投入，创新金融产品和服务，着力解决山区县经济发展资金不足问题。

（三）支持强村富民联动

一是农产品消费帮扶。积极实施政府采购脱贫地区农副产品、乡村产业振兴支持等政策，帮助山区县建设农产品、土特产销售窗口、电子商务平台，组织党政机关、国有企事业单位、社会团体参与消费合作帮扶。

二是科技强农惠农。深入实施“双强行动”，大力推动丘陵山地农机装备等先进适用农机在山区县率先应用。优先支持建设一批数字农场、数字植物工厂、数字牧场、数字渔场。加大科技专项、科技创新载体等方面政策倾斜力度，建设一批高品质浙产特色农产品基地，加快生物科技产业创新发展。

三是农村新型经济组织创新。支持农民合作社规范化发展，引导农业企业、农民合作社、家庭农场、种养大户联合抱团，设立农民合作社联合社，组建农业产业化联合体。支持深化生产供内为主体、县际为补销信用“三位一体”合作。四是未来乡村建设。实施百个重点帮促村未来乡村培育计划，推动未来乡村与重点帮促村结对共建。

三、杭州市山区乡村绿色发展的创新举措

杭州山区5区、县（市）面积占杭州区域面积的81.51%，常住人口占杭州常住人口的22.05%，而GDP仅占杭州14.52%，区域发展不协调问题突出。为缩小发展差距，杭州市出台山区县产业投资引富、人才聚力、美好教育等专项行动方案，政策要点主要聚焦以下四个方面：

（一）加大产业投资支持力度

坚持产业发展与生态资源深度融合，强化产业投资市级统筹力度，探索实施产业共兴、平台共建、项目共引等协作机制，举全市之力为山区县导入重大产业项目，打造产业发展新引擎。

一是鼓励规模化经营。鼓励村级集体公司、种粮大户、家庭农场、粮食生产专业合作社开展规模经营；从而解决农民缺技能、投入大等问题。

二是鼓励规模流转。鼓励村集体在尊重农民意愿、有效转移就业基础上，整村整组连片流转和整理开发土地，结合特色产业规划，培育和引进龙头企业、家庭农场、专业大户等农业经营主体发展特色农业。鼓励农户依法采取转包、出租、互换、转让、入股等方式流转承包土地。

三是大力建设示范园区。每年按照统一申报、审核立项、分类管理、分步实施、检查验收的要求，推进农业示范园区建设，促进农旅融合，乡村运营。针对要求达到一定面积、土地流转率较高的农业园区，在通过验收合格后，对水、电、路等基础设施、农业生产设施设备等投入，一次性

给予补助。

四是对有利于杭州山区农业主导产业增效和促进农旅融合的农业新品种、新技术引进、试验、推广，当年申报、审核、验收合格后，每年给予一定的补贴。

（二）加强人才专项服务

强化山区县经济发展人才支撑，搭建人才发展桥梁，创新人才政策举措，强化人才要素保障，着力解决山区5区、县（市）共同富裕人才方面的短板和不足，推动实现共同富裕。

一是定期安排资金组织企业经营管理人才参加各类培训，组织企业高级管理人才、“创二代”赴国（境）外培训考察。鼓励企业与大专院校、职业技术学校定向培育研发人员和技能人才。鼓励企业引进专业辅导机构进行精益化管理、数字化改造等管理辅导。

二是大力培养各类新型农业人才，支持农创园建设。杭州市及山区县出台了农创客政策，对符合补助条件的大学毕业生到乡村就业给予生活补贴，以及对符合条件的新农人返乡创业且申报当年主营业务收入满足一定金额的给予补助。

三是持重点种子种苗、地方特色种质资源保护、新品种试验推广、知识产权成果转化、品种审定等项目。培育农业科技型企业，做好“院所+”文章，推进院校农业科技项目落地。支持农作制度创新，注重科研成果转化利用，支持农业经营新模式科研示范基地建设，对建设雷竹等创新模式示范基地。

（三）发挥国资国企支撑引领作用

坚持从5区、县（市）发展需求出发，聚焦“产业帮扶、资源帮扶、技术帮扶”等方向，深化5区、县（市）联动，在山区县跨越式高质量发展中发挥国资国企引富、促富、创富、带富作用。

一是提高龙头企业创新发展能力，支持科技领军型龙头企业参与关键核心技术攻关，承担国家重大科技项目，参与跨领域、大协作、高强度的创新基地与平台建设。支持龙头企业会同科研机构、装备制造企业，开展共性技术和工艺设备联合攻关，提高乡村产业发展技术水平和物质装备条件。引导种业龙头企业加大种质资源保护和开发利用，强化重点种源关键核心技术和农业生物育种技术研发能力，建立健全商业化育种体系，培育新品种、新品系。提高龙头企业绿色发展能力。

二是引导龙头企业围绕“碳达峰、碳中和”目标，研究应用减排减损技术和节能装备，开展减排、减损、固碳、能源替代等示范，打造一批零碳示范样板。畜禽粪污资源化利用整县推进、农村沼气工程、生态循环农业等项目，要将龙头企业作为重要实施主体，实现大型养殖龙头企业畜禽粪污处理支持全覆盖。引导龙头企业强化生物、信息等技术集成应用，发展精细加工，推进深度开发，提升加工副产物综合利用水平。鼓励龙头企业开展农业自愿减排减损。

四、外部因素支持杭州市乡村绿色发展的举措

杭州市的乡村绿色发展同时受到多种外部因素的支持，主要包括以下三个方面。

（一）绿色产品市场为杭州乡村绿色发展带来机遇

绿色产品市场倒逼生态农业转型。随着绿色产品市场的扩大，对于环保和健康的农产品需求增加。这促使杭州市的农民转向生产高质量的绿色产品，如有机蔬菜和无污染的农副产品。生产绿色有机农产品可以获得更高的利润，从而提高农民的收入。建德稻香小镇的有机大米卖出比普通大米高3—4倍的价格，让农民收入翻两番。这也鼓励农民采用更加可持续的农业实践，有助于改善土壤质量和保护生态环境。绿色产品市场促进乡村产业升级和结构优化。绿色产品市场的增长为乡村地区提供了新的经济增长点。除了传统农业，还能发展与绿色产品相关的加工和服务业，如绿色食品加工、包装、物流等。这些产业的发展不仅为乡村地区创造更多就业机会，还有助于优化经济结构，减少对单一传统农业的依赖，推动乡村经济的多元化发展。[①] 例如，淳安县已经发布了多项有机生产地方标准，并通过实行“企业（合作社）+基地+农户”的经营发展模式，积极推动传统农业种植养殖向高端有机产品生产发展，提高产品附加值。截至

① 黄祖辉，俞宁．新型农业经营主体：现状、约束与发展思路——以浙江省为例的分析［J］．中国农村经济，2010（10）：16－26＋56.

2022年底淳安县共有有机认证企业81家、认证证书105张，有机基地总面积约63万亩，形成了淡水鱼、茶叶、食用菌、水果、中药材等有机特色产业。绿色产品市场增强了乡村地区的环境意识和生态保护。绿色产品消费需求提高了公众对环境保护的意识，这种意识的提升反过来又促使更多的农民和企业参与到绿色生产中来。随着环保理念的普及和实践，乡村地区在生产过程中更加注重环境保护，比如减少化肥和农药的使用，保护水资源，增加生物多样性等，这些都有利于促进乡村地区的生态环境的改善和持续发展。总体而言，绿色产品市场的扩大对杭州市乡村绿色发展产生了积极影响，它不仅促进了农业的转型升级，增加了农民的收入，还有助于提高整个社会的环保意识和促进生态环境的保护。

（二）长三角一体化发展战略带动杭州山区乡村旅游

长三角一体化战略通过完善区域交通网络、推动旅游资源整合与品牌打造以及促进市场开拓与经济互动，为杭州山区乡村旅游的发展提供了强有力的支持和广阔的发展空间。区域交通网络的完善提升了杭州乡村生态旅游的可达性。长三角一体化战略中对交通基础设施的投入和完善，对于杭州山区乡村旅游是一个巨大的助力。优化的交通网络使得更多的游客能够方便地到达杭州的山区，不仅减少了游客的旅行时间，还大幅提升了旅游体验，从而会吸引了更多的国内外游客。长三角一体化战略有助于区域旅游资源整合与品牌打造，从而提升杭州山区乡村旅游的知名度和吸引力。[①] 通过长三角一体化战略，杭州可以与周边城市共同开发旅游产品，实现资源共享和品牌联合推广。这种跨区域的合作有助于打造区域性的旅游品牌。根据调研，长三角地区特别是上海市是杭州市山区乡村民宿的主要客源地。长三角一体化战略加强了区域内的经济联系和市场互动，对杭州山区乡村旅游市场的拓展非常有利。通过与长三角其他城市的经济互动，杭州能够吸引更多的投资进入乡村旅游领域，推动当地旅游业的发展。

（三）"千万工程"强力推进杭州山区乡村绿色发展

"千万工程"是浙江省实施的一项重要战略，旨在通过大规模的生态

---

① 姜长云．推进农村一二三产业融合发展的路径和着力点［J］．中州学刊，2016（05）：43－49.

恢复和环境保护工程，促进地区的绿色发展。2024 年 1 月 1 日，2024 年中央一号文件——《中共中央 国务院关于学习运用“千村示范、万村整治”工程经验有力有效推进乡村全面振兴的意见》发布。“学习运用‘千万工程’经验”“把推进乡村全面振兴作为新时代新征程‘三农’工作的总抓手”等重要提法部署，释放出我国将有力有效推进乡村全面振兴，以加快农业农村现代化更好推进中国式现代化建设的积极信号。“千万工程”的实施为乡村旅游提供了良好的自然景观。“千万工程”通过植树造林、湿地保护、水土保持等措施，不仅有效改善了杭州山区的生态环境，同时提供了良好的旅游资源。良好的生态环境是吸引游客的关键，也是保持区域可持续发展的基础。“千万工程”的实施促进了杭州山区从传统农业向生态农业和休闲旅游业的转变。通过发展特色种植、生态农业、乡村旅游等产业，不仅提高了农民的收入，也实现了经济增长与环境保护的双赢。[①] 这种转型对于推动乡村绿色发展具有长远的意义。“千万工程”鼓励当地社区和村民参与到生态环境保护中来，通过培训提高他们的环保意识和技能。这种自下而上的参与模式不仅增强了社区的凝聚力，还提升了村民对于绿色发展的认识和能力。同时，通过改善治理机制，确保了环境保护和绿色发展的持续性。“千万工程”对于推进杭州山区乡村绿色发展具有重要的推动作用，不仅改善了生态环境，促进了经济结构的转型，还提升了社区参与和治理能力。

第二节　杭州市山区农民二十年绿色增收成就

一、杭州市山区农民收入持续增长

（一）山区农村居民的收入水平持续递增

自 2002 年杭州山区秉承绿色发展理念，全力推进生态经济发展，显

① 生吉萍，莫际仙，于滨铜，等．区块链技术何以赋能农业协同创新发展：功能特征、增效机理与管理机制［J］．中国农村经济，2021（12）：22－43．

著增强了经济社会发展的动力和活力。这一过程中，中等收入群体的规模持续扩大，城乡居民收入稳步增加。图 8－1 至图 8－5 的数据显示，2002—2022 年淳安县、桐庐县、建德市、富阳区和临安区（即杭州山区 5 区、县（市））的农村居民可支配收入呈现明显递增趋势。淳安县农村居民人均可支配收入从 2002 年的 3215 元增长至 2022 年的 26156 元，20 年间增长了约 8.14 倍。桐庐县农村居民人均可支配收入从 2002 年的 4864 元增长至 2022 年的 40190 元，20 年间增长了约 8.26 倍。建德市农村居民人均可支配收入从 2002 年的 4017 元增长至 2022 年的 35869 元，20 年间增长了约 8.93 倍。富阳区农村居民人均可支配收入从 2002 年的 5587 元提升至 2022 年的 44661 元，增长了约 8.00 倍。临安区农村居民人均可支配收入从 2002 年的 5002 元增长至 2022 年的 41837 元，增长了约 8.26 倍。总

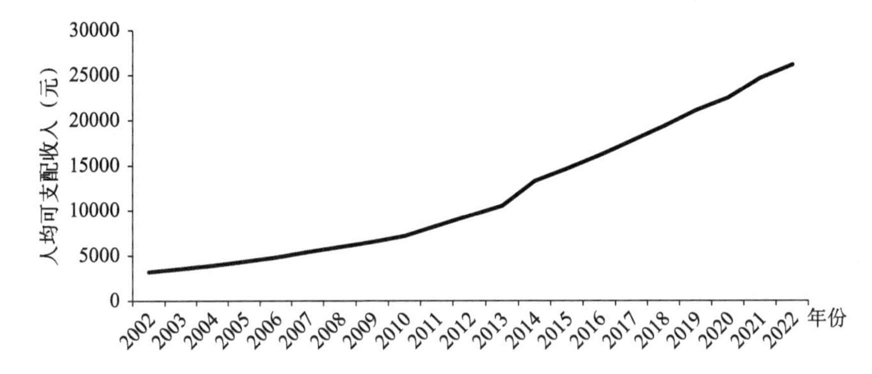

图 8－1　2002—2022 年淳安县农村居民人均可支配收入

数据来源：2003—2022 年《淳安统计年鉴》及《2022 年淳安县国民经济和社会发展公报》。

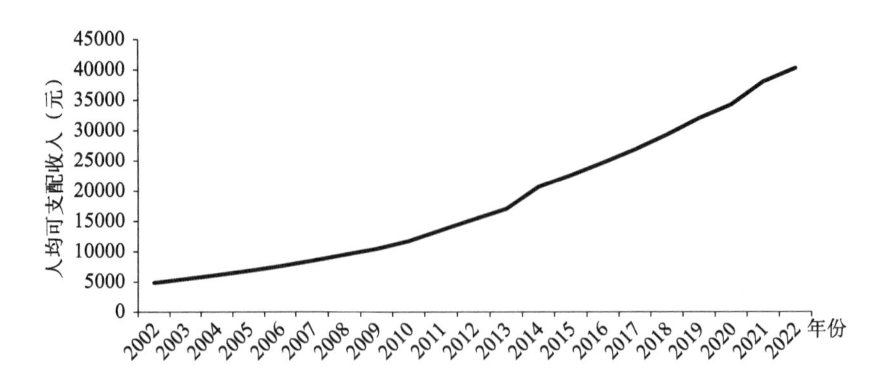

图 8－2　2002—2022 年桐庐县农村居民人均可支配收入

数据来源：2003—2022 年《桐庐统计年鉴》及《2022 年桐庐县国民经济和社会发展公报》。

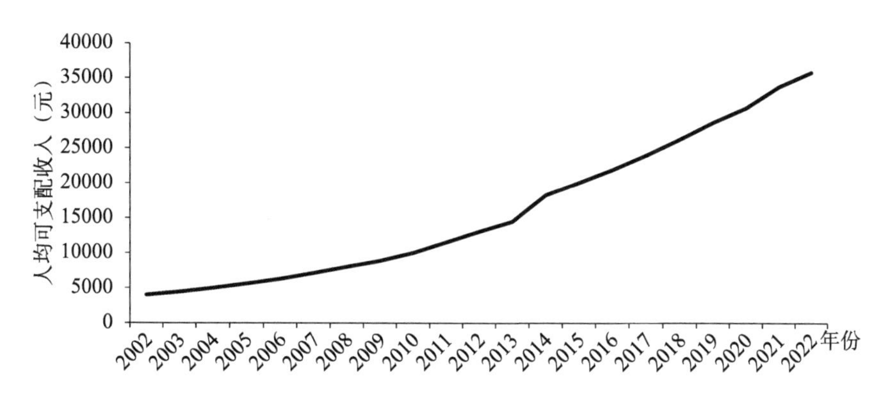

图 8－3　2002—2022 年建德市农村居民人均可支配收入

数据来源：2003—2022 年《建德统计年鉴》及《2022 年建德市国民经济和社会发展公报》。

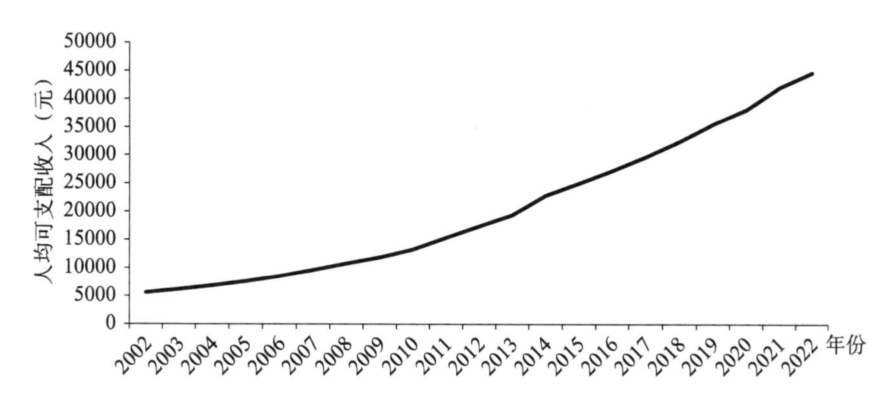

图 8－4　2002—2022 年富阳区农村居民人均可支配收入

数据来源：2003—2022 年《富阳统计年鉴》及《2022 年富阳区国民经济和社会发展公报》。

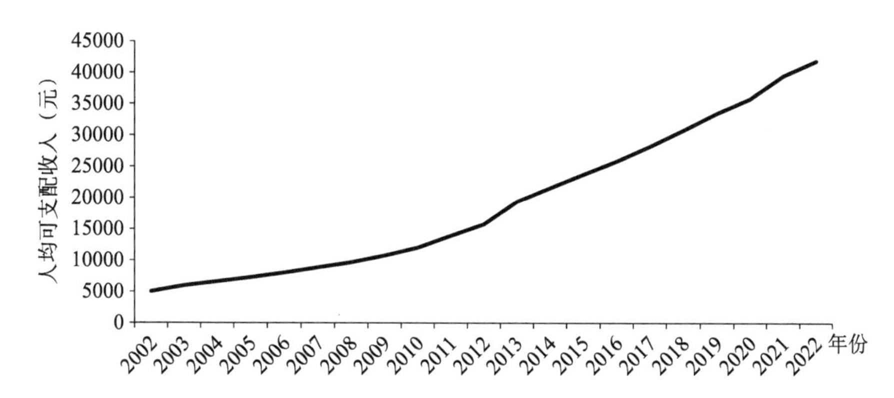

图 8－5　2002—2022 年临安区农村居民人均可支配收入

数据来源：2003—2022 年《临安区统计年鉴》及《2022 年临安区国民经济和社会发展公报》。

体来看，杭州山区农村居民收入在过去 20 年间都实现了显著增长。这种持续增长的趋势也说明了区域政策在促进农民收入增加方面的有效性。

（二）山区农民收入 20 年保持 5% 以上的增长率

2003—2022 年，杭州山区 5 区、县（市）农村居民人均可支配收入一直保持在 5% 以上的增速（见图 8 –6）。2013 年临安区增速达到峰值为 22.94%，而淳安县、桐庐县、建德市和富阳区则在 2014 年增速达到峰值，分别为 26.08%、21.44%、26.22% 和 17.85%。据杭州市农业农村局（市乡村振兴局）相关负责人介绍，2013—2014 年正处于杭州市实施“千万工程”的精品引领阶段，在全省率先实施城乡区域统筹发展战略，开创形成了区县（市）协作、联乡结村、“三江两岸”生态综合保护等机制。① 从图 8 –6 可以看出，2015—2021 年杭州山区 5 区、县（市）的农村居民人均可支配收入保持比较平稳的增长，在 2022 年有缓慢下降趋势，增长势头开始低落。在杭州市争当浙江高质量发展建设共同富裕示范区城市范例的关键时期，杭州市要非常重视山区农民收入增加速度，防止城乡差距进一步扩大。

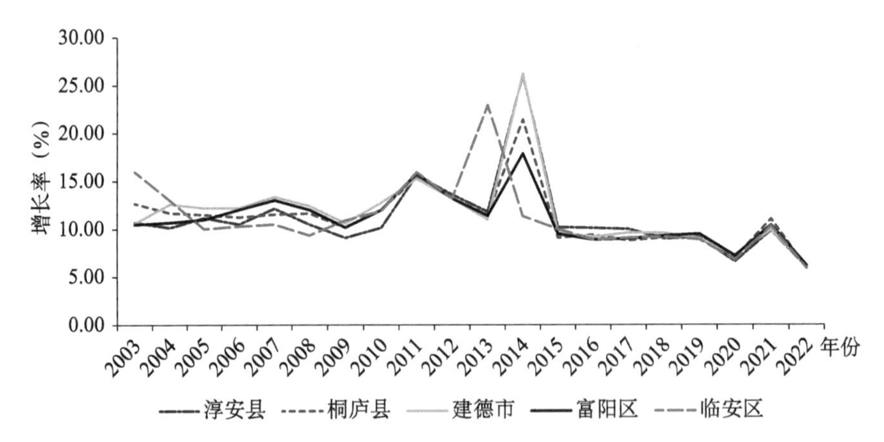

图 8 –6　2003—2022 年杭州山区 5 区、县（市）农村居民人均可支配收入增速

数据来源：2003—2022 年的杭州山区 5 区、县（市）《统计年鉴》及 2022 年杭州市 5 区、县（市）《国民经济和社会发展报告》。

---

① 管鹏伟．千万工程如何走过 20 年？透过这个未来乡村就能略懂一二［N］．潮新闻，2023 –06 –01。

二、杭州市山区生态环境质量稳定提升

（一）森林覆盖率总体递增

2002—2022 年杭州山区 5 区、县（市）呈现增加趋势。图 8－7 给出了 2002—2022 年杭州山区五县区森林覆盖率时间序列图。2022 年淳安县、桐庐县、建德市、富阳区、临安区的森林覆盖率分别为 78.67%、74.70%、76.40%、65.94%、82.02%，比 2002 年分别增加了 12.87、2.30、1.00、2.68 和 7.12 个百分点。根据《2020 年杭州市森林资源与生态状况公报》，全市森林面积 1690.88 万亩，杭州山区森林面积占全市 91.35%。其中，淳安县 509.77 万亩，占 30.15%；临安区 383.59 万亩，占 22.69%；建德市 265.21 万亩，占 15.68%；桐庐县 206.47 万亩，占 12.21%；富阳区 179.51 万亩，占 10.62%。2020 年杭州山区五县区森林活木蓄积量为 6635.04 万立方米，其中，淳安县 2620.01 万立方米，占全市森林总蓄积的 36.59%；临安区 1539.72 万立方米，占 21.51%；建德市 1114.36 万立方米，占 15.56%；桐庐县 771.32 万立方米，占 10.77%；富阳区 589.54 万立方米，占 8.23%；比 2014 年增加了 1549.90 万立方米。

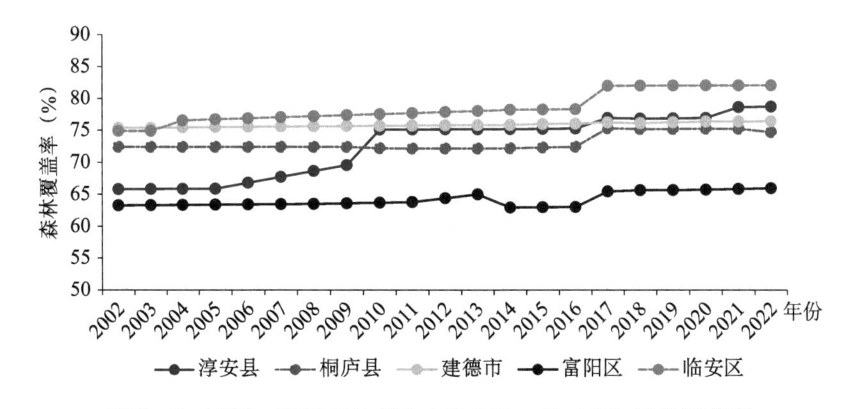

图 8－7 2002—2022 年杭州市山区 5 区、县（市）森林覆盖率

数据说明：2014 年之后数据来源于《杭州市森林资源与生态状况公报》，2014 年之前的数据由课题组根据 5 区、县（市）森林资源二次调查结果及文献整理。

（二）水环境质量不断提高

2022 年水环境质量方面，市控以上断面水质优良比例为 100%，同

比持平；跨行政区域河流交接断面考核结果优秀，县级以上集中式饮用水水源地水质达标率保持 100%。千岛湖出境水质连续十多年保持Ⅰ类水体。杭州市山区水资源质量保持稳定改善，饮用水源从 2002 年Ⅱ类水体提升为优质Ⅰ类水体，千岛湖水质保持良好，代表水质的重要指标的高锰酸盐含量从 2002 年的 1.31 毫克/升下降到 2022 年的 1.19 毫克/升（见图 8－8）。

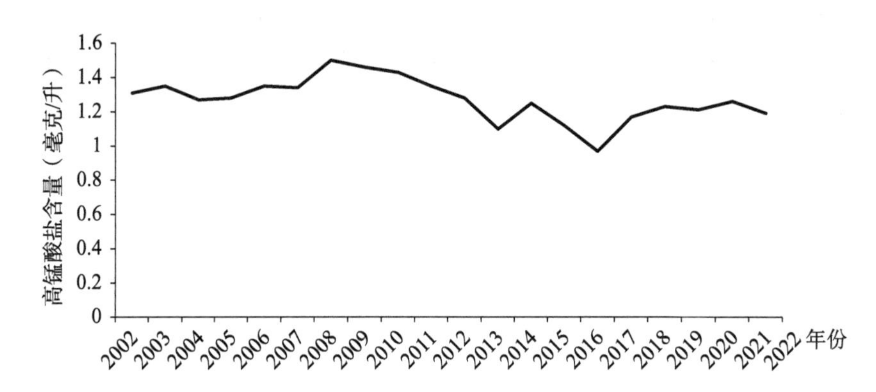

图 8－8　2002—2022 年千岛湖高锰酸盐含量

数据来源：淳安县人民政府。

（三）空气质量显著改善

2022 年淳安县、建德市、桐庐县的环境空气质量优良天数分别为 359 天、349 天、340 天，优良率分别为 98.4%、93.2%、95.6%；分别比市区高 15.1 个百分点、12.3 个百分点和 9.9 个百分点。2022 年淳安县、建德市、桐庐县、富阳区和临安市 PM2.5 全年均值分别为：18.0 毫克/立方米、23.0 毫克/立方米、26.6 毫克/立方米、30.6 毫克/立方米、30.3 毫克/立方米。相比之下，距离市区距离越远的县区空气质量越好。淳安县 PM2.5 含量最低，而富阳区 PM2.5 含量最高。从图 8－9 可以看出，2017—2022 年杭州山区 5 区、县（市）的 PM2.5 含量都呈明显下降趋势。2017—2022 年 PM2.5 含量分别减少 10 毫克/立方米、11.4 毫克/立方米、8.5 毫克/立方米、5.4 毫克/立方米、11 毫克/立方米。

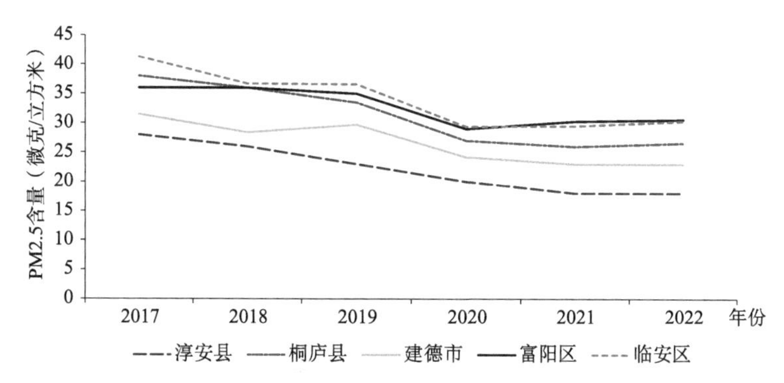

图 8－9　2017—2022 年杭州市山区 5 区、县（市）PM2.5 趋势图

数据来源：2017—2022 年《杭州统计年鉴》。

三、杭州市山区城乡收入倍差不断缩小

（一）杭州山区城乡收入倍差明显下降

2002—2022 年，淳安县、桐庐县、建德市、富阳区和临安等地的城乡收入倍差均呈现下降趋势。淳安县城乡收入倍差从 2002 年的 2.72 下降至 2022 年的 2.11（见图 8－10）；桐庐县城乡收入倍差从 2002 年的 2.15 下降至 2022 年的 1.60（见图 8－11）；建德市城乡收入倍差从 2002 年的 2.31 下降至 2022 年的 1.73（见图 8－12）；富阳区城乡收入倍差从 2002 年的 2.12 下降至 2022 年的 1.61（见图 8－13）；临安区城乡收入倍差从 2002 年的 2.13 下降至 2022 年的 1.61（见图 8－14）。5 区、县（市）20 年间分别下降了 0.61、0.55、0.58、0.51 和 0.52，平均每年平均下降 0.03。这些数据清楚地表明了这杭州山区五区、县（市）在过去 20 年中城乡收入倍差持续下

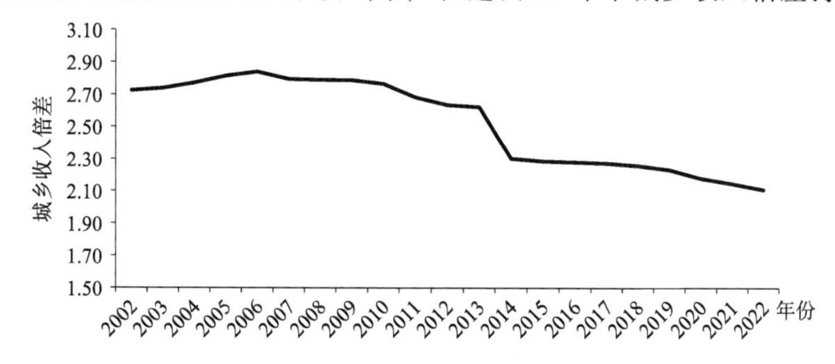

图 8－10　2002—2022 年淳安县城乡居民收入倍差

数据来源：2003—2022 年《淳安统计年鉴》及《2022 年淳安县国民经济和社会发展公报》。

降，反映了农村居民相对于城镇居民的收入逐渐增加。杭州市一直重视山区农村地区发展和农民增收，采取财政转移、生态补偿、产业结构调整等多元政策促进农民增收。

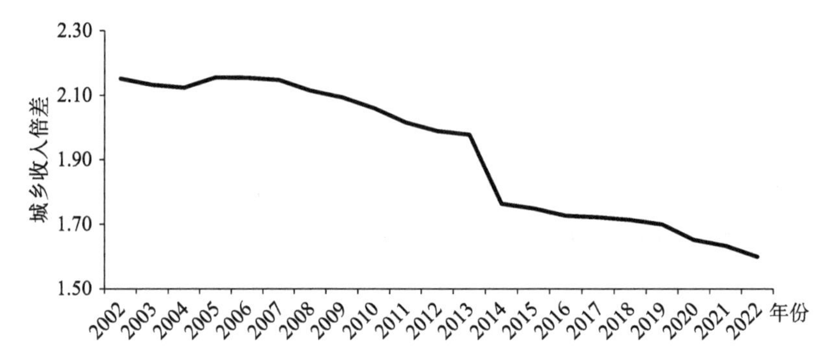

图 8－11　2002—2022 年桐庐县城乡居民收入倍差

数据来源：2003—2022 年《桐庐统计年鉴》及《2022 年桐庐县国民经济和社会发展公报》。

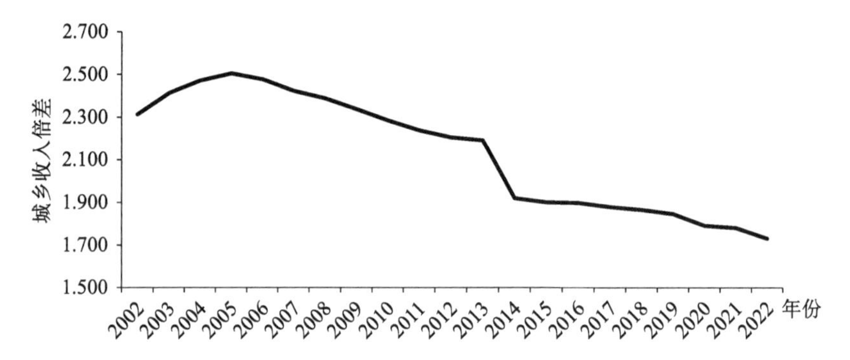

图 8－12　2002—2022 年建德市城乡居民收入倍差

数据来源：2003—2022 年《建德统计年鉴》及《2022 年建德市国民经济和社会发展公报》。

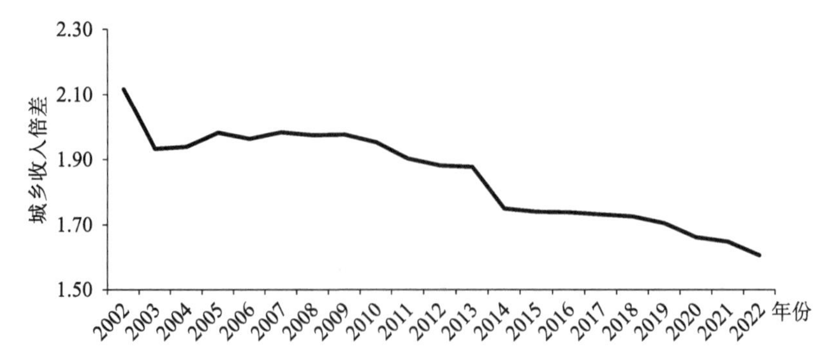

图 8－13　2002—2022 年富阳区城乡居民收入倍差

数据来源：2003—2022 年《富阳区统计年鉴》及《2022 年富阳区国民经济和社会发展公报》。

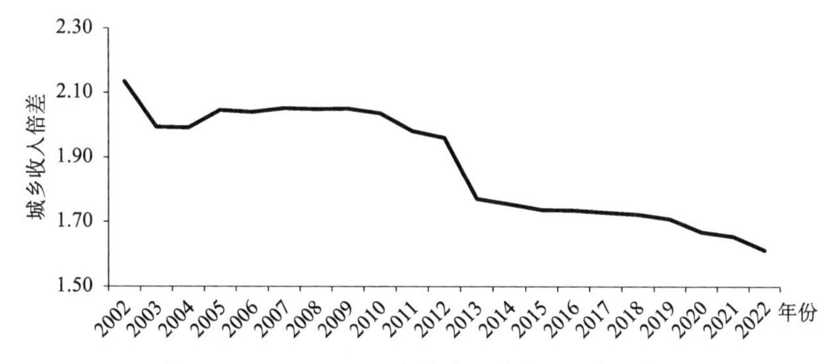

图 8－14 2002—2022 年临安区城乡居民收入倍差

数据来源：2003—2022 年《临安区统计年鉴》及《2022 年临安区国民经济和社会发展公报》。

（二）杭州山区农民共同富裕程度显著高于全国平均水平

2022 年全国城乡居民收入倍差平均为 2.45，杭州山区 5 区、县（市）的城乡居民收入倍差都小于全国平均值。这表明杭州山区农民共同富裕程度高于全国平均水平。这主要取决于下列三个因素：

一是特色产业发展带动收入增长。杭州山区 5 区、县（市）通过发展与当地自然环境和文化相结合的特色产业，有效地带动了农民收入的增长。这些产业包括但不限于高品质的茶叶种植、生态旅游业以及特色农产品的深加工。这些产业的发展不仅为农民提供了更多的就业机会，也提升了农产品的附加值，从而使农民能够获得更高的收入。例如，通过种植有机茶叶并进行品牌化营销，农民能够以更高的价格出售产品，从而增加收入。

二是基础设施建设促进外部联系。杭州市政府在山区的基础设施建设上投入了大量的资源，改善了交通、通信、水利和电力等基础设施，极大地促进了山区与外界的联系。改善的基础设施不仅使得农产品更容易销往外地，增加了农民的收入，也便利了外来游客的到来，促进了旅游业的发展。此外，基础设施的改善还为山区居民提供了更多的就业机会和更好的生活条件。

三是政策扶持和能力培养。杭州市政府及有关方面实施了一系列政策来扶持山区农民的共同富裕。这些政策包括但不限于提供贷款优惠、税收减免、技能培训和市场开拓支持。政府通过这些措施降低了农民创业的门槛，提高了他们的市场意识和创业能力，鼓励他们通过自身努力提升收入。同时，政府还注重农民的教育和健康，提供了相应的公共服务，提高了农民的整体生活质量。

第三节 杭州市山区农民绿色增收的典型案例

中共杭州市委、市人民政府在系统化全域推进山区农民增收工作上力争示范先行，积极探索典型城乡建设的“杭州经验”，形成了众多典型案例，主要包括政府主导型案例、市场主导型案例、社会主导型及混合型案例，为推进中国式现代化作出更大的城乡建设“杭州贡献”。

一、政府主导型的典型模式

（一）政府搭建平台助力农民绿色增收

通过实施“千家主体”联结带动工程，聚焦“强主体、优机制”，聚力加强农业龙头企业、农业合作社、家庭农场等新型农业经营主体培育提升，加快建立健全小农户与新型农业经营主体的高效利益联结机制，搭建农民从业平台、农产品销售平台网络，让农民更多分享产业发展各环节收益。实施千家新型农业经营主体培育提升工程，促进农民创业创新。推进合作社质量整县域提升，实施全国农民合作社质量提升整地区推进试点，增强农民合作社服务带动能力。引导农业规模经营户培育发展有活力的家庭农场。在山区实施农业产业化龙头企业提升行动，支持龙头企业在县域布局，更多地把产业链主体留在山区县域、增值收益留给农民。完善新型农业经营主体与农民利益联结机制，引导农户自愿以土地经营权、林权等入股，带动小农户合作经营、共同增收。2023 年淳安县与明康汇生态农业集团共同发布了“百村万亩亿元”产销共同体三年行动计划，打造共富新样本。把冬季闲田变为“绿色增收法器”，通过种植冬季蔬菜等作物，提高耕地复用率，拓宽村集体、农户增收渠道，对推动农业提质增效、优化农业结构、保障农产品供给、促进农户增收等具有重要意义。

（二）政府建立乡村发展联合体

1. 典型案例

淳安县大下姜村地处偏远山区，曾面临交通不便、贫困和恶劣环境等问题。2003—2007年，习近平同志多次来到该村实地考察，为探索科学发展、脱贫致富的路子与当地乡亲一起努力。2018年3月，杭州市出台《下姜村及周边地区乡村振兴发展规划》，以大下姜村为龙头，统筹协作多个村庄，探索乡村振兴共富之路。

2. 主要做法

一是建立联合体。大下姜村与周边24个村成立“千岛湖·大下姜”乡村振兴联合体，旨在构建强村带弱村、先富带后富、区域融合带动的帮扶机制。这一举措不仅加强了各个村庄之间的合作与资源整合，也使得更多的资源和政策倾斜到了基层，从而促进了整个地区的共同发展。这种联合体模式为农村振兴提供了新的思路和组织形式，为解决农村发展中的问题提供了有效路径。

二是旅游业发展。大下姜联合体着力发展乡村旅游业，在2021年接待游客160.15万人次、住宿游客8.03万人次，实现旅游收入1.21亿元，并取得显著增长。这些数字背后反映出当地旅游业蓬勃发展的活力和潜力。通过挖掘本地独特的自然风光和人文资源，推动了当地经济结构转型和产业升级，并为农民增收打开了新渠道。

三是模式认可与推广。“大下姜联合体模式”被农业农村部作为全国经典案例进行推广，成功入选全省缩小城乡差距领域首批试点，入选省乡村振兴十佳创新实践案例。这些认可和荣誉不仅是对该模式取得成就的肯定，更意味着其具备可复制、可推广的价值。这将为其他类似地区提供借鉴和学习的范本，并在更大范围内具有示范引领作用。

3. 主要成效

一是经济效益。大下姜联合体发展模式通过旅游业等产业的发展，显著提升了当地经济。尤其是在旅游收入方面取得了令人瞩目的成绩，同比增长高达70.8%。这不仅为当地村民带来了实实在在的经济收益，也为整个地区的经济注入了新的活力。农民收入从几千元提高至3万—5万元，对当地居民生活水平和社会发展所带来积极影响。

二是模式创新。大下姜联合体发展模式得到农业农村部和相关机构的认可，并被做为全国范围内的经典案例进行推广。这种认可意味着该模式在理念和实践上都具备了一定的先进性和可行性，能够为其他地区提供借鉴和学习的范本。这也从侧面证明了该模式所取得成就的真实性和可持续性。

三是示范作用。大下姜联合体发展模式成功入选省级试点项目，并在全省范围内具有示范和引领作用。这意味着该模式不仅是在某一个局部取得成功，而是具备了一定普适性，在更大范围内具有示范引领作用。它可以为类似地区提供解决问题、促进发展的有效路径和方法论。

二、市场主导型的典型模式

（一）“农产品+”的市场模式

1. 典型案例

六都源有机蔬菜集聚带动共富项目位于淳安县威坪镇六都源核心区域，是一个集土地流转、有机蔬菜种植、果蔬分拣中心建设于一体的大型农业项目。该项目于2022年5月与上海鲜佳汇农业科技发展有限公司签订招商协议，代表了当地政府和企业合作共同推动地区农业的现代化和绿色发展。

2. 主要做法

一是土地流转与规模化种植。项目计划流转3000亩土地进行绿色有机蔬菜的规模化种植，每亩投资约3万元，确保种植过程的高效和绿色。

二是建设果蔬分拣中心。在驮岭脚村建设一个果蔬分拣中心，以提高农产品的加工和分拣效率，增强产品的市场竞争力。

三是打通价值链条。项目旨在实现从种植、收购、分拣、加工到销售的全价值链条运作，直接供应上海、北京等一线城市，提升“千岛农品”的品牌形象。

3. 主要成效

一是经济效益显著。项目预计年销售蔬菜3600吨，产值达3亿元，有效提升了当地农业的经济效益。

二是品牌影响力提升。通过高质量的农产品直接进入一线城市市场，极大提升了“千岛农品”的品牌影响力。

三是带动就业与共富。项目实施创新的“企业+村集体+农户”模式，一期项目共流转1600亩土地，可带动300人以上就业，促进当地农户共享经济增长的成果。

（二）农旅融合的市场模式

1. 典型案例

桐庐县“民宿+综合项目”通过夯实农业主导产业，发展民宿，推动农旅融合。在高质量发展建设共同富裕示范区的大背景下，桐庐县把民宿产业作为实现乡村振兴和缩小城乡差距的重要路径。民宿产业不仅满足民众对美好生活的需求，也成为推动乡村文旅融合发展的新型载体。

2. 基本做法

一是市场主导下的农民自愿流转机制。桐庐县实行了以农民自愿为原则的土地和房屋流转机制。在合法、自愿、有偿的基础上，对闲置的农房进行收购和租赁，鼓励农民将闲置资源转化为民宿业态，从而参与到旅游产业中。这不仅增加了农民的收入来源，还为乡村旅游带来了新的活力和发展空间。

二是与旅行社合作经营。桐庐县通过邀请200多家旅行社来桐实地体验，与“驴妈妈”等知名旅行社签订合作协议，开通上海、杭州至桐庐的民宿直通车，极大地提升了当地民宿的知名度和吸引力。这种合作模式有效促进了民宿与旅游市场的深度融合，为游客提供了更加便捷和丰富的旅游体验。

三是打造综合性旅游业态。桐庐县努力将民宿产业与当地景区、农业特色产业、电商等多方面紧密结合，推动了“住在一处、玩遍区块”的综合旅游业态的形成。这种综合业态的发展不仅提升了旅游体验的丰富性和深度，也为农村经济的多元化发展提供了强有力的支持。

四是产业链互补共进模式。在分水镇新龙、儒桥等村落，本地民宿与百合基地、漂流项目、大路粮油基地等旅游和特色农业项目相互衔接，完善了旅游产业链，有效促进了农旅融合，实现了资源的最大化利用。

五是行业规范管理。桐庐县通过组建县级民宿行业协会，建立了行业管理规范、建设标准和服务质量星级评价体系，为民宿行业的健康发展提供了有力的保障。这些措施不仅提升了民宿服务的质量和标准，也为游客提供了更加优质和安心的住宿体验。

3. 主要成效

一是经济效益显著。自2013年以来，桐庐县民宿产业吸引了大量社会资本，投资金额达到7.8亿元。巨大资金的注入不仅促进了民宿业的快速发展，也带动了相关行业的兴旺，如旅游服务、餐饮、交通等。吸引创业人员6000多人，其中包括135名艺术人士和45个专业投资团队。创业人才带来了新的思想、技术和管理方法，为当地经济注入了新的活力。民宿产业的发展为当地创造了大量的就业机会，同时也吸引了更多的游客，进一步促进了当地经济的繁荣。

二是农村发展活力提升。民宿经济的发展有效地保留了农村的传统韵味和文化特色，使得乡村旅游具有了更加独特和吸引人的特点。民宿的经营为农民提供了新的收入来源，增加了农民的经济收入，改善了他们的生活条件，提升了农村地区的整体发展活力。通过民宿业，农民不仅能够通过出租闲置房屋增收，还能够通过提供农家乐、特色手工艺品等增加额外收入。

三是生活方式的改变。民宿经济的发展改变了农村地区的传统生产和生活方式，为农民提供了更多元化的就业和创业机会。农村地区的文化韵味得到了增强，民宿经营过程中的文化展示和交流活动，使得农村的传统文化得以传承和发展。民宿产业的发展为农民提供了在家门口就业和创业的机会，实现了农民的可持续发展，提高了他们的生活质量，同时也促进了农村旅游业的发展。

三、社会主导型的典型模式

（一）典型案例

杭州临安金惠粮油专业合作社联合社是典型的社会主导型农民绿色增收案例。杭州临安金惠粮油专业合作社联合社是在杭州市供销社指导下，由区供销总社和杭农集团牵头，吸纳全区 18 家农机植保、粮油种植等产业农民专业合作社组建而成，注册资金达到 1637 万元。该联合社自 2016 年 12 月成立以来，通过延伸产业链、提升价值链、打造供应链，着力构建农业社会化服务体系，带动村集体增收、农民致富。凭借“产业联合社 + 加工中心 + 核心基地”的新模式，着力构建农业社会化服务体系，带动村集体增收、农民致富。

（二）主要做法

一是产业融合与加工中心建设。联合社建立了烘干、加工、仓储、服务为一体的加工中心，实现了粮食产业与一、二、三产业的深度融合；打造了“天目好味道”品牌，提升了临安大米的品牌影响力。

二是模式创新。与天目山镇周云股份经济合作社签订《土地流转合作协议》，实施“产业联合 + 村集体增收”模式，共同开展生产经营；与杭州临安品成农业科技有限公司合作，实现定制生产，满足市场需求。

三是社会化服务。联合社为社会提供农资团购服务，减少成员的生产成本；联合社吸纳不同的合作社，整合农业机械资源，降低农民生产成本；实施多元化销售模式，通过线上线下渠道推广产品。在临安惠多利的支持下，以低于市场价价格为成员社采购300余吨化肥。实施种植补助政策。通过联合社种粮大户稻麦规模种植补助，提升会员积极性，带动合作社联合社会员，规模性开展稻麦产业化规模化种植。联合社连续5年开展种粮大户稻麦规模种植补助，2021年全年补助资金达826334元。

（三）主要成效

杭州临安金惠粮油专业合作社联合社的运作对提高农民收入产生了显著影响。合作社的成立和有效管理降低了农民在粮食生产中的各项成本。通过集中采购农资如化肥、农药等，以及共享农业机械和技术，农民在种植过程中的支出明显减少，从而直接提高了他们的实际收入。合作社实施的土地流转和集中经营策略也极大提高了农业生产的效率。2022年以“产业联合+村集体增收”的模式与天目山镇周云股份经济合作社签订《土地流转合作协议》，以每亩700元的价格集中流转村集体土地556.64亩，建立核心基地开展生产经营。通过这种方式，农民将自己的土地以合理的价格出租给合作社，不仅保证了稳定的土地收益，还通过参与合作社的集中生产活动获得了额外的经济利益。村集体以基地基础设施等折股45%，联合社以农业机械等折股55%，按股份享受核心基地实现的经营利润。集中经营还带来了规模效应，降低了单位生产成本，提高了单产和总产量，进一步增加了农民的总体收益。通过这些措施，联合社有效地帮助了农民提高了收入水平，改善了他们的经济状况，为农村地区的经济发展作出了积极贡献。

合作社通过产业融合提高产品附加值。在水稻加工生成大米的基础上进行深加工，联合实业结合“五优联动”和数字化赋能，创新打造水磨年糕、米酒等“天目好味道”系列衍生产品，提升产品附加值。销售模式多样化。整合成员社现有销售渠道，实现资源共享，利益共通，依托区农合联资产经营公司，通过食堂配送、订单收购、线下设点零售等形式，以线上线下同步宣传推广的形式。同时，借助临安区公共品牌“天目山宝”平台，不断扩大品牌知名度，逐步形成完备的生产销售链。

通过联合社的建立，临安粮食生产农民专业合作社组织化程度明显提高，全市 50 亩以上种植大户约占 85% 以上加入的联合社，已组成稳定和促进全市粮食生产的主力军。联合社在村社共建模式上，积累了经验，取得了显著成效。核心基地运作 4 年下来，村集体经济已收分红 21 万元，同时联合社每年的稻麦种植过程中还将支付给村里务工工资 40 余万元。在共同富裕道路上，产业得到了提升，百姓尝到了甜头、村集体得到了实惠。

四、混合型的典型模式

这种模式主要表现为从市场需求切入，盘活村级闲置资源；让政府力量介入，完成资源整合和产业链链接；把社会资本引入，参与乡村运营；通过多方合作促进乡村绿色经济发展。

（一）市场需求激活村级资源

市场需求是决定资源如何使用和开发的关键因素。通过调研和分析市场趋势，可以确定哪些村级闲置资源具有潜在的市场价值。例如，一些村庄可能拥有独特的自然风光、历史文化遗产或者特色农产品，这些资源如果得到合理开发，可以吸引游客或消费者，从而带动当地经济的发展。为了有效地开发这些资源，需要进行资源调查，识别并评估所有可用的资源，包括土地、建筑、自然景观以及文化资产等。之后，根据市场需求制定合理的开发计划，例如，将废弃的建筑改造成民宿，或者发展特色农产品的种植和加工。临安区潜东村依托运营商强大的市场侧资源，抓住城市居民对田园生活向往这一巨大需求，采用“互联网 + 认领制”进行“订单式”智慧管理，实现从“先生产后找市场”到“先找市场后生产”的转变，全面唤醒乡村“闲资源”，做到“地尽其利，物尽其用”。“共享稻田”项目直接连通种植户与消费者，通过网络直接认领，最大化增加村集体和村民收入，2020 年首批 38 块稻田一经推出就被“秒抢”，目前共有 100 多亩被认购，稻田认领和衍生收入超 100 万元。淳安县环千岛湖绿道、建德市三都镇桔香映柳精品绿道等，通过引入体育赛事、生态观光、旅游招商、高端民宿等复合业态，在绿道沿线设置农贸集市，开设“农产品馆”线上线下销售平台，将“生态资本”转变成了“富民资本”。

（二）政府利用市场介入资源整合

政府在资源整合和产业链链接中扮演着至关重要的角色。首先，政府可以制定政策，提供指导和资金支持，帮助村庄识别和利用闲置资源。例如，政府可以提供补贴或贷款支持，帮助村民改造闲置建筑或开发农业基础设施。政府还可以通过制定规划，协调各方面的资源和利益，确保资源开发符合可持续发展和环境保护的原则。同时，政府还可以协助建立起农产品到市场的供应链，帮助农民将产品销售到更广泛的市场。临安区潜东村“无中生有”战略，通过政府规划引导、强村公司牵头等方式，探索主动腾整闲置资源，开启乡村市场化发展新模式。临安区太湖源镇指南村将“示范型村落景区”与统建农房相结合，走出了一条独具特色、宜居乐业的发展之路；一条条城乡绿道，也串联起了人们的衣、食、住、行、娱、购，培育出度假疗养、生态农业、体育运动等产业形态，实现“点绿成金”。

（三）引入社会资本参与乡村运营

社会资本的引入对于乡村振兴具有重要意义。私营企业和其他社会组织可以带来资金、技术和管理经验，帮助提高资源开发的效率和质量。例如，企业可以投资建设旅游设施，或者与农民合作开发特色农产品，带动乡村经济的发展。社会资本的引入还可以带来新的思维和创新，例如通过数字化手段促进农产品的销售，或者开发结合当地文化特色的旅游项目。这些创新不仅能增加乡村的收入，还能提升乡村的整体形象，吸引更多的游客和投资。2021—2022 年，潜东村通过引入乡村运营商，招引社会资本参与投资项目 10 余个，累计投资 600 余万元，6 个合计 800 万元的项目已签约落户。全村 2021 年农文旅综合收入超 300 万元，参与共享项目农户年增收超 2 万元。潜东村从藏匿深山的“小透明”“边缘地带”成为了活力迸发、远近闻名的“共享经济第一村”。

（四）跨部门协作促进利益共享

政府、企业和村民之间建立有效的合作机制是杭州山区乡村绿色发展的重要经验。这种合作应该基于互惠互利的原则，确保所有参与方都能从中获益。例如，政府和企业在投资乡村项目时，应考虑到村民的利益，保证他们可以通过提供劳动力、土地或其他资源参与到项目中，从而获得合理的收益分配。同时，跨部门协作还包括政府之间的协调，例如地方政府和中央政府之间的合作，以及不同政府部门之间的协作，以确保政策的一致性和资源的有效配置。千岛湖保护的生态补偿机制就是典型的跨部门协作与利益共享案例。千岛湖成为杭州市实际饮用水水源地之后，在国家层面的流域生态补偿基础上，2019 年浙江省把淳安县列为特别生态功能区，形成跨四级政府、生态环保—农业农村—林水—发改等多部门的协作和利益共享。

第四节 杭州市山区农民二十年绿色发展经验

一、坚持绿色发展不动摇，在“生态优先”前提下推进产业转型升级

第一，坚持绿色发展的首要任务是保护好自然生态系统，确保山区的自然资源和环境得到有效保护。杭州市通过实施严格的环境保护政策、开展生态修复项目、推动生物多样性保护等措施，有效地维护了山区的生态安全屏障。通过实施“千万工程”等重点生态保护与修复工程，增加森林覆盖率，保护水源地，改善生态环境。这些措施有助于构建和谐的自然环境，为乡村的可持续发展提供了坚实的基础。杭州在全国省会城市中率先建成“国家生态市”，荣获“国家生态园林城市”“全国美丽山水城市”等称号。连续 7 年获美丽浙江考核优秀，连续 6 年获得省“五水共治”大禹鼎。成功创建国家生态文明建设示范区、县（市）5 个，“绿水青山就是金山银山”实践创新基地 1 个，省级生态文明建设示范县（市、区）11 个。出色完成 G20 杭州峰会环境质量保障任务，成功举办联合国世界环境日全球主场活动，美丽杭州的知名度和影响力持续提升。

第二，在生态优先的前提下，重点进行绿色生态产业的培育促进传统产业的绿色转型。杭州市通过生态保护红线倒逼淘汰高污染、高能耗的传统农业产业转型，发展高效生态农业。山区乡村着重于发展与自然环境和

谐共生的绿色产业。通过发展生态农业、绿色旅游、特色文化等产业，不仅提高了经济效益，还促进了资源的可持续利用。例如，通过推广有机种植、生态养殖等方式，提高了农产品的附加值；同时，发展以生态和文化体验为主题的乡村旅游，带动了当地经济发展。这些绿色产业的发展有助于实现经济增长与环境保护的双赢。

第三，通过技术创新与绿色技术应用推动产业绿色转型升级。杭州市积极推动技术创新，特别是在节能环保、生物技术、信息技术等领域的研发和应用，推动了产业的绿色转型。通过引入和应用新技术，如智能农业技术、清洁能源技术等，杭州市山区乡村不仅提高了生产效率，也减少了对环境的负面影响。同时，这些技术的应用还促进了新产业的孵化，如智能旅游、绿色物流等。杭州市积极投入资金和资源支持绿色技术的研发，包括节能减排技术、废物回收利用技术、清洁生产技术等。通过政策引导和市场激励，推动企业和社会采用绿色技术和清洁能源，提高资源利用效率，减少污染排放。2022 年杭州完成 13 个城镇“污水零直排区”示范镇（街道）建设，完成 2 个工业园区“污水零直排区”创建，建德高新技术产业园入选 2022 年浙江省工业园区“污水零直排区”标杆园区培育名单。实施城镇污水处理厂新扩建项目 6 个，完成城镇污水处理厂清洁排放提标改造 7 个。新建农村生活污水处理设施 513 个，完成标准化运维 8005 个，行政村治理覆盖率达到 91.8%。2013—2022 年，市控以上断面水质优良率由 83% 上升到 100%，县级以上集中式饮用水水源地水质达标率保持 100%。

第四，绿色制度创新推动山区产业绿色转型升级。制度创新是改革的重要抓手。2019 年 9 月杭州市建立全国首个“生态特区”——杭州市淳安特别生态功能区，并为生态特区量身定做了地方性法规——《杭州市淳安特别生态功能区条例》（以下简称《条例》）。“《条例》力求在保护生态环境与推动绿色发展、增进民生福祉之间取得平衡，既要保护好千岛湖一湖秀水，又要保障好淳安 40 多万老百姓的民生福祉促进共同富裕。”杭州市生态环境局副局级督查专员骆荣强说。[①] 生态特区的建设和发展逐渐成为全国乃至全球的样板。杭州市政府通过创新制定生态与经济协调的

① 钱晨菲．全国首部生态特区保护法规明年实施 为杭州淳安量身定制［EB/OL］．中国新闻网．（2021－09－07）［2024－02－16］https：//www.sohu.com/a/488405539_123753.

政策体系，促进山区绿色发展转型。如山区深绿产业清单制度、上下游多元化生态补偿制度、绿色金融制度包括税收优惠、财政补贴、绿色信贷等，从而激励政府、企业和个人投资于环保和可持续的项目。同时，杭州市推动建立绿色评价和监管体系，如环境影响评估制度、排污权交易制度等，确保所有经济活动都在可承受的环境容量范围内进行，促进资源的有效利用和环境保护。

二、坚持特色发展不动摇，按照“以特取胜”逻辑实现生态产业高附加值

杭州市坚持绿色发展理念，在乡村绿色发展方面重视高附加值的生态产业，突出了特色生态产业的开发、产业创新与升级，以及绿色价值链的构建。主要表现在以下三个方面：

第一，发展特色生态产业。发展特色生态产业是一种旨在保护环境的同时促进经济增长的可持续发展模式。这种模式通过开发和利用当地的自然资源和文化遗产，创造出独特的产品和服务，从而在市场上获得竞争优势。

一是生态农业、生态旅游和绿色能源等特色生态产业不仅保护了自然环境，还为当地居民提供了就业机会，促进了经济发展。例如，临安区的天目山竹海，不仅是生态旅游的胜地，还通过发展竹制品工艺、竹林保护等项目，实现了生态与经济的双赢。天目山竹海以其秀美的自然风光吸引了大量游客，成为了生态旅游的热点地区。同时，当地利用丰富的竹资源，发展了竹制品工艺，生产出了各式各样的竹制品，如竹篮、竹椅和竹编工艺品等。这些产品不仅在国内市场上受到欢迎，还远销海外，提升了当地的经济水平。

二是通过加强农产品的品牌建设，提高了产品的市场知名度并增加产品附加值。杭州市大力发展以西湖龙井茶和杭白菊为代表的高品质农产品。西湖龙井茶以其独特的口味和高品质著称，吸引了众多茶叶爱好者的关注。而杭白菊则以其药用价值和美丽的外观而闻名，成为了健康产业的一部分。这些产品的成功，不仅展示了杭州在生态农业领域的实力，也为当地经济的持续发展提供了强有力的支持。

三是通过开发具有当地特色的旅游项目，如乡村民宿、田园体验等，

杭州吸引了大量的国内外游客。这些旅游项目不仅让游客体验到了乡村的宁静和美丽，还让他们感受到了当地独特的文化和生活方式。同时，乡村旅游的发展也促进了当地经济的多元化，为村民提供了新的收入来源。

四是绿色能源作为一种清洁、可再生的能源，其开发利用也成为了杭州特色生态产业发展的重点。杭州市通过建设风力发电站和太阳能发电设施，有效地利用了当地的自然资源。这些绿色能源项目不仅减少了对化石能源的依赖，还减少了环境污染，促进了可持续发展。

第二，推动产业创新与升级。科技创新和产业升级是实现传统产业转型的途径，可以提升整个社会的生产效率和可持续性。在政府、企业、科研机构和农民等多方的共同努力和合作，共同推动产业向更高质量、更高效率、更环保的方向发展。

一是利用现代农业技术提升农业产业。随着科技的进步，传统农业正经历着革命性的变化。利用现代农业技术，如精准农业、智能灌溉系统和生物技术，可以大幅提升农产品的质量和生产效率。这些技术使得农业生产更加精确和可控，减少了资源浪费，同时增加了作物的产量和质量。例如，通过遥感技术和数据分析，农民能够精确了解作物的生长情况和土壤的需求，据此调整灌溉和施肥策略，实现更高效的资源利用。此外，利用非化学方法控制害虫和病害，如生物控制技术，不仅提高了农作物的产量和质量，还保护了生态环境，使得传统农业变得更加绿色和可持续。

二是加强与高校和科研机构的合作，引入先进技术。产业创新往往需要新知识和新技术的注入。通过加强与高校和科研机构的合作，企业和农业生产者可以获得最前沿的科技成果和管理经验。这种合作模式有助于快速将理论研究转化为实际应用，推动产业技术的快速更新和升级。例如，引入先进的生态保护技术，如水土保持技术和生态恢复技术，可以有效地保护和改善农村生态环境。同时，通过合作开展技术培训和人才培养项目，可以提升农村从业人员的技能水平，为乡村产业的创新发展提供人才支持。

三是发展生态农业园区，提升农产品附加值。生态农业园区的建设是推动乡村产业创新发展的有效途径。结合当地的自然资源和文化特色，采用生态友好的生产方法，生产高质量的农产品。如建德市稻香小镇，在园区内还会设立体验区和教育区，吸引游客来参观学习，提升游客对生态农业和绿色产品的认知。通过这种方式，农产品不仅在物质价值上得到了提升，其文化和教育价值也得到了增加。此外，生态农业园区的建设还有助于保护农村的自然环境和生物多样性，促进了乡村旅游和其他相关产业的发展，形成了多元化的收入来源，增强了农村经济的活力和抗风险能力。

第三，构建绿色价值链。在推进乡村绿色发展的过程中，实施构建从生产、加工到销售的完整绿色价值链战略。通过这种战略，不仅提高了生态产品的整体价值，也保证了可持续发展的原则贯穿整个产业链。同时，建立绿色认证系统，加强市场监管和推广绿色营销，确保了其绿色产品在市场上的竞争力和消费者认可度，同时也促进了消费者对绿色、健康生活方式的认知和接受。这种全方位的策略不仅能提升绿色产品的市场竞争力，也是促进可持续发展和环境保护的重要手段。通过这种战略，在确保在保护环境的同时，乡村实现经济和社会的和谐发展。具体经验如下：

一是构建从生产到销售的完整绿色价值链。绿色价值链的构建需要从生产源头做起，涵盖加工、分销直至最终的销售环节。在生产环节，应采用环保和可持续的农业方法，如有机耕作、低碳生产技术等，减少对环境的影响。在加工环节，重视生态友好的加工技术和材料的使用，减少能源消耗和废物排放。在销售环节，推广环保包装和绿色物流，降低产品在运输过程中的碳足迹。此外，全链条的信息透明化也十分重要，让消费者了解产品从田间到餐桌的每一个环节，增强其对绿色产品的信任和支持。

二是建立绿色认证系统和加强市场监管。为确保绿色产品的真实性和可靠性，建立一套全面的绿色认证系统是必不可少的。这个系统应包括对生产过程中使用的原料、生产方法、加工技术等方面的严格标准和检验。同时，加强市场监管，确保所有标榜为“绿色”的产品都符合相应的环保标准，打击伪绿色产品，保护消费者的权益。这不仅能提升消费者对绿色产品的信任，也能提高产品在市场上的竞争力。

三是推广绿色营销，促进消费者对绿色生活方式的认知和接受。绿色营销策略的实施对于提高消费者对绿色产品的认知和接受至关重要。这包括通过各种媒介和渠道传播绿色消费的理念，让消费者了解绿色产品的环保价值和健康益处。此外，通过教育和宣传活动，提高公众对环保问题的意识，激发他们对绿色生活方式的兴趣和参与。如举办绿色生活方式体验活动、环保主题教育活动，或与社区、学校合作推广环保意识，都是非常有效的方式。

三、坚持创新发展不动摇，以“创新驱动”高效生态产业的培育和发展

科技创新是引领一切发展的引擎器，要打造生态经济体系，第一要务就是要牵住绿色关键技术创新这个“牛鼻子”。杭州山区紧紧抓住新一轮科技和产业变革重大机遇，依靠绿色技术创新，推动产业转型升级，建立从绿色技术开发到绿色产业转化畅通的绿色技术创新链和创新生态，实现生态经济体系绿色、安全、可持续。

第一，生态产业绿色创新技术。要持之以恒加大绿色技术研发经费投入，加大对重大技术攻关课题、项目的资金支持力度，集聚人力、物力、财力，在清洁生产技术与资源综合利用、资源再生循环利用、绿色低碳产业等方面开展联合攻关，实现绿色关键技术突破，为传统产业实现生态化、生态资源创造产业价值提供绿色先进技术供给。

第二，新业态新经济的培育。要注重发挥国家绿色产业制造体系实验室引领作用，以之江国家实验室为载体，利用国家实验室先进技术设备、高端人才资源，合力打通绿色技术与产业化对接的堵点，深化绿色科技、研发与资本、生态产业化和产业生态化的合作，形成技术研发、转移扩散和产业化链条以及市场化技术扩散机制，培育绿色生态新产业、新经济。

第三，综合绿色科技服务平台建立。要建设综合、绿色、开放、共享的绿色科技服务平台，构建覆盖全国、辐射全球、具有国际影响力和国际竞争力的国家绿色创新网络，实现绿色化人才、知识、技能、资本等要素的跨区域、跨行业整合，以服务平台为载体，举办高等级绿色技术创新和成果孵化的专业性赛事论坛，推动解决绿色技术原创能力薄弱问题，以“绿色＋”功能，增强绿色生态领域技术创新能力，提升绿色产业竞争力。

第四，融合数字创新技术。要在开展绿色技术创新的过程中深度融合数字创新技术。在宏观层面上，要构建自主可控的跨阶段、跨专业一体化绿色生态和智能智慧化理论、技术与方法体系，形成支撑产业应用的研发装备、系统和平台，为产业生态化和生态产业化的实现提供优质的算法和算据。在具体操作层面上，要结合大数据和类脑计算的智能设计、基于数字孪生的智能生产、面向人机共融的智能施工等关键技术，将绿色环保元素融入产业链条设计、生产、施工的全过程。

第五，高效生态企业孵化。注重绿色生态型科技创新企业的培育孵化，通过政策引领、资金补贴、倾斜资源等方式，重点培养形成一批绿色生态型专精特新“小巨人”企业，完善专精特新企业认定标准和准入标准，带动中小企业精准对接绿色技术服务，形成政产学研用协同创新共同体，全方位激发绿色创新活力，为推动产业生态化和生态产业化发展提供专业化支撑和服务。2023 年 9 月淳安县引入浙江常淳科技公司，分两期建设，一期建成后形成年产 1200 万个固态硬盘（SSD）和电脑内存（DRAM）的生产能力，产品具有性能优异、稳定、兼容性高等特点，投产后将实现年工业产值 10 亿元。截至 2023 年 12 月已完成 4 亿元的销售额。

第九章

杭州市山区农民绿色共富的突出问题及根源

杭州山区占比大，环境保护要求高，山区农民增收难。杭州山区农民绿色共富问题不解决，将严重制约杭州市共同富裕示范区建设。杭州市要打造共同富裕示范高地，就必须找准山区农民绿色共富存在的突出问题，并针对这些问题剖析其根源。杭州山区农民的收入水平虽然在稳定提升，但是与城市居民以及城市近郊农民比较，收入还在下降。这既有区位条件、自然禀赋等自然因素，也有生态保护严格、机制建设缺位等人为因素。

第一节　杭州市山区农民绿色共富的比较分析

一、临安区、桐庐县、淳安县、建德市、富阳区与余杭区的绿色共富比较

区域经济的发展受到区位条件、资源禀赋、基础设施、辐射作用、极化作用等因素的影响。根据杭州市 2021 年各行政区划人均 GDP 排名情况

来看，杭州山区5个县市区由高到低依次是富阳区、临安区、建德市、桐庐县、淳安县，与位于中心城区边缘的余杭区存在很大差距。如图9-1所示，2016—2021年杭州市山区五县市区临安区、桐庐县、淳安县、建德市、富阳区与余杭区人均GDP（按常住人口计算）总体呈增长态势。2020年新冠疫情的暴发对各地经济增长造成一定负面影响，除当年桐庐县、淳安县和余杭区人均GDP较上年明显下降之外，其余各地区在2016—2021年人均GDP均仍保持稳定增长。其中，余杭区人均GDP明显高于杭州市山区的五个县市区，从2016年的110611元增长至2021年的196869元，整体增幅为78.0%。山区五个县市区中，人均GDP从高到低依次是富阳区、临安区、建德市、桐庐县、淳安县。尤其是2017年之后，余杭区人均GDP增速明显加快，在2017、2018、2019、2021这4年甚至超过淳安县人均GDP的2倍。

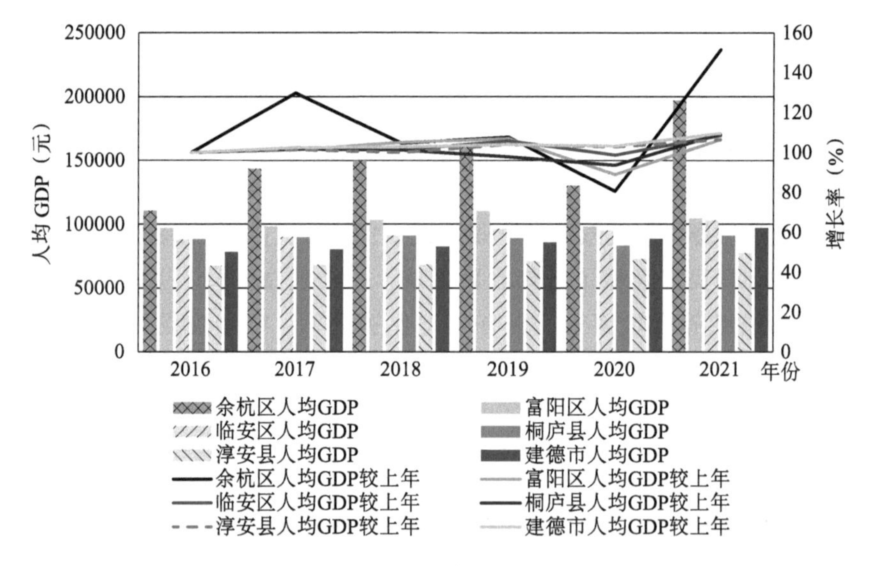

图9-1 2016—2021年临安区、桐庐县、淳安县、建德市、富阳区、余杭区人均GDP（按常住人口）及人均GDP与上年比较

数据来源：2017—2022年《余杭统计年鉴》《富阳统计年鉴》《临安统计年鉴》《桐庐统计年鉴》《建德统计年鉴》《淳安统计年鉴》。

图9-2、图9-3表明，相较于2020年，2021年临安区、桐庐县、淳安县、建德市、富阳区与余杭区全体居民人均可支配收入和全体居民人均生活消费水平均得到增长。从增幅来看，2016—2021年余杭区、富阳

区、临安区、桐庐县、淳安县、建德市全体居民人均可支配收入分别增加了9.9个、10.1个、10.2个、10.9个、10.1个、15.0个百分点；全体居民人均生活消费水平分别增加了17.8个、17.9个、18.2个、19.1个、17.1个、17.0个百分点。

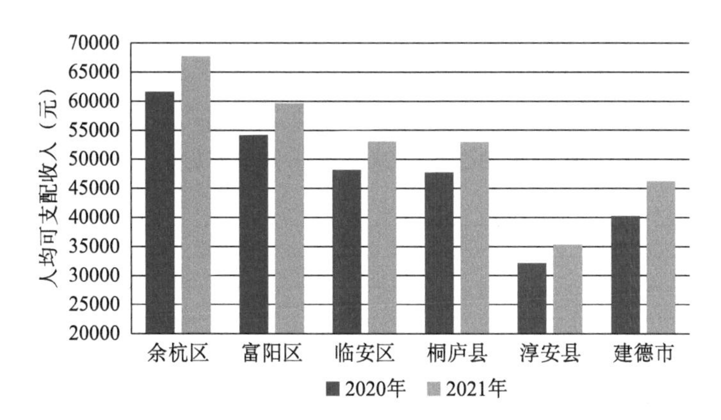

图9－2　2020、2021年临安区、桐庐县、淳安县、建德市、富阳区、余杭区全体居民人均可支配收入比较

数据来源：2017—2022年《余杭统计年鉴》《富阳统计年鉴》《临安统计年鉴》《桐庐统计年鉴》《建德统计年鉴》《淳安统计年鉴》。

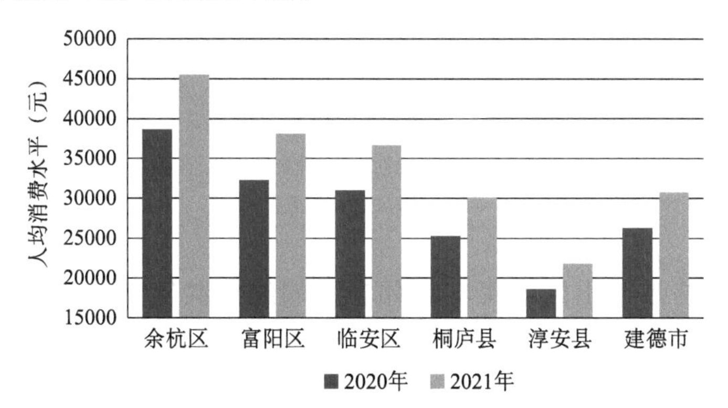

图9－3　2020、2021年临安区、桐庐县、淳安县、建德市、富阳区、余杭区全体居民人均生活消费水平比较

数据来源：2017—2022年《余杭统计年鉴》《富阳统计年鉴》《临安统计年鉴》《桐庐统计年鉴》《建德统计年鉴》《淳安统计年鉴》。

图9－4表明，2016—2021年临安区、桐庐县、淳安县、建德市、富阳区与余杭区城乡收入倍差持续缩小。其中，余杭区城乡收入倍差优于杭州市山区5个县市区，从2016年的1.68∶1下降至2021年的1.58∶1。富

阳区、临安区、桐庐县城乡收入倍差大致相当。淳安县城乡收入倍差在杭州市山区四县中最高，截至 2021 年底仍有 2.15:1，是杭州市山区 5 区、县（市）中唯一城乡收入倍差高于 2:1 的县市。从城乡收入倍差的降幅来看，2016—2021 年余杭区、富阳区、临安区、桐庐县、淳安县、建德市总降幅依次为 0.10、0.09、0.09、0.10、0.13、0.12，城乡收入倍差最大的淳安县、建德市两地的降幅明显高于其他区县。从中看出一个趋势：越是发达的县市区，城乡收入差距越小；反之则越大。提高杭州市山区农民绿色收入，淳安县是重中之重，建德市任务也不轻。

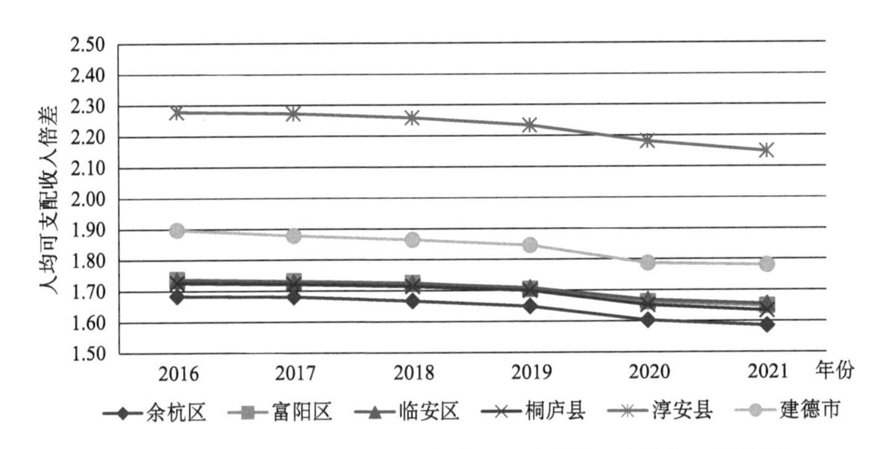

图 9-4 2016—2021 年临安区、桐庐县、淳安县、建德市、富阳区、余杭区城乡收入倍差比较

数据来源：2017—2022 年《杭州统计年鉴》《余杭统计年鉴》《富阳统计年鉴》《临安统计年鉴》《桐庐统计年鉴》《建德统计年鉴》《淳安统计年鉴》。

二、杭州市山区农民与城郊农民的绿色共富比较

城市近郊农民和山区农民的综合发展条件差异显著。在杭州市也得到了充分体现。图 9-5 表明，2016—2021 年杭州山区五县市区与余杭区的农民人均可支配收入稳定增长。其中，余杭区一枝独秀，富阳区领先于山区其他 4 个区、县（市），淳安县处于垫底状况，2021 年淳安县农民人均可支配收入为 24675 元，仅占同年余杭区农民人均可支配收入的 50.7%、富阳区的 58.7%。2016—2021 年农民人均可支配收入增幅最大的是余杭区 17097 元，最小的是淳安县 8565 元；各地区总体增幅差距不大，维持在 52.8%—54.4%。

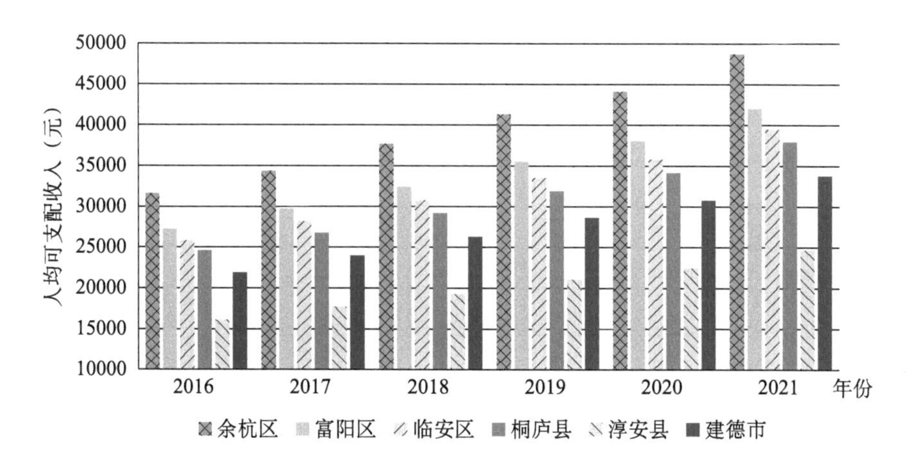

图 9-5 2016—2021 年杭州山区 5 区、县（市）与余杭区农民人均可支配收入比较

数据来源：2017—2022 年《余杭统计年鉴》《富阳统计年鉴》《临安统计年鉴》《桐庐统计年鉴》《建德统计年鉴》《淳安统计年鉴》。

图 9-6 是 2016—2021 年杭州山区 5 区、县（市）与余杭区农民人均生活消费水平比较。可见，2016—2021 年农民人均生活消费水平增幅最大的是临安区 11478 元，最小的是淳安县 5310 元；临安区农民人均生活消费水平增速最快，总增长达到了 61.9%。2021 年临安区农民人均生活消费水平超过 3 万元，高于富阳区同年农民人均生活消费水平。除临安区之外，各地区农民人均生活消费水平增速差距不明显。但桐庐县、淳安县和建德市三地本身增长基数较小，与余杭区、富阳区和临安区之间的绝对差距逐渐拉大。总体来说，杭州市山区农民与城郊农民之间存在不小的收入差距与生活水平差距，且随着地理区位由城市边缘向山区腹地延伸，农民收入差距与生活水平差距呈现出逐渐拉大的趋势。

三、杭州市山区农民与杭州市全体居民的绿色共富比较

缩小城乡差距是实现全体人民共同富裕的重要目标。《浙江高质量发展建设共同富裕示范区实施方案（2021—2025 年）》提出，要加快突破发展不平衡不充分问题。杭州作为浙江省会城市，着力推进区划调整和五个“共富”，2021 年杭州市城乡居民收入倍差为 1.75∶1，较 2020 年缩小 0.02，第 11 年持续缩小。从城镇居民人均可支配收入来看，2021 年杭州市农村居民人均可支配收入增长 10.3%，增幅高于城镇居民 1.5 个百分

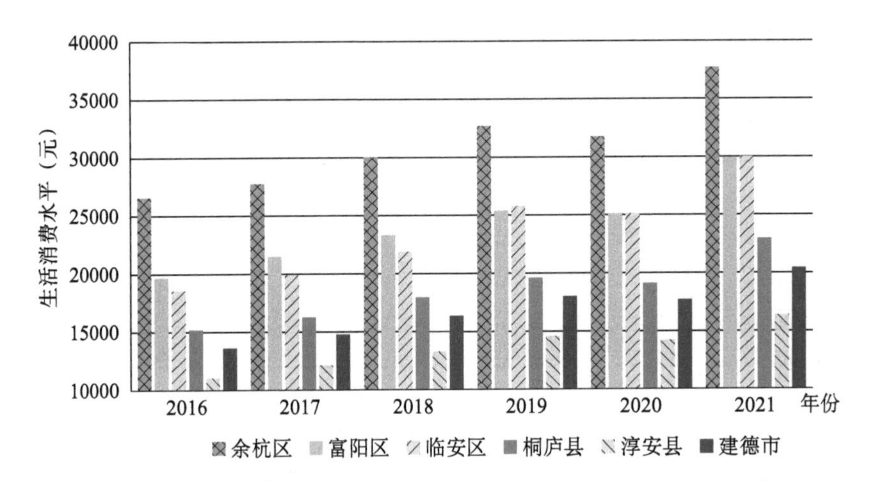

图 9－6　2016—2021 年杭州山区五个县市区与余杭区农民人均生活消费水平比较

数据来源：2017—2022 年《余杭统计年鉴》《富阳统计年鉴》《临安统计年鉴》《桐庐统计年鉴》《淳安统计年鉴》《建德统计年鉴》。

点。2018 年 9 月，中共浙江省委、浙江省人民政府印发《关于〈低收入农户高水平全面小康计划（2018—2022 年）〉的通知》（以下简称《通知》）。《通知》按照“两个高水平”建设目标，实施低收入农户高水平全面小康计划目标：低收入农户收入较快增长，年增幅保持在 10% 以上，并高于当地农村居民收入增长水平。2021 年杭州市低收入农户人均可支配收入增长 14%，增幅高于农村居民 3.7 个百分点。虽然杭州市在农民增收上取得了一定的成绩，但杭州山区农民仍是全体人民共同富裕的突出短板。

图 9－7 是 2016—2021 年杭州市部分山区区、县（市）农民与杭州市全体居民人均可支配收入比较。可见，杭州市部分山区区、县（市）农民人均可支配收入始终低于杭州市全体居民人均可支配收入的平均水平，与杭州市城镇居民人均可支配收入的差别更大。2021 年杭州市城乡收入倍差为 1.75∶1，而杭州市城镇居民人均可支配收入和临安区、桐庐县、淳安县、建德市农民人均可支配收入之比分别为1.89∶1、1.97∶1、3.03∶1、2.21∶1。虽然杭州市部分山区县市区 2016—2021 年农民人均可支配收入保持稳定增长，但与杭州市全体居民人均可支配收入差距较大，尤其是 2021 年杭州市城镇居民的人均可支配收入，达到了山区区、县（市）中社会经济发展水平相对落后的淳安县的 3 倍以上。

图 9－8 是 2016—2021 年杭州部分山区区、县（市）农民与杭州市全体居民人均生活消费水平比较。在杭州市西部山区中，临安区农民生活水

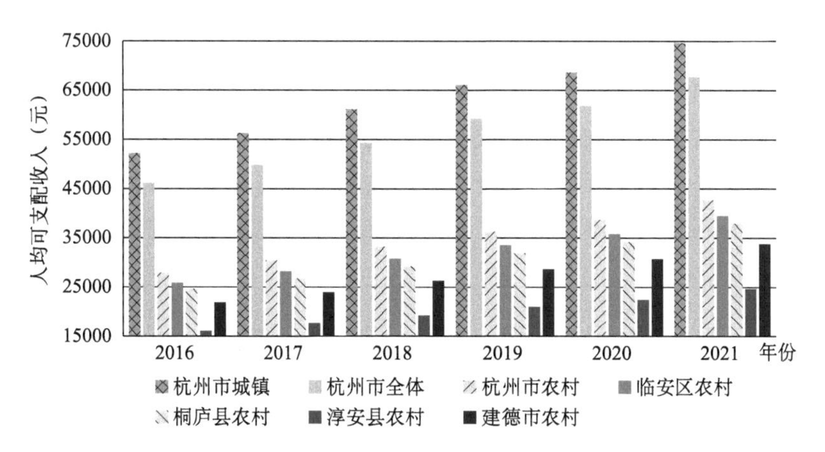

图 9-7 2016—2021 年杭州部分山区县市区农民与杭州市全体居民人均可支配收入比较

数据来源：2017—2022 年《杭州统计年鉴》。

平相对较好，2021 年临安区农民人均生活消费水平为 30034 元，已经接近杭州市农民人均生活消费的平均水平。但杭州市农民人均生活消费水平与杭州市全体居民、杭州市城镇居民之间存在不小差距，桐庐县、淳安县、建德市三地农民人均生活消费水平与杭州市全体居民、杭州市城镇居民之间差距更大。总体来说，杭州市山区农民 2016—2021 年收入水平与生活水平都得到了显著提升，但山区农民与杭州市全体居民之间的收入差距和生活水平差距仍不容忽视，甚至存在扩大的趋势。

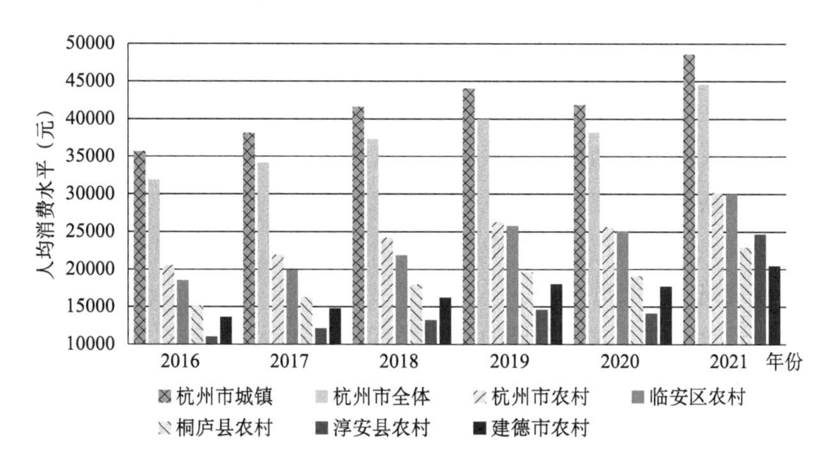

图 9-8 2016—2021 年部分山区县市区农民与杭州市全体居民人均生活消费水平比较

数据来源：2017—2022 年《杭州统计年鉴》。

可见，杭州市全部居民在收入水平、生活质量方面存在很大的差距，总体上呈现出郊区优于山区、城镇优于农村的格局。其中，杭州山区农民实现增收致富最为艰难，已然成为制约杭州市全体居民共同富裕的突出短板。共同富裕应是发展成果由全体人民共创共享的普遍富裕，山区农民的增收短板补不齐、补不好，将严重制约杭州市共同富裕的进程。

第二节 杭州市山区农民绿色共富的突出问题

一、自然资源禀赋不佳

杭州素有“八山半水分半田”的地形特征，全市总面积 16596 平方千米，其中丘陵山地占总面积的 65.6%，江、河、湖、水库占 8%，平原仅占 26.4%。多山地、少平原的地形特点决定了杭州的农地天然细碎化程度高，呈现出细、小、散的分布模式。耕地多以平原地形为主，尤其是高标准农田的建设，对地块的完整性要求更高。建设高标准农田与现代农业生产和经营方式相适应，具有旱涝保收、高产稳产的突出优势，是巩固和提高粮食生产能力、保障国家粮食安全的关键举措。永久基本农田的耕地往往建设在土地平整、集中连片、设施完善、农田配套、土壤肥沃、生态良好、抗灾能力强的优质地块上。但杭州市山多地少，高标准农田建设的自然环境条件就不充分。农业资源禀赋的匮乏，特别是农业用地数量少的天然限制，是杭州市山区产业发展的困境根源，也是影响探索山区农民绿色共富道路上最大的阻碍。

农地质量尤其是农地布局的完整性直接关系到农田基础设施建设的完备程度。由于杭州市农地天然细碎化程度高，零碎分布的地块制约了农业的机械化、智能化。零散平地和山区、丘陵地带的高标准农田建设难度、规模化机械化作业难度都远高于平原地区，极大地限制了杭州市高效生态农业的发展和农民增收致富的实现。事实上，杭州市土地资源有限、劳动密集等制约农业发展的根源性问题仍将长期存在，如果农业生产以小规模分散的农户经营为主的现状得不到解决，农业产业的规模经济效果就难以实现。

碎片化的农业用地分布格局也易造成农业基本公共服务供给不足。一方面，丘陵山地地形区的田块细、小、碎，农作物种植零乱离散，机耕道路建设更加不完善，加大了现代化农业机械设备使用和推广的服务难度。另一方面，推进农业机械化是个系统工程，受到农地数量少、零散分布的天然制约，地块与地块之间、农户与农户之间普遍存在农机、农技、农艺与农地融合度低的情况。农业选种育种、栽培制度、种养方式、产后加工与品牌培育都难以打破小规模家庭生产经营的模式，山区的农业基础公共服务水平对发展现代化高效农业需求的适配性亟待加强。

二、生态环境保护严格

浙江省是习近平生态文明思想的重要萌发地和率先践行地，是全国首个通过验收的生态省，绿色已经成为浙江发展最动人的色彩。实施严格的生态保护制度，就意味着需要付出高昂的发展机会成本。2013 年 12 月，由国务院批准、国家发改委正式印发的《千岛湖及新安江上游流域水资源与生态环境保护综合规划》正式将千岛湖确立为长三角地区重要水源地。守护千岛湖就是守护下游人民的生命安全，对千岛湖水环境保护的要求也达到了前所未有的高度。2016 年，淳安县出台全国首个县级环境质量管理规范——《千岛湖环境质量管理规范》，包括水质水华监测预警标准、农业面源污染治理标准、空气质量检测标准等一系列指标，严格规范了水源地保护区内化肥农药使用、农村生活污水排放、农作物种植标准等多方面内容。任何违背生态功能区建设与水环境保护目标的行为一经发现，就会受到史上最严厉的惩处。

饮用水保护区划定后，村民手中位于保护区内的土地不能用于农业作物种植，也无法流转，对村集体经济的发展造成了很大影响。在“千岛湖—富春江—钱塘江”流域的水环境生态保护区内，生态保护红线、环境质量底线、资源利用上线和生态环境准入清单等多重规范相互叠加，农业项目准入与审批门槛空前严格。农业建设用地取得难度大、成本高，大量农业配套设施的建设无法开展，严重遏制了保护区内农业生产效率和质量的提升。工业产业同样面临生态保护条例的制约，由于工业治污和排放标准高、建设用地难以获取，工业项目自身落地尚且要克服重重阻碍。第一、二产业的融合更是难上加难。没有加工工业的支撑，水源地保护区内的农业生产只能停留在提供简单的初级农产品层面，产业链短、附加值低，既无法带动当地农民就业，更难以帮助农民增收致富。

首先，2018 年，浙江首创农药化肥实名制购买、定额制施用的“肥药两制”改革；2022 年，浙江省农业农村厅、省自然资源厅等多部门联合出台《土壤健康行动实施意见》，农业生产的化肥农药使用标准更加严格。化肥农药的减量使用甚至禁止使用，对农民最直接的影响是农作物产量降低、农户收益减少。

其次，为保证农作物产量，减少使用化肥农药的代价是人工成本显著增加。由于全县都位于饮用水源地保护区的范围内，淳安县特色的山核桃产业不能使用任何化肥农药，只能依靠纯人工除草除杂，大大增加了种植的人力成本。最严格的保护举措一方面带来了全国首屈一指的生态环境质量，但同时也为杭州山区农业农村的发展造成了不小的影响。

最后，除了淳安县是杭州市和嘉兴市的水源地外，临安区承担着天目山、清凉峰 2 个国家级自然保护区的生态保护重任，建德市、桐庐县、富阳区承担着新安江富春江的生态环境保护重任。严格的保护做大了“绿水青山”，但转化为“金山银山”的程度严重不足。

三、要素供给严重不足

土地、资本与劳动是基本的生产要素，其中，土地是财富之母，劳动是财富之父，资本是活力之源，创新是第一驱动。随着杭州市高质量发展建设共同富裕示范区的深入推进，生产要素投入的不足成为杭州市山区发展、农民共富的首要制约因素。

（一）农业用地供不应求

这里所指的土地要素供给不同于前文提到的土地资源禀赋，虽然同为土地要素供给不足的问题，但前者是由杭州市天然多山地、少平原的自然地形特征决定的，而这里的土地要素供给困境是由政策、规章等人为因素导致的。除了严格的生态环境保护红线之外，农地用地保障和土地流转都成为了山区农业发展的突出痛点。发展现代农业产业园涉及技术研发、工业化生产、集中供电供水供热等支撑环节，这些都需要依靠大量的建设用地保障。而杭州市山区现代农业配套用地供给明显难以适应产业发展需求：各区县每年新增建设用地指标本就十分紧缺，很难满足地方发展需要；农业作为免税产业，主要的生产经营环节基本免缴增值税、所得税，因此对地方收入的贡献有限，地方政府“理性选择”，反而更倾向于避免将有限的建设用地指标更多地用于农业产业活动上；出于杭州市山区农业用地本身比较分散的限制，效仿工业产业通过大型工业园区建设一次性解决大量农业企业的用地问题几乎是不可能的。

土地要素供给需要依靠农业用地政策集成保障，合理的空间规划布局和用地指标统筹是必不可少的。如果缺少必要的农业建设用地的政策供给，农业基础设施建设项目就无法落地。没有配套的仓储、厂房、加工设备作为支撑，农业生产只能停留在简单的初级农产品加工阶段，潜在附加值难以实现。与此同时，受到“大棚房”整治、设施农业用地用途规范化管理等影响，山区农业建设用地指标受理难度大、耗时长、成本高。杭州市大部分农业用地归集体所有，国有耕地、林地等占农地总比例不足十分之一，经营主体更是以低小散户与合作社居多。这就要求农地流转必须更加顺畅，否则农地使用权掌握在散户手中，只会加剧本就天然离散的农地分布格局带来的经营风险，农业抗风险能力得不到有效提升。

（二）农业资本投入乏力

资本投入往往是刺激生产最直接的方式，强有力的资本与市场要素堪比产业发展的“强心剂”。农业投资的来源途径有多种，公开市场资本招募和社会资本自发参与都是常见的方式。而杭州市山区农业面临着产业发展资金缺口大、融资难、经营不佳等困境，导致其问题的原因可以归结为以下几点：第一，龙头企业、产品辐射带动能力不强。虽然杭州山区的特色农业和特色农产品种类丰富，但真正能做优做强的却十分有限。产品自身的种养规模、产量质量等局限是一部分的原因，缺少具有影响力的区域特色品牌是另一大限制因素。总体来看，杭州市山区农业质量效益和竞争力不强，涉农企业总体实力仍然薄弱，龙头企业与农特产品的引领性作用亟待提高。当地的特色产品本身吸引力较差，自然无法招引更多外部市场资本落地投资。第二，乡村资源运营能力不足。当地农民本身缺乏专业的运营能力与经验，本土企业规模小，产业增长方式以粗放为主，缺少一二三产业的高效融合。即便是尝试进行农文旅结合发展，也多半停留在简单的点式开发，横向系统整合与纵向文化挖掘都不够，造成同质化竞争严重，对市场投资者与消费者的吸引力不高。村集体经营模式同样缺乏市场运营、产业发展和村庄管理等统筹规划的能力，补贴收入占村集体经济收入的比例较高，经济转化的能力弱，收支结构性失调导致可持续性投资乏力，持续发展后劲疲弱。第三，社会资本参与度低。由于山区乡村的基础设施建设薄弱，产业发展的税收优惠政策、政策性保险等保障机制不充分，社会工商资本不愿向山区集聚，“上山下乡”投资的意愿和积极性不高。

（三）农业人才储备不足

人力资源是生产活动中最具活力的生产要素，从劳动力要素投入的情况来看，杭州市山地地区的劳动力投入有几个突出特点：第一，农村从业人员结构不合理。农业从业人员以老一代农民为主，普遍存在劳动力年龄偏大、文化水平偏低的问题；新生代农业从业人员力量明显不足，农业从业力量断档严重，呈“青黄不接”“后继无人”的状况；能够适应农业现代化要求的农业高科技人才、职业新农人保有量十分有限，且增速缓慢，难以适应高质量农业发展的需求。第二，农村人才引流难、难留住。杭州市山区农村产业发展突出的瓶颈是产业布局离散、产业链条较短、基础设施与配套服务不完善。这种集聚效应低、产业附加值低、保障性服务质量低的“三低”短板，决定了杭州市山区发展农业产业的竞争力弱、吸引力低、抗压力差。农村产业对于青壮年劳动力，尤其是具备高知识储备和能力素质的青年人的吸附力与凝聚力严重不足，导致农村有学历、有知识、有技能的青年农业从业人才缺乏。在新一代年轻人中，技术型农业人才倾向于选择在机会更多、待遇更高的大城市发展，农村地区极易陷入潜在劳动力难以引进、既有人才无法留住的恶性循环。

（四）农业科技普及度低

科学技术是最具革命性的生产要素，农业人才要素的供给水平直接关系到农业技术要素的投入力度。杭州市广大山区农业从业人员老龄化问题严重，而老一代农民固守传统农业劳作方式和种养方法，对新型农机设备和现代化农业科技的接受能力严重低下，甚至出现质疑、排斥新型农技的惧怕心理。老一代农业从业者一辈子坚持着代代相传的耕作模式与经验规律，在短时间内难以接受无人化作业、数字化管理、农业数智平台等新兴农业科技是很正常的现象，他们宁愿相信传统“靠天吃饭”的经验判断，也不愿相信新生的“科技与平台”。相较于老一辈农民来说，年轻的农业从业者更倾向于接受新兴事物，新一代农创客们才是推动农业科技迭新的主力军。现有的农业从业者结构向老龄化、高龄化、低文化水平倾斜，直接制约了农业技术要素的水平。由于青年农民数量少、农业人才供给后劲不足，农业科技在广大山区农民中接受与普及程度较低，仍有相当一部分农地采用传统低效的生产方式，单产长期保持在较低水平，限制了高效农业的发展与山区农民增收致富。想在老一代农民群体中推广新型农业科技尚且要克服重重阻力，更遑论农业技术的创新。山区农业的科技创新能力不足，区域特色农产品品种改良、选种育种、病害防治等生产环节仍面临相当一部分“卡脖子”的关键技术难题。缺少农业科技的支撑，山区农产品就难以打破单产低下、质量参差、抗灾能力差等一系列增产增收瓶颈。

第三节　杭州市山区农民绿色共富问题的根源分析

一、“无形之手”不愿进

市场机制是资源配置的“看不见的手”，也称“无形之手”。市场配置资源是最有效率的形式。市场作为一种人类合作行为的机制，体现为一种社会共有的行为逻辑，一方面能较好地解决人与人之间“可信承诺”的问题，另一方面能引导经济行为人作出对经济社会发展最有利的选择，[①] 这恰恰也是符合共同富裕目标需求的机制选择。“无形之手”不愿意把资源配置到最需要的杭州山区，这是实现杭州市山区农民增收的一大困境。

---

① 钱周伟，丁粮柯，王超．习近平关于政府、市场与社会关系重要论述：角色勘定、协调原则与理论意义［J］．实事求是，2023（01）：5－14.

（一）市场的自发性导致资源不愿向山区农业集聚

市场配置资源的第一原则是效率。市场机制本身具有自发性的缺陷，如果资源的初始配置由市场全权主导，其效率优先的自发性选择必然导致发展的失衡。对于杭州市山区农业发展与农民共富而言，现实中突出的瓶颈问题是资源要素短缺和配置的失衡，导致山区农业发展速度缓慢、城乡经济社会发展水平参差不齐，虽然党的十八大以来城乡居民收入差距逐渐缩小，但现有差距仍不容忽视。杭州市山区经济社会资源配置不均衡主要表现在两方面：

一是城乡区域资源配置不均衡。企业是市场经济中最主要也是最具活力的参与者，他们天然追求利润的最大化。在相同的成本投入条件下，城市地区由于拥有更优越的区位、更便利的公共服务与更完备的基础设施建设，更容易成为企业布局的首选。即便是有心落地在农村地区的农业企业和项目，也常因为农业建设用地资源少、获取成本高、难度大而“望而却步”。显然，杭州市中心城区的经济资源配置远优于富阳、临安、桐庐、淳安、建德几处城郊和山区。这就形成了由城市区向城郊农村再向山区农村逐级递减的资源配置格局。

二是不同山区之间、同一山区不同区域间资源配置不均衡。城郊地区的资源配置优于远离城市的区县、临近平原的区域资源配置优于山区腹地，余杭区的资源配置和经济发展水平远超富阳区、临安区、桐庐县、建德市和淳安县。换言之，近郊农村尚能“靠山吃山，靠水吃水”，或可富甲一方；而山区腹地资源条件不充分，发展前景堪忧，甚至“一方水土不能养活一方人”。即便是在同一山区内部不同区域间，资源配置也并不均衡。农业产业往往与民生项目息息相关，与工业项目相比，农业项目建设获取土地的成本收益往往更高，换句话说，投资者不愿付出和工业项目建设同等的代价来获取农业项目土地。如果仅依靠市场决定山区发展的资源配置，极易造成市场对农村基础设施建设和农业公共服务建设方面资源投入的选择性忽视，从而进一步加剧山区发展的失衡。

（二）市场的盲目性与滞后性导致资源低效甚至无效利用

在实现区域共同富裕的过程中，市场应当担负起引导区域间资源要素长期、均衡、稳定流动的责任。山区农业发展、农村振兴、农民致富的重要前提是实现城市与乡村之间、山区与平原之间的资源要素双向交互。一方面，城市的资本、人才、技术资源需要流入乡村，以解决乡村发展资源和人才不足的问题；另一方面，农村的自然资源需要通过价值转化才能变资源为资产、化资源为资本，在获得与城市资源同等市场地位的同时实现价值增值，为农村经济社会发展注入内在动力。然而资本的天性是逐利，如果缺少政府的政策鼓励和支持，外部资源是难以自发、顺畅地流向山区农村的。即便市场捕捉到了潜在的发展机会，如果没有必要的政策引导，市场资源会出现一时间大量涌向同一地区、同质产业的盲目性行为，造成资源的低效甚至无效使用。而市场的自发调节需要时间，从市场参与者争相跻身同质化行业的低端竞争，到对行业内部的恶性“内卷”行为做出反应并退出，大量资源要素被浪费。

自从“乡村＋”“文旅＋”概念的出现，杭州市山区掀起乡村文旅产业开发的热潮。然而，大部分乡村地区文化开发停留在初级阶段，非但没有保留具有地方特色的传统文化优势，也缺乏文化的深度挖掘和创意开发，以及对市场需求的深度把控和对互联网时代潮流的充分认知。由此造成乡村文旅产品如“批量生产”一般千篇一律，既缺乏地域特色性、传承性、吸引力和竞争力，也不具备投入高端文化产业的能力，文旅资源开发层次低、变现能力差。再加上开发过程中往往缺少对文旅产品与服务的充分包装与创新，使得杭州市山区文旅产业产品与服务形式单一，常常出现低价倾销的“价格战”。大部分农户既缺乏专业的运营能力和经验，又缺少系统性的行业培训和指导，“一股脑”“一窝蜂”式的无序开发造成民宿产业同质化竞争严重，非但没有带动农民增收致富，反而造成大量产品滞销。

二、“有形之手”勾不着

政府是宏观调控和提供公共服务的“看得见的手”，也称“有形之手”。政府的产权界定及保护等功能是市场有效配置资源的根本前提，政府也是提供社会必需公共产品和公共服务的供给者。山区农民绿色共富问题不是纯粹的市场问题，政府责无旁贷。政府虽然出台了一系列支农惠农的政策，但是，相当一部分政策难以落地、难以触底，农民缺乏获得感。

（一）政府保障山区发展的体制机制制度不够充分

杭州山区农业农村农民发展面临的首要难题是要素资源的短缺。山区农地资源禀赋稀缺、农业人才储备不足、农村空心化现象日益严峻、农业科学技术和现代化理念迭代乏力等要素供给的瓶颈对农民共富的制约日渐凸显。农村地区高质量发展必须盘活与整合各类资源要素，体制机制的顶层设计是山区农民共富能否实现的关键。现阶段杭州山区农民共富所面临的一系列问题，诸如城乡区域发展不平衡、资源要素配置不均和使用效率低下、农村地区发展意识保守与能力欠缺等，从根源上来看是由城乡二元经济结构与发展体制决定的。大量资源要素不断向城市地区聚集，如资本、人才与科技等；而愿意自发流向农村地区尤其是山区农村的要素寥寥无几。反观农村地区拥有的资源、产品与服务，由于缺乏恰当的政策引导与扶持，不具备完善的运营能力和品牌效应，在市场上的竞争力与地位无法与城市同等资源相比较。农村资源转化为资产的途径不畅，更难以实现自身价值转化为资本再投入农业生产，山区农民的增收致富就无从谈起。

杭州市山区本身地少山多，农业发展的自然条件天然不足。设施农用地管理与审批、生态环境保护相关规划等政策相叠加，农业标准地改革缺乏有效手段，导致山区农业开发配套建设用地的获取难度大、成本高。政策保障的力度不够，农业项目落地困难重重。可见，制度供给的不充分非但无法为市场有效配置资源提供保障，还会成为山区农民绿色共富的制约。如果不优化现有的资源配置体制和城乡发展体制，资源要素就不能在城乡区域之间、在平原地区与山区腹地之间充分流动起来，山区农业农村发展的资金、技术、人才要素瓶颈就无法打破，山区农村内部的资源要素也无法被激活。

（二）政府基础设施建设与公共服务水平有待完善

农村基础设施建设与社会公共服务供给水平的相对落后是资源要素不愿意落地农村的直接原因之一。我国曾经实行城市优先发展体制，而相对忽视农村基础设施建设与社会公共服务的供给，导致乡村教育投入、公共卫生投入、社会保障投入、基础设施建设投入等都远远达不到与城市相当的水平。山区农村受到地形与区位因素的限制，接受城市经济社会发展的辐射带动效果更加有限。山区农村的教育资源、医疗卫生条件远不及城市地区，有条件的农村人口自然会选择到远离家乡的城市去发展。农村青年人才的流失就更为严重，年轻一代的父母为了子女能够接受更高水平的教育纷纷离开农村去城市打拼，而接受了高等教育的年轻人一旦走出山村就很难再返回家乡创业发展。农村人力资源源源不断地外流，又缺少外来人才的及时补充，山区农业农村人才濒临“断档”。农业从业人才资源只出不进，先进的农业科技与设备就难以被带入山区农村地区，农业现代化的进程被迫放缓。缺少农业人才和技术要素的支撑，农业项目落地山村的成本高，市场资本就更加不愿进入。与此同时，随着现代化的生产生活观念与方式向农村社会渗透，农民日益增长的物质文化需求难以通过以往的社会公共服务来满足。再加上日益发展的乡村文旅、森林康养等新业态，市场消费者对非物质形态的公共产品与服务的需求日渐递增，这显然与当前杭州山区农村社会需要的公共信息、公共文化、法律援助、政策咨询、环境保护、技能培训等服务的供给是不相适应的。政府的角色定位是提供社会必需而市场和私人资本无法有效供给的公共产品和服务，一旦政府无法满足农村发展所需的基础设施与公共服务保障，城乡发展的差距将进一步拉大，山区农村产业、文化的吸引力与竞争力必然慢慢丧失。

（三）政府调节利益分配的社会保障机制未根本起效

杭州市山区农民共富的一个突出问题是低收入农户增收难度大。在杭州市山区低收入农户中，有劳动能力者占低收入人员不足十分之一。大部分低收入农户家庭成员明显呈现老龄化、高龄化，或以病弱残疾者为主；有劳动能力者多为在家照顾重病、重残人员而无法外出工作，且普遍学历较低、就业面狭窄，难以实现增收致富。低收入农户如何增收？这个问题可谓是山区农民共富道路上的“老大难”。由于低收入农户家庭发展条件的“先天不足”“后天畸形”，依靠其自身力量在短时间内摆脱低收入行列几乎是不可能的，通过社会利益分配的调节机制来解决成为必然。这种依靠政策扶持实现民生兜底保障的利益调节机制必将存在，并在相当一段时期内持续存在。政府在其中发挥的作用是关键，高效的社会利益调节与保障机制应当做到：统筹做好最低生活保障制度与扶贫开发政策的衔接工作，落实最低生活保障政策，健全低收入农户帮扶政策，切实发挥社会救助在扶贫开发工作中的兜底保障作用；民政部门将符合条件的对象，及时纳入最低生活保障和最低生活保障边缘对象，享受相应救助政策；扶贫办将民政部门认定的农村低保、低边对象全部纳入低收入农户范围，享受扶贫开发政策。[①]

事实上，政府在有效推进低收入家庭基本生活救助与扶贫政策上还存

---

① 《关于做好低收入农户社会救助兜底保障的实施意见》（浙民助〔2018〕157号）。

在很多不足。教育扶贫、健康扶贫、农村危房改造等政策协同效应有待加强，社会救助政策与社会福利政策的衔接力度也需要进一步提升。扶贫的本质是帮扶困难群众解决现实中的生存与发展问题，关注农民的真正需求是第一步。政府的社会保障机制是否真正起效？是否有效保障了农民的利益？如果政府忽视乡村实际情况，仅从政绩考核的角度出发，进行盲目帮扶、“一扶了之”是无法真正满足农民发展需要的。在扶贫的过程中，最容易忽视的往往是被帮扶对象的精神文化需求与情感需要，落实农村留守儿童、老年人关爱服务等政策同样不可或缺。扶贫需扶志，社会保障“一兜到底”并非解决问题的根本之策，如何激发山区低收入农户发展的自主活力与增收的内生动力，是政府完善社会利益调节机制必须着重解决的问题。

三、“第三只手”未长成

社会机制是实现自我服务、自我调节、自我治理的“第三只手”。社会机制往往以全体社会成员之间就社会行为准则、规范与模式达成的共识的形式存在，体现被社会共同认可的价值观念与选择。社会机制在吸纳社会内部积极因素的同时，以“软处理”的方式消解社会利益冲突。山区绿色共富涉及村集体、农业合作社、农民等多个主体。只有将那些政府管不了也管不好的事情交由社会组织依法实行自我管理、自我服务，① 才能激发各类社会主体发展的内在活力与动力。

（一）农民共富面临着发展主体孵化的困境

培育发展主体是山区农民共富的第一步。共同富裕的关键在于“人”，共富的主体孵化不成功，山区农业发展、农村振兴就无从谈起。杭州市山区农民共富一个突出的要素制约是农业从业人才的供给，普遍的现象是：山区本土的文化挖掘不够深入，乡土文化的特色未得到彰显，农民致富增收的切入点并未打开；农村传统手工艺人得不到有效传承，大量传统民间工艺与技法甚至濒临消失；对新农人的培育力度不够，现代化农业生产方式难以推广；山区区位条件与交通条件都不占优势，社会公共服务的相对落后让外部人才不愿留在山村发展。乡村旅游的兴起使得各地纷纷

① 习近平．论坚持全面深化改革［M］．北京：中央文献出版社，2018：14.

投入文旅资源开发，以家庭为单位投资民宿行业的农户也如雨后春笋般地出现。事实上，这种现象与培育高质量农村发展主体是有很大差距的。由于缺少对经营者前期必要的行业培训和指导，市面上的大部分文旅产品和服务或多或少存在经营方式粗放、专业度与体验感较差、停留在低端价格竞争等问题。大量私人经营的民宿以分散性农家乐为主，产品呈现出未经打磨的“原生态”样貌，类型较为单一，不具备打造休闲度假、商务会展、节庆活动等高端旅游产品的能力。各地对农业多元价值的挖掘深度不够，农文旅资源整合不到位，打造出的农文旅产品空间组合较差，满足不了旅游市场对特色农文旅产品多元化的需求。消费市场的效果反馈不佳，乡村农文旅产业的发展就会陷入不可持续的困局，无法带动山区农户长效增收致富。

另外，杭州山区新型农业经营主体的招引与孵化远达不到现代化农业发展的需要。农民对外部市场需求和竞争规律的了解不充分，仅依靠他们自身的力量来获取的外部市场信息有很强的不对称性，加之缺乏专业的谈判能力和营销策略，盲目跟风生产带来的是产品滞销、积压，结果损失惨重甚至血本无归。① 山区农业小而散的农户自主经营模式，是很难应对和化解市场动荡带来的风险的。现阶段，外部大市场环境正在发生着翻天覆地的变化，消费需求正处于结构性变革期，农业产品和服务的供给也要随之进行调整。但农村社会大量人才外流，城市中的高等教育人才、企业家、技术型人才愿意返乡就业创业的不多，能留在乡村从事农业方面生产的人才就更加有限。山区农业从业者群体具备的知识和能力使他们在大的市场变化和风险面前不知所措、无能为力，极大地限制了农业现代化的发展和农民增收的实现。

（二）农村发展面临着文化和组织载体搭建的困境

社会调节与治理机制的优越性在于其对社会资源的整合，从而搭建起多元化的发展平台。其中文化平台和社会组织平台是常见的两种发展载体。杭州山区农业产业发展的人文环境质量良莠不齐，许多地方特色文化的内涵并未得到体现。山区乡镇（街道）对乡土文化不够重视，自然就缺少对当地文化亮点、特点的系统规划和包装打造，致使各地文化内涵沦

---

① 吴晓燕，赵普兵．协同共治：乡村振兴中的政府、市场与农村社会［J］．云南大学学报（社会科学版），2019（05）：121－128.

为同质，产业附加价值不高。缺少了这种对整体性乡土环境和文化氛围的营造，就切断了农业发展主体培育的“根”。

在深挖地方文化特色和培育产业发展主体方面，建德市进行了积极的有益探索。结合建德草莓、豆腐包、康养服务、水资源等特色产业的发展需求，建德市政府打造了“草莓师傅”“豆腐包师傅”“建德阿姐”“17℃水师傅”等具有富民产业特点的“建德师傅”系列特色培训品牌，将特色产业、人文内涵和主体培育深度融合起来。“建德师傅”的试点工作为其他山区县市提供了宝贵经验，面对各地地方特色文化开发不充分、农民增收的社会主体培育力度不足的困境，如何打造极具地方特色的人文环境、为农民就业创业主体培育营造良好氛围是必须破除的发展障碍。

另一方面，山区农村社会组织的致富带动效应差。各地农业企业以自身经营为主，企业经营规模相对较小、实力弱，联结农户建设生产基地的经营环节未能充分发挥，带动能力不强。从整体上来看，仍有相当一部分地区尚未实现“公司＋基地＋农户”的发展模式，市场主体、政府主体与农民之间“风险共担、利益共享”的发展机制也不够完善。现阶段，山区农村社会组织的搭建存在几点不足：

一是新型农业经营组织模式有待推广。“合作社”“合作社＋农户”“公司＋农户”“公司＋基地”“公司＋基地＋农户”等新型农业经营载体尚未充分发挥作用，只有通过这些组织形式把小农户联合起来，才能激活他们的参与潜力与能力。

二是带动乡村建设的社会组织未真正发挥作用。乡村振兴需要这类社会组织充分发挥其在资源供给、规划引导、技术支持、技能培训、文化传承、组织建设等方面的功能。

三是社会组织参与乡村治理的功能未完全体现。比如，培育乡村社会的乡贤精英等精神领袖，激发乡村民众参与社会治理的活力，维系乡村社会治安等。只有充分发挥社会组织在日常公共治理活动中的作用，实现政府治理和社会调节、居民自治良性互动，才能释放社会调节与自治机制的最大效能，[①] 从而服务于山区乡村建设与民生事业。

---

① 习近平．决胜全面建成小康社会，夺取新时代中国特色社会主义伟大胜利——在中国共产党第十九次全国代表大会上的报告［N］．人民日报，2017－10－28．

第十章

杭州市山区农民绿色共富的重点突破及机制构建

推动杭州市山区农民实现绿色共富，关键是构建机制，形成协同推进的合力；重点是以推动生态产品价值实现的方式培育发展生态产业，带动提升区域整体发展水平，提高山区农民包括工资性收入、经营性收入、财产性收入和转移性收入水平在内的可支配收入水平。本章从生态产业发展、村集体经济发展、山区农民财产性收入、生态产品价值实现四个方面出发，探讨如何科学构建合理机制以推动杭州山区生态产业发展与提高农村居民收入，最终实现绿色共富。

第一节　生态产业发展机制构建

一、生态产业组织化机制

生态产业组织化可以突破杭州市山区地形的限制，可开发利用的土地资源分布零散、利用效率低，农业种植难以达到适度经营规模以释放规模经济效应等问题，从而实现农民增收和农村集体经济提高的效果。

（一）强村公司共富机制

一是整合优势资源、统筹众多参与主体资源，将“单打独斗”变为“合作共赢”，将“小个子”变成“大块头”，为实现山区共同富裕提供有力支撑。强村公司是以壮大村级集体经济、促进农民增收为目标，按照“产权清晰、收益归村”原则组建的现代企业。比如，2019 年，临安区成立了杭州市第一个强村公司，截至 2022 年，临安区累计组建强村公司 146 家，签约项目总金额 2.19 亿元，在组织生产要素、强县富民方面发挥了关键作用。再如，2023 年，临安区以“3 + 1”模式打造强村公司矩阵拓展村集体经济发展新路径入选浙江省乡村振兴最佳创新实践案例。

二是汇聚众多参与主体力量、联合多个村庄抱团发展，集众家所长，突破村域限制，以强村公司为发展支点，将不同村的资金、资源、人力资源要素优化整合，突破地理位置偏远、土地分散、集体资产有限、经济基础薄弱、产业发展单一等发展瓶颈，壮大村级集体经济。应用现代化的管理机制，在吸收培训杭州山区本地富余劳动力的基础上，提高承揽业务水平与本地居民再就业能力。

三是整合乡村集体资金、争取金融机构支持，控制强村公司的风险性。相比于现代化企业，强村公司发展过于依赖村镇工程类外包项目，自身造血能力不足，可以通过整合乡村集体资金，破除强村公司资金受限的瓶颈，争取金融机构以创新金融产品如“强村贷”、优惠利率定价等方式加大金融支持，在控制风险的基础上追求更高的利润回报。

四是加强专业和项目合作、聘请专业经营团队，补足强村公司的局限性。通过“项目引进”，从资产经营型、社会服务型、订单生产型、工程承揽型等项目类型出发，引进与杭州山区优质生态资源和现有产业基础相契合的项目。推动强村公司与国有企业、民营企业合作，共建所有制混合企业，拓展强村公司经营范围，促进集体经济从“保底型”向“发展型”转变，给予强村公司更高的发展自由度。

五是出台相关规章制度，规范监督强村公司，实现可持续经营。强村公司管理主体与政府人员相重合，存在极大的廉政风险，有必要加强规范化运营。通过立章建制，出台强村公司相关管理条例，将强村公司管理模式、承揽项目流程、物资采购、劳务用工、日常经营等内容纳入制度化管理；加强监管，构建全链闭环、精准严实的监管体系，完善各个层级、多个部分对强村公司的指导监督，加强常态化监督。根据《浙江省农村集体资产管理条例》《浙江省农村集体经济审计办法》等法规规章规定，加强对强村公司的审计监督。

（二）完善党建引领共富机制

完善以“党建+企业+集体+农户”为核心的新发展模式。发挥党建联建作用，总结淳安县大下姜村经验，打造形成党建引领，村企合作、市场主导、政府助营的多元治理模式。大下姜村发扬先富帮后富精神，发挥龙头带领作用，统筹联合周边村镇，共同组建大下姜联合体，创新性建立“大党委+理事会”的组织结构，以“大党建”为统领整合周边区域资源，推动资源要素跨区域流动，提高共富联合体整体竞争力，提高集体收入和居民收入。

一是牢固树立为人民服务的宗旨，掌握农户的利益诉求。调动运用各种政策、资本、土地等资源，以农户利益为导向，构建服务型的社会化资源平台，为农户提供综合性、公益性、社会化的惠农服务。二是充分发挥党支部的政治优势，做大做强产业链。组织涉农企业、专业合作社等经营主体共同加入惠农行动，由党员干部带头拉动小农户加入专业合作社，加深小农户与涉农企业和专业合作社之间的合作。① 三是积极拓宽农产品销售渠道，打通供求通道。利用政采云等平台推介、销售优质农产品，鼓励党政机关、事业单位、社会团体、国有企业、村社组织通过扶贫采购、福利发放、疗休养礼包等方式购买本地农产品，带动农户增收。

（三）健全“产业联+农合联”共富机制

利用产业农合联、供销社的组织优势将零散的农户联合起来，探索政府、企业、合作社、农户合作的多种模式，形成政府引导、企业主导、合作社参与、农户增收的共富帮扶机制。一是通过联合销售模式拓宽农民增收致富渠道，改变在农产品种植和销售过程中常出现的产量质量不稳定、丰产不丰收的局面。比如临安区依托“产业联+农合联”的运作模式，

---

① 高雪莲．党建引领为基础的互构式农业组织化研究——张掖市柳新区党组织助力小农户对接大市场的案例分析［J］．西北农林科技大学学报（社会科学版），2023（03）：34－42.

打造产业农合联利益共同体，整合供销社、市场、农户多方资源，助力农民丰产丰收。二是整合生产要素，加强与科研机构合作提高农产品竞争力。整合土地、劳动等生产要素，统一规划、统一种植、统一收购，提高农产品议价能力，避免出现农产品价格大小年的问题，为农民种植农作物提供稳定预期；与科研机构合作提高种植效益和绿色化程度、研发新产品，推动农业科研成果转化，提高种植农产品质量的稳定性，制定农产品统一收购的质量标准，提高农产品在市场上的竞争力。三是发挥行业协会的指导性作用，推行“供销社 + 村集体 + 专业社”模式。引进专业力量对当地劳动力进行技术培训和指导，提高当地从业人员职业素养；依托省旅游民宿产业联合会，制定生态旅游业的行业标准，引导行业规范化、品质化发展，引进乡村职业经理人，进行符合当地地理优势和文化特色的休闲旅游产品设计，形成与当地特色相结合的休闲旅游特色化经营。

二、生态产业特色化机制

生态产业特色化通过挖掘农产品和旅游产品的乡村特色，设计特色化的产品形象，解决杭州市山区资源开发和产品的同质化、产业层次低和利润空间有限等问题，从而提高产品的吸引力和竞争力，推动生态产业高质量发展。

（一）打造杭州山区特色农产品

充分挖掘特色产品的潜在价值，做好特色农产品文章。独特的自然地理条件和文化氛围孕育出独特的特色产品，杭州山区不乏优秀的特色产品。在特色农产品方面，临安山核桃、淳安千岛湖茶叶、建德草莓、富阳灰汤粽等特色产品已具备一定的特色品牌效应，需要做好以下几方面的工作：一是政府要强化规划引导和产业指导，研究编制乡村特色产业发展规划，制定特色种植、特色养殖等特色产业实施方案，发布特色农产品目录，引导农民发展多种经营。二是建立健全特色农产品标准体系，提高特色农产品标准化生产水平以保证产品产出质量。三是政企合作，以特色农产品为核心，打造特色产业园建设，促进产业融合，形成农产品、生产、加工、研发、旅游相结合的全产业链条。

（二）打造杭州山区特色工业品

以最高的标准保护杭州山区优质的生态环境；持续深耕特色产业细分市场，形成产业多元化发展格局，寻找多个利润增长点；将特色产业与当地特色文化结合起来，塑造特色产品品牌以增加产品利润。工业是农民工资性收入增加的来源，是实现共同富裕的基本途径，杭州山区要实现绿色共同富裕，就要发展绿色化、特色化工业。桐庐县曾享有“中国制笔之乡”“中国针织名镇”“中国围巾之乡”的美誉；建德市和淳安县凭借千岛湖的优质水源，水饮料产业颇负盛名；临安天目山雷笋也颇具规模。杭州山区工业品普遍存在附加值低的问题，需要加紧新旧动能转换，推动政府与科研院所合作，推动产品深加工，增加产品附加值。

（三）打造杭州山区特色文旅产品

深挖特色文化内涵，根植文化资源发展文创产业、旅游产业，以特色文化赋能生态产业，凸显旅游产品、农产品、文创产品的个性化特征、文化内涵。一方面，杭州山区可联合多个村镇围绕特色文化进行旅游资源开发，推动民宿业、农家乐与当地知名旅游景点、历史文化背景相结合的特色化发展，通过优化空间布局，完善功能配套，增强推动休闲旅游业集群、集聚发展的支撑能力，着力围绕区域特色集聚发展休闲旅游业。如淳安县以千岛湖为中心，由点到面，实现从湖区观光到乡村度假、城市休闲的全域旅游模式，以观光旅游业带动民宿业。另一方面，围绕当地特色地理文化特征，从衣、食、住、行、伴手礼等多个消费环节体现乡土特色文化，开发多形态的旅游产品。除传统意义上的旅游路线、民宿、研学旅行、农产品外，政企联合开发文化书屋、文化讲堂等多种特色文化消费情景，最大限度地开发和利用当地特色地理文化。如富阳桐庐的富春江文化、建德淳安的新安江文化、临安的吴越文化和血石文化、富阳的造纸文化以及各类饮食文化。

三、生态产业链接化机制

通过生态产业链接机制可以解决杭州山区生态产业存在产业附加值低、产业链过窄过短、产业融合不足等问题，推动生态产业转型升级、加快生态产业链培育、促进产业融合，充分发挥生态产业强县富民的作用。

（一）一二三产业融合发展机制

通过延长产业链、补全产业链推动产业融合发展，增强山区农村集体经济实力和实现农民增收。一是政府引导企业与农户和合作社合作，采取“公司 + 合作社 + 农户”模式，由企业对农产品与初级加工产品进行深加工和销售；比如富阳区杭州公望酒业有限公司兜底收购农户种植的葡萄，将其加工成葡萄酒进行销售，实现第一产业到第二产业的转化。二是政府应积极培育扶持当地有潜力的实力企业或引入龙头企业、鼓励国有企业进村发展，培育形成具有一定资金规模、市场影响力、品牌美誉度的大型企业。发挥龙头企业对地区产业的带动作用，把优质生态资源打造成一二三产业融合的链条。解决山区生态旅游业、生态农业和生态工业附加值较低，富民效应没有完全显现的问题。三是结合乡村优势资源，在精准把握市场需求的基础上，对农产品的生产、加工、销售、宣传等进行整体策划，提高整个产业链的利润；引导企业与高校和科研院所合作，开发当地特色农产品的多种功能，并丰富产品种类，提高产品附加值。如淳安县的杭州千岛湖啤酒有限公司以啤酒文化为主题打造千岛湖啤酒小镇，形成体验式啤酒工业旅游景点，实现第二产业与第三产业的融合发展。

（二）“建德师父”模式

建德市多个部门联合建立专业技能培育体系，培养一批掌握草莓种植、豆腐包制作等专业技能的“建德师傅”，走出了一条从农产品生产种植到农业技能培训、跳出浙江发展浙江的“地瓜经济”之路。政府在摸清各个地区具有当地特色、生产优势的农产品的基础上，总结种植生产经验，借鉴“建德师傅”培育模式，发展培育“杭州师傅”；鼓励“杭州师傅”走出去，为其发展创业提供工商注册、融资贷款等一系列服务，提升其创业能力；鼓励在当地成立专业培训技术学院，吸纳来此进行技术学习的人，不断扩大本地农产品的影响力，并带来其他差旅消费收入。

（三）文旅融合发展模式

生态旅游是杭州山区农民增收的重要渠道，推动生态旅游、生态工业、生态农业三者之间的融合。将旅游业与农业文化、农产品采摘、农产品种植相结合，举办农事活动、研学旅行活动、采摘体验活动、音乐节等，吸引旅游人群来此消费；将旅游业与工业相结合，利用工厂打造游玩小镇，带来旅游收入的同时促进工业产品消费；促进“农文旅融合”发展，建设与旅游景点相配套的餐饮、娱乐、购物等场所，打造更多的消费场景，建设与旅游文化相契合的农产品展示、销售平台，增加消费吸引力与便捷性、可能性。

四、生态产业品牌化机制

2023 年中央一号文件指出，区域公用品牌建设已经成为乡村产业振兴的重要发力点，生态产业品牌化充分利用地区资源优势，起到促进区域形成产业链及产业生态圈的作用。杭州山区已形成一批具有较大影响力的区域农产品公用品牌如“浙山珍”、临安区“天目山宝”、淳安“千岛农品”、建德市“宜品建德”、桐庐县“桐庐味道”、富阳区“富春山居”。在借鉴其他地区发展区域公用品牌经验的基础上，针对杭州山区如何发挥区域公用品牌对本地区农民的增收作用，还可以更有作为。

（一）加强顶层设计，创设杭州山区区域公用品牌

区域公用品牌具有公共物品的属性，要加强区域公用品牌监管，农产品质量要进行严格把控，严格执行农产品生产过程标准化管理，避免出现“公地悲剧”的现象。由杭州政府主导，结合《支持脱贫地区打造区域公用品牌实施方案（2023—2025 年）》，重点结对帮扶杭州山区区域公用品牌建设，将山区区域公用品牌纳入杭州区域公用品牌建设体系中，形成杭州区域公用品牌一张网设计，借鉴西湖龙井茶销售经验，成立杭州区域公用品牌产品展销馆，统一设计品牌形象、进行宣传推介，提高区域公用品牌整体竞争力和知名度。

（二）引导企业参与，加强杭州山区品牌运营

杭州山区拥有很多特色的农产品，如洞桥香榧、龙门面筋等，却未形成农产品商标，也没有打响本地品牌。因此，迫切需要吸引有实力的国企或龙头企业参与品牌运营策划，从品牌形象设计、品牌故事、品牌文化、品牌包装等方面入手，着力塑造具有区域鲜明特色的品牌形象，提高品牌辨识度，使用各种网络平台宣传区域公用品牌，扩大品牌影响力和知名度。引导

民营农业企业作为参与主体规范化使用区域公用品牌，进行产品生产与销售。

（三）广泛发动农民，共建共享杭州山区区域公用品牌

一是建立共建共享机制。村集体联动合作社、企业，整合土地资源，统一规划农产品种植，完善农产品种植的基础设施建设，发动农户积极参与，形成多方参与、利益联动的共建共享合作机制。二是鼓励农民以多种形式参与品牌建设。区域公用品牌要惠及群众，农户根据自身情况，可以选择以支付土地租金的方式承包种植或者以获取劳动报酬的方式参与种植，获取收入。三是鼓励地方标准化种植。针对农产品的种植、病虫害、采摘等过程，联合科研机构研发特有品种、机械和作业标准等，发挥现代化技术对提升农产品质量稳定性的作用，提高种植过程的标准化程度。

第二节　村级集体经济发展机制构建

一、构建乡贤回归机制以解决人才短缺问题

乡贤文化自古有之，是彰显地域特色，体现乡村气息，承载乡村价值的重要载体。[①] 新时代的乡贤是连接乡村和城市、党政部门和基层群众之间的纽带。[②] 一方面，乡贤生于乡村，扎根于乡村，对乡村情况有深刻的了解；另一方面，新乡贤往往具备更高的知识水平、更开放的思想，能够融会贯通各种经济、社会、文化资源，通过自己的力量带动农村经济社会的发展和农村面貌的重建。比如桐庐县钟山乡利用“三通一达”快递公司创始人家乡的优势，通过发挥乡贤的力量，由快递公司负责销售村集体工厂生产的粽子等农副产品，为村集体增收提供路径，成为乡贤回归助力共同富裕的典型案例。引导新乡贤参与乡村治理能为村集体经济发展解决人才短缺的问题。

---

① 张钰．乡村振兴背景下乡贤文化的继承与创新［J］．经济师，2023（06）：205－206.

② 张钰．乡村振兴背景下乡贤文化的继承与创新［J］．经济师，2023（06）：205－206.

（一）以活动为载体吸引乡贤回归

大部分乡贤在外从政从商从教，通过在春节、中秋节等节假日举行乡贤联谊会、祭祀等活动增强乡贤的情感认同，营造吸引乡贤回归的文化氛围；借鉴世界温州人发展大会、世界金华人发展大会等经验，举办乡贤招商会，推介杭州山区优质生态资源，设立重大项目集中签约等环节，推动“乡贤＋项目合作”的新模式以点燃绿色共富新引擎。

（二）以组织为纽带加强乡贤聚合

乡贤大多分散在世界各地，通过统战部成立乡贤联谊组织将分散在世界各地的乡贤组织起来，规定乡贤联谊组织的组织要求、场所阵地、资产管理等内容，通过常态化组织活动将在外的能人志士联合起来，增强乡贤凝聚力，形成有影响力、有力量的乡贤团体，为进一步助力家乡发展奠定基础。在家乡，成立乡贤理事会、乡贤联席会等组织，为本地居民和在外乡贤打造一个交流信息、互通有无的平台，提供乡贤可参与本地乡村事务治理、村集体项目招引的渠道。

（三）以发展为导向激励乡贤创业

响应“万企兴万村”行动号召，吸引乡贤回归后，乡贤项目投资与行政村结对帮扶，通过助力贫困地区修建基础设施、助农帮销致富、资金入股村集体经济和强村公司等方式提高村庄致富能力。充分利用农创客这一种乡贤形式，发挥乡村振兴战略的生力军优势；通过“靶向式”“滴灌式”“嵌入式”等方式引导培育农创客群体，形成“粮二代”“80后新粮人”等新兴农业从业人员，为乡村共同富裕注入青年力量。政府要实施农村青年人才“引凤还巢”工程，建设乡村振兴创业孵化基地，从资金补贴、项目工程、技术指导各个方面对青年回乡创业就业予以政策上的支持；打造农村创业平台，以特色产业园、创业园为依托，引导有知识才能的青年返乡就业、创业，解决乡村振兴的人才瓶颈问题。

二、构建企业进村机制以解决资本不足问题

由于村集体经济组织没有形成完善的公司治理结构，在风险控制、财

务管理等方面规范性不足，因此村集体经济发展容易出现“融资难”的问题。推动企业，尤其是规模大、实力强的企业进村。村企合作发展，能最大限度地将市场和乡村生态资源连接起来，充分激发村集体经济的活力。村集体经济如何吸引企业进村？企业进村之后如何联动发展？需要从以下几个方面考虑。

（一）找准村企合作的结合点，以多种方式促进村企联动

党委充分发挥统领作用，通过党组织共建夯实村企合作联建基础，找准村庄和企业合作结合点，发动企业党组织与农村党组织组成联建帮扶对子，村企党组织定期共同开展党组织活动等方式，商讨村企在产业发展方面的问题，加强村企之间的双向信息交流；建立村企联席会议制度，推动村企围绕村庄发展需求、企业具体情况共建项目，促进产业发展与乡村生态资源深度融合；推动杭州山区县与市区联动招商，由市级举办高质量招商活动，为山区县域对接目标企业提供互动平台，鼓励市区“裂变”项目流转至山区县域布局投资。

（二）通过“政银企村共建”的模式，为村集体经济解决融资问题

村集体经济作为盈利主体的同时，承担着保障民生的责任，具有运营成本高、投资回收期长和抗风险能力弱等特点，在融资方面处于弱势地位。采取市场化运作，通过“政银企村共建”的模式搭建财补资金撬动银行融资、集体经济推进国企承接、龙头企业承包运营、农户参与生产制作、村集体持股分红的运营框架，充分发挥财政资金的投资引导功能和信贷资金的杠杆效应，既有效将财政补助从“一次性输血”变为“持续造血”的产业投资，又能合规撬动足额银行信贷资金投入，同时发挥财政资金引导性作用和金融资金支持性作用，在不新增政府隐性债务的情况下解决项目建设融资问题。①

（三）完善制度促进村企合作规范化发展

相对而言，村集体经济和企业在合作过程中，企业在专业人才、资金

① 云浮市金融工作局：发挥金融力量，助力村级集体经济发展迈上新道路［EB/OL］.［2024-02-16］https：//baijiahao. baidu. com/s? id = 1769255660272758773&wfr = spider&for = pc.

力量方面占据优势，村集体经济则处于弱势。为降低村企合作风险，政府有必要制定关于村企合作的法律法规、意见条例，规范村企合作和运营过程，保障各方的合法权益。在村企合作前期，建立村企合作企业筛选制度，从企业发展能力与乡村发展适配情况等角度对有合作意向的企业进行筛选，并且每年对入股企业进行风险评估；建立村企合作保证金制度，为防止企业恶性套取财政资金的情况发生，设定一定额度的保证金，交由政府部门或者第三方机构管理[①]；建立村企合作专项资金管理制度，由专人负责资金管理，并由市财政局加强对专项资金的监管。

三、构建集聚发展机制以解决规模不经济问题

规模经济是指通过扩大生产经营规模，引起经济效益增加的现象。杭州山区的地形以山地为主，土地碎片化严重，大规模成片可利用的土地较少，很难进行大规模种植和生产。杭州山区可以采取集聚发展的方式将土地、人口等生产要素集合起来，形成适度规模生产经营，以产生规模效益。

（一）加强统筹规划，实现多规合一

建立以杭州市统一指导、以县域为单位的规划编制工作。杭州山区地区尤其是淳安县，面临生态保护红线、永久基本农田、一二级水源保护区等多条刚性规划线的约束，层层叠加之下，淳安县只有7%的可发展空间。因此有必要由杭州市牵头，建立以规划和自然资源、林业、生态综保等多部门联合的联席会议机制，部门之间加强联动，统筹协调推进“多规合一”工作，简化项目用地审批手续；构建以国土空间总体规划为引领，产业、生态环境、城乡建设、交通、水利等专项规划为支撑的规划体系，构建空间规划“一张图”；推进“多规合一”数字化应用，基于“空间智治”数字化管理平台，开展实景三维一张图建设，融合规划、人口、经济等涉及社会发展的各方面数据，科学规划区域空间总体布局。

（二）明确特色产业，培育产业集群

明确优势产业分区，以一个村或周边几个村为整体划定产业分区，以

① 曲海燕，张斌，王真．村企合作助力乡村振兴的典型模式与风险防范［J］．改革，2023（06）：95－104.

优势特色产业为基础、以龙头企业为“领头雁”、以区域特色品牌为引领、以优质生态旅游项目招引落地为契机，集聚发展以提高产业集群区块的整体竞争力。以建德市戴家村为例，由村集体成立公司统筹运营，设立民宿接待中心，以村为整体承接上海游客民宿、农家乐项目，有较大的品牌吸引力，接待游客能力也较强，对居民增收的作用也更大。

（三）创新驱动发展，形成示范效应

创建农村产业融合发展示范园是突破杭州山区农村产业发展要素瓶颈的关键突破口。杭州山区开展农村产业融合发展示范园建设可以获取产业发展用地指标，争取对产业用地和设施用地实行单列指标、分类管理，突破产业发展土地要素瓶颈制约。建立健全农村产业融合发展工作的统一协调机制。农村产业融合发展工作涉及多个部门，建议成立由省发展改革部门牵头，农业农村、财政、文旅等相关部门参加的联席会议制度，联合推进示范园建设。总结推广浙江省创建农村产业融合发展示范园的多种经验模式，如农业内部融合模式、延伸农业产业链模式、农业功能拓展模式、高技术渗透模式、多业态复合模式、产城融合模式，因地制宜选择适合杭州山区的融合模式，促进产城融合。①

第三节　山区农民财产性收入机制构建

一、推进宅基地改革以增加财产性收入

随着城市化进程的推进，农村人口大量流出，出现大量农村宅基地闲置、荒废的现象。“三权分置”奠定农民宅基地财产权益的制度基础，②

① 经验分享丨浙江省推进农村产业融合发展示范园创建经验总结．［2024－02－16］https：//baijiahao. baidu. com/s？ id＝1717290891185976931&wfr＝spider&for＝pc.

② 郎秀云．“三权分置”制度下农民宅基地财产权益实现的多元路径［J］．学术界，2022（02）：146－155.

在促进土地经营权的有序流转，整合零碎化土地，提高农村宅基地利用效率方面起到了积极作用。土地流转将土地由低效率者流向高效率者从而提升生产效率。[①] 土地流转面积增大会带来土地规模化经营从而增加农民收入。[②] 2023年中央一号文件强调“稳慎推进农村宅基地制度改革试点，探索宅基地“三权分置”有效实现形式。如何持续激活农村闲置房产、提高宅基地产权改革对农村居民收入水平的提升作用需从以下几个方面考虑。

（一）适度放开宅基地使用权流转范围

宅基地使用权转让时有身份限制，宅基地使用权的转让主体和受让主体限制在集体经济组织内部，在很大程度上限制了宅基地使用权流转。从政策和法律的层面取消对宅基地使用权的闲置，将宅基地使用权受让主体定义为所有组织和个人，取消对宅基地使用权受让主体的限制。例如，富阳区出台《富阳区“共享村居”闲置宅基地和闲置农房盘活实施意见》《富阳区闲置宅基地和农房流转指导意见》，规范闲置宅基地和农房流转流程。引导多元主体参与盘活宅基地，制定法律法规维护各方主体的合法权益和利益，提高宅基地流转成交量，增加当地农民的租房、租地收入。[③]

（二）建立闲置农房盘活数字化平台

农村土地流转存在信息不对称的情况。土地流转市场相对闭塞落后，土地供给者和土地需求者缺乏合理有效的信息沟通平台，已发生的土地流转大多是由熟人关系推动，并非市场化所推动，导致土地租金、交易数量都未达到帕累托最优水平。建立土地流转交易第三方中介机构，整合县、乡、村各级土地流转交易信息资源，应用数字化手段线上显示可交易土地数量、土地地理位置等具体信息，缩小土地交易双方之间的信息差。通过数字化交易平台，在提高土地交易数量的同时，使土地在合理的租金范围内交易，保障农民土地交易中的合法权益，提高其通过土地交易获取的财

---

① 王倩，管睿，余劲．风险态度、风险感知对农户农地流转行为影响分析——基于豫鲁皖冀苏1429户农户面板数据［J］．华中农业大学学报（社会科学版），2019（06）：149－158＋167.

② 郭君平，曲颂，夏英，等．农村土地流转的收入分配效应［J］．中国人口·资源与环境，2018（05）：160－169.

③ 黄小莹，史卫民．“三权分置”下宅基地使用权利用主体多元化的路径探索［J］．新疆农垦经济，2023（07）：24－32＋73.

产性收入。例如，建德市应用“浙农富裕”闲置宅基地和农房盘活数字场景，与杭州农村综合产权交易所有限公司合作，建立闲置农房盘活数字化平台——建德农权“共享村居”平台，实现线上农房产权交易。

（三）逐步完善宅基地有偿退出机制

由于城市化进程加快，杭州山区青壮年往往在杭州市区及周边地区工作，山区农村人口大量流出，导致宅基地大片闲置。对于符合宅基地退出条件且有退出意愿的居民，逐渐引导其退出，根据各地宅基地市场情况确定宅基地退出补偿范围、补偿标准及补偿内容，确保山区农民获取应得的足额补偿收入。例如，桐庐县在逐步探索退出机制，指导基础较好乡镇（街道）制定退出政策并进行试点。

二、引导农民金融理财以增加金融性收入

通过金融理财获取财产性收入在城镇居民财产性收入中扮演着重要角色。但是对于农民尤其是山区农民来说，金融理财收入尚未得到有效的重视。首先是农村的投资理财信息体系相对不完善，农民难以获取有效的投资理财信息；其次，相对而言，农民金融专业知识储备不够，不具备分析各种动产价值、风险的能力，多数农民选择稳定的银行存款作为其参与金融理财的主要方式；再次，农村居民的收入和存款水平相较于城市居民较低，参与金融理财的本钱有限，降低了其获利能力。提高农民的金融理财收入，需要完善农村金融市场、提高农民参与金融理财的能力。具体来说：

（一）鼓励金融下乡

鼓励各大银行、保险公司、证券公司等金融机构在农村设立网点，提高农村居民购买理财产品的便利性。金融机构普遍对农村金融市场不重视，硬件设施比较落后。鼓励农村金融机构完善在农村设立网点，完善农村金融机构网点硬件设施建设，提高农村居民购买金融理财产品的便利性；设立面向农村居民群体的金融理财宣传小组，通过视频号等新媒体渠道各种宣传关于金融理财产品的知识，提高金融产品在农村居民群体中的公信力，并正确引导农村居民选择与其资产状况和投资意愿相匹配的金融

理财产品；政府部门也应定时开展金融理财知识讲座，引导居民形成正确的金融理财观，培养其防范风险的意识和能力。

（二）指导农民理财

设计符合农村居民理财特点的多元化农村个人理财产品，加强对农村个人理财产品的监管。金融机构要针对农民的特点有针对性地设计更适合农村居民资产特征的优质理财产品，推出多元化的理财产品以适合不同收入和风险偏好类型的农民，如高风险高收益型和稳健型等类型。2023 年，中信银行在杭州创设共富共创的属地化公募理财产品，主要为浙江省低收入人群提供低准入门槛的投资理财服务，可以鼓励其他金融机构推出适合山区农民的理财产品。政府应当强化对农村个人理财产品的监管，包括产品设计与开发、营销与购买、售后服务等环节，切实维护好农村居民的权益。

（三）共享金融福利

提高农民受教育水平，增强农民参与金融理财的主观意愿。研究表明，居民参与金融理财的意愿和其教育程度呈正相关，即居民教育程度越高，对金融理财产品的了解就越多，参与金融理财的意愿越强。① 一方面，改善杭州山区居民的教育状况，保证义务教育普及率，提高山区农民整体文化素养水平；另一方面，开展金融理财知识进课堂活动，让理财知识进入中小学生课本，推动金融理财知识普及化，树立正确的理财观念。

三、加强村集体经济发展以增加股权性收入

村集体经济通过收益分红可以直接增加农户收入，进而缩小城乡收入差距，推动共同富裕实现进程。② 2022 年，杭州市农村集体经济组织总资产达到 2800 多亿元，集体经济总收入达到 182.56 亿元，村集体分红收入

---

① 韩超，刘德弟．农村居民理财意愿研究——以临安农村地区为例［J］．中国集体经济，2019（13）：80－81.

② 戚迪明，张乐明，周晶，等．农村集体经济促进乡村共富的内在逻辑、作用机制与推进策略［J/OL］．浙江农业科学，2023（08）：2069－2072.

给当地农村居民带来增收致富的良好效应。充分利用杭州山区的优质生态资源，壮大村集体经济，推动村集体经济发展成果共享，是促进杭州山区农民绿色共富的重要渠道。

要进一步提高村集体经济分红对农村居民收入的有益影响，需要解决两个问题：一方面是要“做大蛋糕”，持续发展壮大村集体经济，创造更多的发展成果；另一方面是要“分好蛋糕”，完善村集体经济利益分配机制，促进村集体发展成果由成员共享。推动村集体分红收入对山区农民增收要从以下两个方面展开。

（一）做大村集体经济“蛋糕”

不断做大村集体经济是提高山区农民村集体经济分红收入的基础。一是创新村集体增收模式，提高村集体经济组织能力。如建德市将党支部建在产业园上，以草莓产业为依托，建立“村集体 + 大户 + 农户”的产业运行模式，吸收周边多个村庄的闲散劳动力和土地资源，做强村集体经济引领的共富单元。总结推广“党建引领、政府统筹、村企主体、群众参与、共同收益”的村集体增收模式，立足当地特色产业壮大村集体经济。二是强化农户教育培训，有针对性地培养适合本地特色产业的专业性人才，以高水平专业人才带动整个行业的发展，如“建德师傅”；有条件的村集体经济可以探索乡村职业经理人制度，由专业团队整体化运营乡村集体资产，强化人才对村集体经济发展的支撑作用。三是建立健全集体经济激励机制，将村干部绩效考核与村集体经济盈利水平挂钩，激发推动集体经济发展的内生动力，适时对工作先进、成绩突出的村集体组织进行表彰和宣传，依托党组织工作例会、共富事例宣传平台等进行深层次宣传，营造脚踏实地、敢拼敢试的发展村集体经济的良好氛围。

（二）分好村集体经济“蛋糕”

明确村集体经济发展成果由村集体成员共享的发展导向，既要注重村集体经济发展壮大，也要逐步增强村集体经济发展成果的共享程度和深度。一是建立健全村集体经济分红制度。制定《关于健全村集体经济利益分配激励机制的指导意见》，从厘清股权类型、规范分配比例、突出激励导向、强化激励约束、强化日常监督等方面为村集体收益分配提供操作指南，更好发挥村集体经济提高农村居民收入、缩小城乡收入差距的作用。二是提高农村居民在村集体经济发展中的参与度。激发农村居民参与乡村治理的积极性，集思广益，共同为壮大集体经济作出贡献，形成农民参与建设集体经济、集体经济惠及农民的良性循环，在村集体经济持续发展壮大中，不断提高村民分红收入。三是提高村集体经济收入中用于村集体建设的比例。对村集体经济生产经营性纯收入部分，按不高于10%的比例提取公益金用于村级公益事业建设，其中股东分红部分群众分红比例不低于70%。

第四节 生态产品价值实现机制构建

一、深入推进生态保护补偿机制建设

生态环境保护行为具有极大的正外部性，容易产生“搭便车”行为而导致生态公共产品供给不足。生态补偿秉承“谁保护，谁受益”“谁受益，谁付费”的原则，是一种将正外部性内部化的制度安排。杭州山区生态补偿存在参与补偿与受偿主体单一、补偿方式受限、补偿标准较低等问题，导致保护环境的地区没有得到相应水平的补偿，比如杭州山区淳安县反而因为保护环境牺牲了当地经济发展的机会，出现因保护环境而难以致富的情况，因此通过深入推进生态补偿制度建设来提高山区居民收入。

（一）扩大受偿主体范围，解决“补给谁”的问题

在生态补偿实践中，除了生态公益林的补偿资金主要部分补给了林农，其他生态补偿资金往来基本都局限在上下级政府和平级政府之间，且主要用于生态环境建设，居民和企业难以直接得到相应补偿。生态环境保护得益于多方力量的努力：政府进行生态环境治理、企业停止高污染项目并提高污染物排放标准、农民限制农业生产活动。在进行生态补偿的时候，秉承“谁保护，谁受益”的原则，应当补偿政府为保护生态付出的税收收入和环保支出、企业的利润损失和污染物治理成本、农民就业收入

损失和生产活动损失等，将企业和居民纳入生态补偿受偿体系中。

（二）扩大补偿主体范围，解决“谁来补”的问题

秉承“谁受益，谁付费”的原则对受益的居民和企业征收生态补偿资金。如在千岛湖配水工程中，能够清楚明晰生态产品受益居民和企业的情况下，就可以根据水资源价值和生态保护成本对受益居民和企业进行收费。贯彻“谁污染，谁赔偿”的原则对污染环境的居民和企业征收污染治理费用。针对生态损害事件，按照生态环境修复或替代修复成本、清除或控制污染成本等标准征收生态环境损害赔偿金，让破坏生态环境的企业或个人付出应有的代价。

（三）按照科学合理的方法测定生态补偿标准

从理论上说，生态补偿标准应该体现生态保护成本、发展机会成本和生态系统服务价值等方面。在实践中，生态保护主体得到的生态补偿资金远远低于理论金额，没有得到足够的补偿资金。制定科学合理且有效的生态补偿标准是很有必要的。理论上生态补偿标准测算可以分为三类：一是从成本投入的角度，通过旅行费用法、机会成本法、生态损害成本法等计算生态保护者投入的成本或需要承担的损失；二是从生态产品价值的角度，通过生态系统服务价值、生态足迹等方法计算人类从生态系统中获得的收益；三是从补偿意愿的角度，通过选择实验法、条件价值评估法等方法计算生态产品受益者对生态产品的支付意愿。通过建立动态化的生态补偿标准体系，为生态补偿实践提供可参考的补偿标准。

二、深入推进生态产权制度建设

在生态产权制度建设工作中，最重要的是要建立市场化的生态产权制度。而面临的首要问题是相关生态产权界定不清晰，导致生态产权供求主体不明确，限制了生态产权的市场化交易。[①] 因此，推进生态产权制度建设，是进行生态产权交易以实现生态产品价值的基础。

---

① 孙博文，彭绪庶．生态产品价值实现模式、关键问题及制度保障体系［J］．生态经济，2021（65）：13－19.

（一）加快推进自然资源产权制度建设

自然资源资产产权制度改革是生态文明体制改革“四梁八柱”之首，全国范围内尚未形成归属清晰、权责明确的自然资源资产产权制度。推动杭州山区完善自然资源产权制度建设，利于为全国自然资源产权制度建设打造杭州样本。在总结浙江省自然资源确权登记规程和技术标准等自然资源确权经验的基础上，查漏补缺，进一步完善杭州山区地区自然资源统一确权工作，包括土地、水体、湿地、矿产、森林等自然资源的确权工作，尤其是要完善杭州市农村房地一体确权登记工作，为盘活农地、农房奠定基础；部分自然资源资产存在所有权边界模糊的问题，需要划分全民所有和集体所有之间的边界、全民所有和不同层级政府行使所有权的边界、不同集体所有者的边界、不同自然资源类型的边界，清晰界定各类自然资源资产的所有权主体，尤其是推动农地、农房确权等级，为推动其进入市场流转环节奠定基础；加强自然资源数字化管理，依托杭州市国土空间基础信息平台，建设覆盖全市的自然资源确权登记信息数据库，探索从平面图到三维实景图的“三维登记”模式，实现自然资源场景化管理。

（二）加快推进环境资源产权制度建设

排污权交易制度是通过环境资源市场化配置促进生态保护以及拓宽生态产品价值实现的重要途经。浙江省是全国第一批排污权交易试点的地区，排污单位统一在浙江省排污权交易网进行排污权交易。基于人人应当享有平等的生存权和发展权，杭州山区居民应当与杭州其他地区居民享有相同的人均排污权，实际中杭州山区居民人均排污量远远低于杭州市区人均排污量。排污权交易中交易主体仅限于工业排污单位和环境治理业排污单位，应将政府、企业、个人等主体纳入排污权交易机制中，兼顾历史排放水平、环境容量等因素合理分配初始排放权，将杭州山区剩余排污权在排污权市场上进行交易以获取收益。浙江省 2022 年发布《浙江省排污权抵质押贷款操作指引（暂行）》，进一步拓宽了通过排污权实现生态资源价值转化的路径，推动杭州山区企业以排污权质押办理组合贷款，拓宽企业的融资渠道，可以有效解决企业发展过程中资金不足的问题。

（三）加快推进气候资源产权制度建设

碳排放权交易机制是实现碳达峰、碳中和的重要政策工具，需要不断激发碳排放权交易市场活力以通过市场机制实现碳排放权价值。2021 年，全国碳排放权交易市场建立，初始碳配额多是基于基准线法和历史强度法免费分配，参与主体仅限于电力企业。采用历史强度法容易出现“鞭打快牛”的现象，反而对较早开展降碳低碳工作的地区不利，如杭州山区，推动采用基准线法进行碳排放额分配，有利于为杭州山区争取更多碳配额。现阶段，全国碳市场交易只纳入碳排放量最高的发电供热行业的企业，随着碳市场交易不断深化，需要逐渐将其他行业的企业、事业单位、公众纳入到碳减排权交易市场中来，形成全民参与碳减排的低碳社会场景，杭州山区企事业单位和居民都可以参与其中，实现价值转化。

三、深入推进“两山合作社”制度建设

2023 年 6 月，浙江省发展改革委等六部门联合印发《关于两山合作社建设运营的指导意见》，标志浙江开始探索“两山银行”的升级版——“两山合作社”。两山合作社平台是以生态产品价值实现为根本目标，聚焦生态资源变生态资产、生态资产变生态资本，按照“分散化输入、集中式输出”的经营理念，打造政府主导、社会参与、市场化运作的生态产品经营管理平台。[①] 通过“两山合作社”平台建设，把杭州山区优质生态资源转变为农民的钱袋子，打造生态产品价值实现的杭州样本。

（一）摸清生态资源家底，核算生态产品价值

浙江省在进行生态产品价值核算方面走在全国前列，丽水市制定了首个山区市生态产品价值核算技术办法，编制发布了全国首份《生态产品价值核算指南》地方标准。杭州山区可以借鉴丽水市生态产品价值核算方法，与高校研究团队合作，在应用遥感技术、实地调研的基础上，详细统计山区地区的生态产品实物量，编制符合本地生态系统特征的市、县、乡镇、村四级生态产品目录清单，并常态化检测生态产品信息动态，及时

① 《关于两山合作社建设运营的指导意见》（浙发改函〔2023〕3 号）。

掌握生态产品类型、数量、质量、分布、权益归属等开发利用信息，为两山合作社资源收储和开发利用奠定数据基础。

（二）招商引资，实现生态产品价值

通过“两山合作社”整合地区零散、优质的生态资源，整合打包成集中、优质、高效的生态资产，采取直接投资、引入社会资本、与社会资本合作等多种方式，打通生态资源资产向生态资本转化的堵点，畅通“资源－资产－资本－资金”的转化通道。依托“两山合作社”平台，开展项目招引，探索形成“企业＋集体＋合作社＋村民”等多方参与、共建共享的市场化运营格局。发挥“两山合作社”桥梁作用，一端连接生态资源，另一端连接社会资本与企业，将绿水青山转变为金山银山。杭州山区的村集体和农户可以选择将土地、宅基地、农房等出租以获取租金收入；或者将土地承包经营权、宅基地使用权、农房所有权入股，参与“两山合作社”项目合作经营，获取经营分红收入；“两山合作社”将一定比例收益分给低收入农户和村集体，助力农村贫困地区共同富裕。

（三）创新金融产品，强化绿色金融赋能

“两山合作社”在土地流转时，普遍面临着融资难的困境，通过与金融机构合作，结合具体的投资项目，对生态产品的使用权、经营权、收益权等权益进行金融赋能，创新性地推广应用民宿贷、两山信用贷、林业碳汇贷、生态贷等绿色金融产品，以权项质押为担保发放生态资源开发经营贷款，保障“两山合作社”开发项目的顺利进行。①

① 郑卓昕. 发展生态银行 促进生态资源价值转化——浙江省常山县“两山银行”助推共同富裕实践 [J]. 当代农村财经，2022（06）：51－53.

第十一章

杭州市山区农民绿色共富的政策优化

山区农民共富是杭州市共同富裕先行区建设的重点。本节针对山区农民绿色共富突出问题，提出大力发展生态产业和完善生态文明制度。就激活生态产业发展市场活力、促进生态产品价值转化效率、推进山海协助及实施社会保障四个方面提出政策优化建议。

第一节 提高山区农民的经营性收入

提高经营性收入是山区农民绿色共富的根本之策。因此，绿色共富的工作重心首先要放在促进生态产业发展上。

一、强化政策对接，助推乡村生态农业健康发展

实施山区农业生产集约化政策，提高山区生态产业规模，建设一批绿色高质高效生产示范区，让山区农民绿色共富的政策落地生根。首先，全面盘活山区土地资源生产。推广富阳区和临安区经验，推进高标准农田示

范区和绿色高产创新示范区建设。针对 5 亩以上连片的耕地集中建设高标准农田，到 2025 年杭州山区 100% 完成集中连片建设；针对 5 亩以下耕地建设绿色高质高效农田。以国家绿色高质高效生产示范区①为标准，打造特优农产品基地。其次，打造“一区一品、一体一业、一带一特”富民兴村特色产业，形成“富阳茶、临安竹、淳安渔、建德果、桐庐蔬”为标签的农业特色产业体系。以富阳为主，带动全杭州山区茶产业的规模生产；以临安为主，带动全杭州山区竹产业规模发展；以淳安千岛湖“一条鱼”为龙头，形成杭州山区渔产业规模发展；以建德草莓为特色，带动杭州市山区水果品牌规模生产；以桐庐高效蔬菜基地为抓手，带动杭州市山区蔬菜产业发展。最后，通过“农户 + 合作社 + 公司 + 基地”的集中化经营降低成本，通过“建设 + 保护 + 开发 + 运营”的全产业链运营来重构产业链，打造区域公用品牌，做大做强生态农业产业，实现农业生产与生态“互惠互利”，建立健康持续的生态农业体系。

二、优化政策举措，做大山区乡村生态工业基本盘子

（一）加快主导产业发展，促进山区农民的工资性收入

根据杭州山区特点，选准主导产业，推进山区乡村产业链延伸，推动农产品向精深加工转化，支持农产品就地加工转化增值，把品牌增值收益留给村民、产品加工收入留在村里。支持建设规模化、标准化、专业化、绿色化农业生产基地，扶持发展农产品的初加工、精深加工，促进农业资源综合利用开发。着力培育新业态新模式，推进产业深度融合，构建特色鲜明、布局合理、创业活跃、联农紧密的乡村产业体系，示范引领城乡融合发展。例如，建德建立草莓加工体系，临安建立山核桃和竹产品加工体系。

（二）精准发展生态工业，提升山区整体经济水平

首先，引导山区乡村“选好”生态工业产业，根据山区资源特点，分别在“渔、茶、果、蔬、林”方面改造传统农产品加工产业并发展数字科技型农产品加工产业，延长乡村产业链，把产业留在乡村。例如，淳

---

① 农业农村部，财政部：《关于做好 2020 年农业生产发展等项目实施工作的通知》（农计财发〔2020〕3 号）。

安县由“一条鱼”发展为“集群鱼”，拓展“生态+”模式内涵，从生态养殖到生态加工，助推山区整体经济水平的提升。其次，做好山区乡村生态工业的“无中生有”。充分利用杭州山区生态资源优势，扩展“生态+产业”内涵，培育新型业态并提高科技创新能力，做好分类布局。在生态好但区位条件欠缺的地区，引入生态需求高、科技含量高的高端科技康美产业、中医药业等，如淳安县、建德市、桐庐市、临安区偏远山区等。在区位相对较好的地区则发展与当地产业相关联的主导产业，如富阳、临安临城山区。最后，传统工业转型升级。引导山区乡村生态工业改造，运用绿色技术、人工智能、互联网技术对传统农业生产流程进行改造，强化水土保持与农业污染防控工作，创新多样品种选育与产品加工技术，推动新兴产业业态发展。

（三）土地要素支持政策，强化生态工业发展保障

在精准生态工业画像基础上，尽快出台生态工业土地要素支持政策。对现有建设用地的开发利用和投入产出情况进行综合评估，把空闲、废弃、闲置和低效利用土地作为重点，积极盘活存量建设用地。采取布局调整办法，引导城中村、空心村改造，促进城乡建设由低效变高效，通过拆旧建新、整村搬迁、移民并庄，旧村复垦，积极推动“空心村”改造，进一步拓展用地空间，提高土地利用效率。[①] 深化“点状”开发政策。根据山区土地小而散的情况，切实做好工业园区和乡镇的企业落地工作。统筹山区工业和农业用地，在资源环境承载力下积极招商生态工业项目。加强土地资源的节约集约利用，提高土地使用效益，通过规范用地分区、控制供地总量，优化利用效益，要把土地投资强度和土地利用详细规划等列为项目用地的准入指标。

三、创新制度政策，增加山区农民的财产性收入

（一）因势利导盘活闲置农房，让包袱变财富

农村宅基地和住宅是农民的基本生活资料和重要财产，也是农村发展

---

① 程志高，李丹．后全面小康时代绿色治理助推乡村共富的逻辑进路［J］．西北农林科技大学学报（社会科学版），2022（06）：1－10.

的重要资源。[①] 充分利用这一资产资源增加山区农民财产性收入。学习绍兴“农房盘活”经验，提高农村土地资源利用效率和增加农民收入。在依法维护农民宅基地合法权益和严格规范宅基地管理的基础上，利用电、水数据智能识别闲置宅基地，建立真实、完整、动态的闲置资源库，同时对闲置宅基地进行合法性审核、精准画像和多层次市场发布，提高成交率和溢价率。

（二）学习借鉴先进经验，激活农村资产密码

学习“企业入驻促激活、乡贤反哺促激活、农旅融合促激活、农村电商促激活、文化引领促激活、村民集资促激活、改造提升促激活、统一管理促激活”等模式和经验。尽快出台闲置农房利用改造的“规划—设计—建设”规范，与村落布点规划、村庄建设规划、土地利用规划相匹配；与村级集体经济发展充分结合、相互促进，使农户、村集体、社会投资者多方共赢。各区县市排摸出重点乡镇（街道），充分挖掘激活新业态，打造一批民宿（农家乐）集中村、乡村旅游目的地、健康养生基地、艺术创作中心和田园综合体。

（三）完善农业农村绿色金融政策

首先，聚焦农业农村基础设施重点领域。强化区域资金、资产、资源全要素整合，强化地方政府部门、金融机构、实施企业多主体协同，引导政策性、开发性金融支持适度超前开展农业农村基础设施投资，撬动更多中长期信贷资金高效率、低成本倾斜流入农业农村，助力全面推进乡村振兴，加快农业农村现代化。[②] 其次，稳步推进绿色金融与绿色产业协调发展。继续深化市级政策性融资担保公司服务机制；从原本的担保服务扩展为信息、技术、金融等综合性服务公司平台，为山区农民创新创业提供信息、资金等服务。设置重点担保服务对象，切实提升山区农民经营性收入。最后，加强金融服务。推广“小额农户贷”“丰收农合通”“创业贷”“农保贷”等普惠产品，对回乡创业人员、农业供给保障、企业转型

---

① 江南．浙江诸暨闲置农房这样被盘活农户增收1亿多［N］．人民日报，2020－11－06（13）．

② 陈颂华，程圣韬．立足共富 绿金蝶变——农发行浙江省分行持续擦亮“绿色银行”品牌［J］．浙江经济，2022（03）：80－81.

升级及设施建设等重点的农业主体，开辟低费率、简流程、优服务的多元化担保产品。参照重庆市、安吉县经验做法，争取以碳排放权撬动国开行等政策性银行资金，对杭州山区绿色产业项目给予优惠信贷政策，通过“投贷债租证”综合金融手段，积极引导资金支持杭州山区生态建设。

四、引导企业入村，做大山区农村集体经济规模

（一）规范培育强村公司，壮大山区富民产业

推广强村公司经验，让共富之路通向杭州山区。尽快总结建德市、临安区、富阳区等县区的强村公司经验。在有条件的山区积极试点“强村公司范式”，如富阳区山区和临安区山区。探索构建“政府主导、国企主建、镇村主管、主体主营”的产业发展共同体，摸索农业标准地改革，发展高效生态农业，推进山区“标准地”改革+农业“双强”、数字化改革+强村富民集成“双试点”创建。

（二）提升全产业链服务体系

优化区县村产业空间布局，完善和提升区县产业承载和配套服务功能、重点镇集聚功能。支持国家级高新区、经开区、农高区托管联办县域产业园区。以县区为单位，聚焦优势特色品种，突出重点村镇，按照全产业链开发的思路，补短板、强弱项，推动产业形态由“小特产”转变为“大产业”，空间布局由“平面分布”转变为“集群发展”，主体关系由“同质竞争”转变为“合作共赢”，促进优势特色产业实现转型升级、提质增效，推动产业由大变强，全面提升内在活力和竞争力。通过延伸产业链、提升价值链、打造供应链，着力构建农业社会化服务体系，带动村集体增收、农民致富。凭借“产业联合社+加工中心+核心基地”的新模式，着力构建农业社会化服务体系，带动村集体增收、农民致富。

（三）一二三产业深度融合

实施农产品加工业提升行动，支持家庭农场、农民合作社和中小微企业等发展农产品产地初加工，引导大型农业企业发展农产品精深加工。引导农产品加工企业向产地下沉、向园区集中，在粮食和重要农产品主产区统筹布局建设农产品加工产业园。完善农产品流通骨干网络，改造提升产

地、集散地、销售地批发市场，布局建设一批城郊大仓基地。支持建设产地冷链集配中心。推广“县级供销社 + 市级帮扶集团成员 + 农合联会员企业 + 村集体”联合经营的强村公司“乡村消薄”模式，探寻了乡村振兴共富共享之路。总结杭州千岛湖岭上花开农业科技有限公司联合经验，成立经济合作社，引入社会资本，打造集农残检测、收储、分拣、配送于一体的农产品全产业链运营中心，把山区优质农产品运送到杭州上海乃至全国。总结推广富阳区湖源乡“非遗文化”“共富工坊”经验，打造“农旅文创 +”体验模式、农旅融合式“共富工坊”，全市山区推广强村公司、优质企业等帮助村庄发展文化创意、休闲观光、农俗传播等业态，辐射带动周边村民依托旅游服务或产业发展，实现创收。

第二节　提高山区农民的劳动性收入

技能型农民工的劳动性收入具有普通劳动力的倍增效应。提高劳动性收入是山区农民绿色共富的重要来源。

一、提升农民农业技能

有农业技能的农民劳动性收入具有缺乏农业技能的农民劳动性收入的倍增效果。提高农民农业技能是提高农民劳动性收入的关键一招。一是各级政府组织开展高素质农民培训，提升农民生产技能。充分利用县区农业服务中心功能，建立农民田间学校，定期组织开展 2—10 天的短期高素质农民培训。针对县区特色产业邀请农业领域专家为农民培训，形成特色培训项目，比如在建德形成草莓种植技术培训项目、在临安形成竹笋和山核桃种植技术培训项目等。二是采用奖金、农业补贴等形式鼓励农业技能提升的传帮带机制。各级政府引导山区农民形成农业种植、养殖或管理等技能互助组。以种养植大户或农业技术员能手为核心，自愿形成农业技能小组，提出小组农业技能提升目标，如草莓产量或品种培育提升目标，以 1 年或半年为期，根据目标完成情况给予相应的奖金或农业补贴，激发农民之间的学习热情。整个农业生产过程中以师傅带徒弟的方式进行，从而提升农民的农业技能，促进农业技能全面提升。三是邀请国内外知名农业种植专家莅临指导。根据县市区具体种植技能提升，邀请国内外知名大学的农业技术专家，比如中国科学院农业专家，进行农业种植技术、农田管理的现场教学，为山区农民解答实际生产中遇到的困难，提高农民生产技能。

二、提升农民服务技能

在城市化进程中农民工进城打工或劳务输出依然是一个庞大的市场。有一技之长的农民工是普通农民工工资收入的两倍以上。以一技之长掌握谋生本领依然要作为一个重点。

（一）培育一批叫得响的劳务品牌

劳务品牌是有着鲜明地域标记、过硬技能特征和良好用户口碑的劳务标识。在劳务品牌培育上，立足当地资源、挖掘当地传统工艺。杭州市有着比较好的劳务技能基础，比如建德“草莓师傅”已发展到安徽、四川、河南、山东等多个省份。学习建德经验，充分挖掘茶叶技能、竹笋技能，形成富阳茶叶师傅、临安竹笋师傅等劳务品牌。同时充分利用当代科技力量，聚焦战略性新兴产业、急需紧缺服务业、文化旅游领域，因地制宜、有针对性地培育数字化产业劳务品牌，如农村电子商务劳务品牌、数字农业劳务品牌等。

（二）通过职业技能培训提升山区农民服务技能提升

扩大职业技能培训规模，为山区农民提供职业技能培训机会，实现山区农民培训机会“能有尽有”、培训技能“应能尽能”的目标。只要农民愿意就有机会参加相关职业技能培训，从农业种养植服务、家政劳务到产业服务等，有培训意愿的劳动力均有机会参加职业技能培训。加强对新生代农民工等农业转移人口的职业技能培训；鼓励企业特别是规模以上企业或吸纳农民工较多的企业开展岗前培训和岗位技能提升培训，并按规定落实企业职工培训补贴政策。

（三）通过就业供给促进劳务技能提升

积极发展农产品加工、农资供应、仓储物流、农产品营销等农业生产性服务业和电商“互联网+”等新产业新业态，为山区农村劳动力创造更多就业岗位；开展高层次农民人才的技能输出，与中西部省签订农业技术推广的劳务协作，如建德草莓师傅技术团、淳安鱼师傅技术团等，鼓励支持各区、县（市）建立多层次协作关系；组织公共就业服务专项活动，为农村劳动力等重点群体就业搭建对接交流平台，从而促进农民自发提升技能。

三、提升农民创业技能

（一）充分利用乡贤力量带动山区农民创业

新乡贤作为新时代的一种关系型社会资本，是现代乡村社会中社会资本的凝聚“化身”或“人化”，构建了乡村社会成员之间的合作以及互惠互利网络，增强了乡村凝聚力，为乡村发展提供了内外动力。[①] 充分利用这一网络和动力，针对乡贤展开人文关怀吸引其回乡投资，采用税收优惠、农业投资项目合作等政策鼓励乡贤带动山区农民创业。

（二）激励农民将外出工作经验带回农村进行创业

把农民工返乡创业工程列入当地政府的重要议事日程，把其作为当前新农村建设中实现农村致富、农民增收的重要工作来抓。通过组织开展“农民工返乡创业”大讨论等活动，宣传农民工返乡创业的重要意义，摒弃“小富即安”思想，提高思想认识；把政府部门引导与促进农民工返乡创业的工作成效指标化，并将其作为评价其政绩的重要依据，强化考核机制；通过恳谈会、项目介绍会、投资座谈会等多种形式，大力宣传政府优惠政策，鼓励和吸引学有一技之长、拥有管理经验、拥有资金积累的在外务工农民返乡创业。

---

① 唐任伍，孟娜，刘洋．关系型社会资本：“新乡贤”对乡村振兴战略实施的推动［J］．治理现代化研究，2021（01）：36－43.

（三）持续建立返乡农民工构建沟通机制平台，鼓励专业人才与农民联合创业

杭州已有富阳农创客、临安农事服务中心等平台，在已有平台基础上持续扩展平台建设，根据返乡创业者分布以及打工或创业经历，在创业者分布集中度较高的区域成立创业俱乐部或创客集会等类似形式的组织，建立农民工返乡创业的交流沟通机制，充分满足农民工创业者之间社会网络的拓展，营造出具有农村特色的创业氛围。

第三节　提高山区农民的制度性收入

农民收入相对低的重要原因是财产性收入少或无。提高财产性收入是山区农民绿色共富的新增长点。

一、加强生态产权的界定和保护

（一）强化生态产权主体职责和权益

一方面，进一步明确森林、土地等生态产权主体的职责范围和享受的权益，鼓励生态产权主体进行生态价值转化增加收入。鼓励属于国家的生态产权通过承包、合作投资等途径分给山区农民，把国家补偿同时转让，既充分调动山区农民保护生态的积极性，又切实增加农民收入。另一方面，拓展生态产权界定，比如用水权、用能权、清洁空气权等，让生态产权渗透到生态保护的各个方面，从而奠定生态产权交易的基础。

（二）建立科学合理的生态产权价值评估体系

与高校科研院所合作，建立既体现生态产权的经济价值又体现其隐性生态价值的评估体系。既包括所有者为维护生态环境付出的成本同时还包括生态系统本身生产的生态效益。具体评估体系包括维护水环境和大气环

境、保护生物多样性等成本，涵养水源、调节气候、碳汇、生物多样性等生态效益。

（三）提高山区农民的生态产权意识

一方面，建立山区生态产权转化试点，通过生态产品价值转化让山区农民从实践上深刻意识到生态产权的重要性，从而提升其生态产权意识。另一方面，制定生态产权宣传方案，通过辅导、讲座、培训、宣讲等方式向山区农民宣传生态产权意识。

二、严格实施生态环境总量控制制度

（一）守好一条红线

以浙江省生态红线为准，精准研究杭州山区绿色环境容量，进行杭州山区生态产业规划设计，划分“禁止区”“过渡区”“布局区”。禁止区是完全不能布局工业的生态产业区，过渡区布局科技集约型生态工业，布局区则布局符合标准的生态工业。继续挖掘点状开发政策，形成各县区精准生态产业地图。另一方面，精准生态工业清单。在精准环境容量基础上，结合各县区实际，精准制定各县区生态工业清单，重点发展健康产业、养生产业、科技新兴产业。

（二）数字赋能发展清洁高效农业

开展数字化工程，推行农安码，[①] 重点开展山区农产品绿色、有机、地理标志农产品认证。全面推行有机肥使用，提升农业的清洁生产水平。建设浙食链追溯体系，建立产品溯源机制，倒逼农业生产清洁化。紧抓国家和省级政策，开展数字高效农业试点。引导农业龙头企业带领山区农民进行高效农业示范区建设。培育企业数字品牌，扶持一批龙头企业、家庭农场与农民合作社联合的数字化产业，建立“企业—农场—农民”联合的数字化管理体系。

---

① 杭州市农业农村局（杭州市乡村振兴局）．关于印发 2022 年杭州市农业农村数字化改革工作方案的通知［A/OL］．［2024 - 02 - 16］http：//agri. hangzhou. gov. cn/art/2022/7/7/art_122 9299659_1822103. html.

（三）以环境容量为基础列出两张清单

精确测度杭州市山区环境容量，编制包括水、大气、土壤和生物的《综合环境容量规划》，形成控制单元整体规划，精确布局环境容量。在环境容量规划下，省市指导下给出山区生态保护负面清单和产业准入正面清单，编制《山区绿色产业指导目录》，构建深绿产业发展体系。

三、鼓励开展生态产权交易制度

（一）鼓励开展流域上下游水生态补偿制度

细化省级层面的流域上下游横向生态保护补偿机制，推广淳安经验，建立全区镇级以上的水横断面水质自动监测体系，根据水质结果，制定生态补偿标准，出台相应的方案，落实流域生态补偿。

（二）鼓励开展森林生态补偿制度

在科学测算森林生态功能（涵养水源、调节气候等）及碳汇功能价值。根据《杭州争当浙江高质量发展建设共同富裕示范区城市范例的行动计划（2021—2025年）》[①] 的精神，制定山区森林生态补偿标准，从市政府财政转移，逐步探索发达地区到山区的森林生态补偿机制。探索市场化生态补偿机制。学习丽水市经验，出台《杭州市林地地役权补偿收益质押贷款管理办法》，实施林地地役权补偿收益质押贷款，引入强村公司和优质项目，提高杭州山区集体经济水平，提高农民的经营性收入。

四、建设统一开放的生态产权市场

（一）加快推进自然资源产权制度改革

探索“生态确权—资源开发—绿色发展—绿色共富”的绿色发展思路。首先，继续完善自然资源确权工作。全面细化杭州山区森林、水、土

① 杭州争当浙江高质量发展建设共同富裕示范区城市范例的行动计划（2021—2025年）[A/OL]. [2024-02-16] https://www.hangzhou.gov.cn/art/2021/7/29/art_1345197_59039566.html.

地、矿产能源等产权客体，明确自然资源产权边界，区分所有权、使用权、经营权归属，建立明晰的杭州山区自然资源产权体系。其次，明确自然资源产权改革重点。加快推进土地的地表、地下和地上的产权分设，促进空间合理开法利用；探索水、土、气、生自然资源使用衔接机制，推进自然资源产权收益分配体系建设，建立自然资源产权有效性机制。最后，建立“基本收益 + 股权分红 + 劳务参与”多元的自然资源产权定价收益机制。采用政府引导、市场主导和社会参与方式，在用林权明确的情况下结合旅游特征适度开发，灵活把握运营模式，多渠道、多形式筹集生态资源开发建设资金。整合各方力量，共同推进生态产权开发、建设与管理的规范化与法制化，不断推进杭州山区生态产品价值转化，促进农民财产性和经营性收入增收。

（二）积极推动水权交易试点建设

充分利用杭州市生态补偿实践经验，争取水权交易中心试点。浙江省杭州市水生态补偿工作走在全国前列，最先开展流域上下游补偿实践，有丰富的资源和经验。将安徽省—浙江省、黄山市—杭州市、杭州市—嘉兴市、淳安县与下游县市等纳入水权交易体系，形成市场化的水权交易中心。

（三）建立生态资源市场化路径

一方面，杭州市建立水权、用能权、碳权、森林产权和土地产权等综合交易平台，建立包括个体、集体和政府之间的交易矩阵，试点区、县（市）内部及它们之间生态资源产权交易平台，先行探索生态资源市场化路径。另一方面，充分发挥杭州市山区生态资源优势及制度先行优势，积极争取国家和省市生态资源转化试点，推动水、碳、能一体化的生态资源市场化路径。

第四节　提高山区农民的帮扶性收入

发展慈善事业是中国式现代化的内在要求。提高帮扶性收入是山区农民绿色共富的重要补充。

一、创新帮扶模式

（一）资源要素帮扶

鼓励打破地域限制、行政区域限制，挖掘共富产业基础，建立协作机制，通过组团式发展，带动区域内特色产业整体提升。依托区域内景区合力打造长三角旅游目的地，推行旅游套票，组建旅游联盟、民宿联盟，推动区域旅游市场协同发展。支持淳安县、建德市、桐庐县、富阳区、临安区组建“绿色共富”联盟，打造示范型共富协作区。推动三县二区共建杭州“农文旅体”融合的运动休闲综合体。强化协作区项目谋划，聚焦山、水、居为一体的旅游综合项目，共同谋划一批跨区域联动的示范建设项目。强化协作区项目申报和建设，共同争取上级项目支持，力争列入省级重点项目。

（二）专项资金帮扶

通过投资，搭建共富新平台。杭州市针对山区创业农民提供专项资金支持，通过政府担保进行创业贷款，实现对山区农民的资金支持。积极推广“建德市戴农富劳务服务有限公司”共富试点，将低收入农户全部纳入用工，承接村镇保洁绿化、花海管护等劳务服务工作，实现家门口就业，实现山区农户增收。

（三）横向结对帮扶

锚定“抱团发展、协作共赢”目标，以盘活闲置资源、培育区域业态为抓手。鼓励山区村镇积极与杭州市供销社、发达街道联合结对，共谋发展方向。鼓励省农科院等科研机构、高校院所对村镇农民进行种植技术培训，以求提升农产品质量，山区村镇与明康汇生鲜超市、各乡镇街道深化产销合作，不断推动低收入农户和村集体快速增收致富。

二、推广“飞地经济模式”

（一）生态保护飞地补偿模式

理顺飞地、属地和所在地的关系，建立共招商、共享利润、共建设的多方共赢机制，让原有飞地发挥实质性的作用，如淳安生态飞地。除此之外，针对生态保护的禁止区，区、县（市）共同谋划绿色发展飞地，补偿禁止区损失的机会成本，带动禁止区农民绿色共富。市区出台相关政策，鼓励山区的区、县（市）联合建立生态价值转化飞地。依托两山公司，以森林生态产品转化为核心，区、县（市）共同选址建立生态价值转化飞地。发挥区、县（市）各自优势，把人力、自然资源、市场多种优势结合，实现多方“双赢”。

（二）山海协作飞地共富模式

针对财政较好的非完全山区的区、县（市），鼓励县区内部实施精准共富飞地制度。总结推广湖源乡“共富大厦”模式，针对共富目标有看困难的村，实施飞地经济。政府转移支付转变为飞地投资，引入社会资本进行运营管理，村民直接分红，提高山区农民的经营性收入。

三、拓展人才政策

（一）精准培养山区适用人才

鼓励乡村与高校合作，从人才培养端做文章，培养山区适用人才。加强山区乡村与高校的双向互动。一方面，推广定向委托培养、合作培养等山区人才培养模式，通过入学即落实编制岗位等政策，吸引高素质人才到山区。2023 年浙江农林大学定向生高考成绩高达 668 分，超过浙江大学在本省的录取分数线 11 分。同时这种模式让乡村把需求信息传递给人才供给端，给出个性化的需求。另一方面，鼓励高校走向乡村。通过社会实践活动把课堂扩展到山区乡村。为山区制定个性化培养方案及实践体系，培养适应山区乡村的综合应用型人才。

（二）建立“研—产—区”一体化人才模式

推动“人才码”全省互认，“飞地”人才享受社保或个税缴纳地经费资助类人才政策，支持申报飞入地人才计划、享受人才服务和就业创业服务。开展以转移就业为目标的就业技能培训，培育专业技能型和专业服务型产业工人，促进农业转移人口市民化。允许山区的区、县（市）“飞地”人才参照飞入地相应人才标准，在落户、购房资格、子女教育、医疗服务等方面享受同等待遇。支持山区的区、县（市）在全省性招聘大会和浙江人才网开设招聘专区，企业参加省人才市场组织的引才活动，免收参展费。

第五节 提高山区农民的保障性收入

提高保障性收入是山区农民绿色共富的政府托底。山区农民的其他收入多，政府托底支出就少；反之则多。

一、提高医疗保险标准

（一）建立与经济社会发展水平、各方承受能力相适应的筹资机制和筹资标准的动态调整机制

修订提高《城乡居民基本医疗保障标准》，市级财政继续加大对居民医保参保缴费补助力度，人均财政补助标准新增30—50元，达到每人每年不低于800元，同步提高个人缴费标准30—50元，达到每人每年350—500元。市级财政对山区实施特别补助，按照人均财政补助标准120%比例给予补助。统筹安排山区居民大病保险资金，确保筹资标准和待遇水平不降低。

（二）促进医疗救助协同慈善和商业保险

强化基本医保、大病保险、医疗救助（以下统称“三重制度”）综合保障，实事求是确定困难群众医疗保障待遇标准，确保困难群众基本医疗有保障，不因罹患重特大疾病影响基本生活，同时避免过度保障。促进三重制度综合保障与慈善救助、商业健康保险等协同发展、有效衔接，构建政府主导、多方参与的多层次医疗保障体系，切实维护山区农民利益。

二、完善社会保险政策

（一）提高山区农民基本养老保险

采取市、区、县（市）分担、定额调整、挂钩调整与适当倾斜相结

合的办法，并实现乡村居民统一的代缴养老保险标准。定额调整要体现公平原则，挂钩调整要体现“多缴多得”“长缴多得”的激励机制，可与退休人员本人缴费年限（或工作年限）、基本养老金水平等因素挂钩；对山区高龄农民可适当提高调整水平。要进一步强化激励措施，适当加大挂钩调整所占比重。调整职工基本养老金所需资金，参加职工基本养老保险的从职工基本养老保险基金中列支。未参加职工基本养老保险的，调整所需资金由原渠道解决。

（二）完善农村社会救助制度

重新修订区、县（市）《最低生活保障等社会救助兜底保障》，分类制定社会低保政策。针对劳动能力的贫困人群则实施“低保＋就业保”，即改变收入标准“一刀切”的低保补助政策，而是实施“最低生活补助＋收入激励补助”政策。当低保户收入提高时，实施收入增加激励，而不是“一刀切”标准，避免出现不愿意提高收入的农户。针对完全丧失能力的人群则是实施兜底工程，按照人均收入进行补助。

（三）建立山区农业保险制度

要完善便捷高效的社保经办服务方式。各地要支持重点帮扶县社保经办服务能力提升，增强乡镇（街道）、村（社区）社保服务平台管理和服务水平。支持重点帮扶县把社保经办服务功能作为村级综合服务设施建设工程的重要内容，通过政府购买服务等方式保障有专人稳定承担社保经办服务，推进社保经办服务事项“就近办”。指导重点帮扶县全面推行社保经办服务“线下一门办、线上一网通、全程一卡办”，为企业和群众提供更加优质便捷高效的社保经办服务。

三、构建城乡一体化社会保障制度

（一）构建城乡统筹农民失业保险制度

巩固拓展基本养老保险应保尽保成果。各地要指导重点帮扶县完善困难群体参保帮扶制度。按照最低缴费档次为参加城乡居民基本养老保险的低保对象、特困人员、返贫致贫人口、重度残疾人等缴费困难群体代缴部分或全部保费。开展工伤预防宣传、培训，切实降低工伤事故发生率；推进职业伤害保障试点，加强新就业形态就业人员职业伤害保障；加快推进失业保险省级统筹，支持重点帮扶县提高基金互助共济能力，努力避免村民因工伤、失业致贫返贫。失业人员在领取失业保险金期间，按灵活就业人员缴费标准缴纳的职工医保费，由失业保险基金支付。

（二）健全农民健康保险体系

深入开展多层次社会保障体系关键问题研究和顶层设计，明确发展方向、体系架构和核心制度定位。明确基本保障“保基本”的制度属性，推进重点领域关键环节改革完善。以养老金、医疗保障和养老服务等为重点，加快推动补充保障发展。通过税收优惠等方式，支持发展多层次、多支柱养老保险体系，提高企业年金覆盖率，规范发展第三支柱养老保险，积极发展商业医疗保险。营造更加有利于各类补充保障充分发展的宏观环境和监管环境，有效激发各类主体参与补充保障发展的积极性和活力。

（三）切实提高社会保障法治化水平

在《社会救助法》《浙江省社会救助条例》等上位法基础上，尽快出台和修订杭州市地方层面的实施性配套细则，以城乡低保对象、特殊困难人员、低收入家庭为重点，健全分层分类的社会救助体系，构建综合救助格局。健全基本生活救助制度和医疗、教育、住房、就业、受灾人员等专项救助制度。结合经济社会发展和制度改革情况，尽快修订地方社会保险、失业保险等条例法规，推进研究起草养老保障、医疗保障领域重点法律法规，为制度高质量良性运转提供有效的法律法规支撑，更好地发挥保障作用。

四、试点农民退休金制度

（一）探索职业农民制度

首先，培育职业型农民。对当前在农村从事农业生产的规模经营大户、农业龙头企业、合作组织中生产经营决策者进行培育，借鉴发达国家法人经营组织的培育经验，特别注重实用技术的推广与经营管理能力的提升。其次，把农民这个职业纳入到就业范围内。市相关部门制定政策做好职业农民的岗位设置及就业指导，出台相关政策鼓励大学生进行职业农民就业。最后，做好职业农民宣传，让大学生及就业人才了解职业农民的职业职能、前景等。

（二）加快建立新型职业农民培育制度

首先，改变传统的农民思想，把农业当事业。通过党建引领，把农村党建工作放在职业农民上，发挥党员带头作用，改变传统农民思想；通过制度和政策宣传，让新型职业农民把农业当事业。其次，通过农地租赁调配支持、农业生产资料购买补贴、农民创业资助、农民职业教育补贴制度等，鼓励“新规就农”、回乡青年以及大专院校和中等职业学校的毕业生从事农业，学习发达国家地区经验，发展公司、法人组织型经营农业。最后，构建农业职业教育体系，依托农业科研院所、农业技术推广机构、农业职业院校和农业广播电视学校以及社会机构，开展不同层次的新型职业农民培训。①

（三）试点农民企业年金制度

首先，积极研究农民企业年金制度。尝试农民企业年金基数标准。综合考虑传统养老保险水平、集体经济水平、个人技能水平，制定农民企业年金标准。普遍年金制度可通过对农民职业级别资格认定或科技型人才认定，参照城市普遍年金制度进行制定。企业年金视集体经济情况而定，但设定一个最低标准。个人年金则划分为不同档次，按照个人缴纳情况给予返还。其次，建立综合保障模式。将普遍年金、集体企业年金、个人年金相结合。普遍年金由市县区承担，集体企业年金由集体经济承担，个人年金由个人承担。三方分摊可以有效减轻各方压力。鼓励个人投保年金满足个体的差异性。最后，分批次建设试点村镇。指导条件好的山区先行试点，比如选择富阳区湖源乡或临安区板桥镇进行试点农民企业年金制度；然后实施两年一批试点，最后全面推广。

① 赵邦宏．使素质高、能力强的新型农民成为职业农民［J］．农村工作通讯，2012（07）：33.

第三篇　制度优化篇

杭州市不仅是美丽中国建设的样本，而且是生态文明之都。以往走在前列，靠的是制度优势；将来引领示范，依然依靠制度建设。本篇是在沈满洪教授主持的杭州市委市政府咨询委员会2020年度重点项目“美丽杭州建设的绿色制度评价及优化选择研究”最终成果基础上修改而成。

生态文明制度体系建设需要注重制度集成的秩序性、方向性、匹配性。一是注重制度集成的秩序性：形成从源头制度、过程制度到终端制度的制度链条；二是明确制度集成的方向性：形成约束性制度与激励性制度耦合的制度组合；三是突出制度集成的匹配性：形成正式制度、非正式制度及实施机制组成的制度结构。

美丽杭州建设走在全国前列的重要原因是绿色制度建设走在前列。从“人地关系”看，妥善处理好城市与自然的关系，始终坚持以生态空间管制制度保障城市与自然相互融合的组团式的城市规划理念；从“前后关系”看，妥善处理前任与后任的关系，始终坚持在继承中创新以美丽杭州为目标的生态文明制度体系；从“条条关系”看，妥善处理部门与部门之间的关系，始终坚持在协调中推进绿色制度的相互补充和配合；从“上下关系”看，妥善处理上级和下级、上游和下游的关系，始终坚持在上下级和上下游的衔接中进行绿色制度的整合；从

“道器关系”看，妥善处理理论研究与制度建设的关系，始终坚持以研究为基础推进绿色制度建设；从“鱼水关系”看，妥善处理政府与民众的关系，始终坚持以生态文明制度保障生态环境治理体系与治理能力现代化的建设。

从美丽中国的样本、生态文明之都的高标准、严要求看，杭州市生态文明制度建设仍然存在一些缺陷。一是绿色制度设计中缺乏绩效引领问题，缺乏绿色制度绩效比较，缺乏绿色制度耦合强化，缺乏绿色制度演化分析，缺乏绿色制度实施后评估。二是绿色制度矩阵中存在彼此冲突问题，如“上位法”存在彼此冲突，导致地方政府无所适从；“下位法”存在彼此冲突，导致“多张蓝图不衔接”现象；“下位法”与“上位法”不一致，何时应高于国家标准缺乏原则。三是绿色制度体系中存在制度拥挤问题，如绿色制度太多，而主导性制度不清晰，存在诸多制度“浑水摸鱼”和“搭便车”现象；有的制度存在服务于某一个部门的现象；制度实施中，针对同一个问题出现多个层面多种类型的执法检查。四是绿色制度创新中存在制度缺位问题，绿色制度体系不完整，绿色制度创新力度不足，绿色制度实施机制不完善。

杭州市绿色制度建设尚有优化空间。一是基于制度的替代性加强绿色制度选择。当两种不同的制度可以实现相同或者近似的政策效果的时候，就称这两种制度相互之间具有替代性。在绿色制度选择中，要实现“两个转向”：由局限于政府补偿转向政府补偿与市场补偿相结合甚至以市场补偿为主。由主要依靠环境资源税制度转向主要利用排污权交易制度。二是基于制度的互补性加强绿色制度耦合。制度互补性是指将两种以上制度组合起来实施，所带来的制度绩效要大于这些制度独立实施时的单个制度绩效的加总。杭州市可以探索“两个耦合”：加强总量控制制度与自然资源产权交易制度的耦合；加强生态保护补偿制度和环境损害赔偿制度的耦合。三是基于制度的冲突性加强绿色制度协同。杭州市应该加强“两个统筹”：统筹多部门绿色制度综合决策机制。统筹推进多部门联合监管和多主体联合行动机制。四是基于制度的空缺性进行绿色制度的查漏补缺。杭州市要建立健全“两个+”的机制：加快数字赋能，建立健全“大数据+”第三方治理制度；建立健全绿色低碳发展导向的“生态+”财政金融制度。五是基于评价的定性化健全绿色制度绩效定量评价制度。绿色制度的绩效评价要做到决策前、实施中、实施后的全过程评价。

以绿色制度建设推进美丽杭州建设需要把握若干重点：在空间管制领域，进一步推进“多规合一”制度；在绿色生产领域，强制性推行节能降耗减排制度；在绿色消费领域，加快推行绿色产品认证和绿色消费积分制度；在绿色金融领域，加快建立自然资源产权交易和绿色信贷制度；在绿色交通领域，继续强化公交优先和新能源汽车优先制度；在绿色城乡领域，探索城市和乡村新形态的规划和建设制度；在绿色政府领域，加快实施强制性政府减排和高标准绿色采购制度。

第十二章

美丽杭州建设的绿色制度体系集成

党的十八大以来，杭州市委、市政府认真贯彻习近平总书记关于“努力使杭州成为美丽中国建设的样本”重要指示精神，自觉践行绿水青山就是金山银山理念，深入推进“八八战略”①，坚持“一张蓝图绘到底，一任接着一任干”，全面推进美丽杭州建设，取得显著成效。杭州市通过加快生态文明导向下的绿色制度体系建设和系统集成，有效地推进了美丽杭州、法治杭州建设，被习近平总书记誉为“生态文明之都”②。本章分别从制度集成的秩序性、方向性、匹配性等方面，对杭州市绿色制度进行类型化分析，并阐释杭州市绿色制度链条、绿色制度组合、绿色制度结构。

---

① “八八战略”指的是中国共产党浙江省委员会在2003年7月举行的第十一届四次全体（扩大）会议上提出的面向未来发展的八项举措，即进一步发挥八个方面的优势、推进八个方面的举措。时任浙江省委书记习近平作出了“发挥八个方面的优势”“推进八个方面的举措”的决策部署，简称“八八战略”。

② 2016年9月3日，习近平总书记在杭州举行的二十国集团工商峰会开幕式上发表重要主旨演讲，并介绍：“杭州是创新活力之城，电子商务蓬勃发展，在杭州点击鼠标，联通的是整个世界。杭州也是生态文明之都，山明水秀，晴好雨奇，浸透着江南韵味，凝结着世代匠心。”

第一节　注重制度集成的秩序性

杭州市十分注重从事前、事中、事后的不同阶段来全面加强生态文明制度建设，建构了涵盖事前预防性制度、事中管制性制度、事后救济性制度与责任追究制度等有机结合的绿色制度体系，形成了从源头制度、过程制度到终端制度的制度链条。

第一，事前预防性制度是对生态文明建设中预防原则的具体化，意指对开发和利用生态环境与自然资源过程中所产生的环境质量下降或者生态破坏等采取的事前预测、分析和防范措施，从而避免、消除由此可能带来的生态环境损害或生态倒退，包括环境规划（计划）、环境影响评价、“三同时”、环境标准等方面的规定。进入21世纪以来，杭州市制定修订了十多部包含事前预防性制度的地方性法规、政府规章和相关规划，比如：《杭州市生态文明建设促进条例》（2016年制定）专章规定了生态文明建设规划制度、主体功能区规划制度、空间管制制度等；《杭州西溪国家湿地公园保护管理条例》（2011年制定）明确要求进行环境影响评价；《杭州市畜禽养殖污染防治管理办法》（2006年制定）细化了环境影响评价制度；《杭州市生态环境功能区规划》（2008年制定）要求将区域分成禁止准入区、限制准入区、重点准入区和优化准入区。尤其是，杭州市在全国率先出台《“美丽杭州”建设实施纲要（2013—2020年）》《新时代美丽杭州建设实施纲要（2020—2035年）》和一系列行动计划，设立市委、市政府主要领导任“双组长”的美丽杭州建设领导小组，建立健全通报、考核、督查等机制，形成美丽杭州建设大格局。

第二，事中管制性制度，又称过程控制性制度，是对生态文明建设中“防治结合、综合治理”原则的具体化，意指为了减轻、减少环境污染或生态破坏而采用的一系列整体的、系统的、全过程的、多种环境介质的治理制度和措施，主要有环境资源许可、环境资源监测、现场检查、日常巡查、总量控制等方面的规定。进入21世纪以来，杭州市加强过程控制性制度方面的地方性法规的“立改废”，比如：《杭州西湖水域保护管理条例》（1998 年制定、2004 年修正）要求定期开展西湖水域水体监测工作，严格控制西湖船舶的总量；《杭州西湖风景名胜区保护管理条例》（1998 年制定）规定了西湖自然风貌、文物古迹、园林建筑、公共设施等方面的资源保护制度、风景区保护和管理的监督检查制度；《杭州市生态公益林管理办法》（2005 年制定）明确规定生态环境动态监测制度；《杭州市污染物排放许可管理条例》（2008 年制定、2010 年修正）明确规定实行污染物排放许可制度，加强污染物排放的监督管理；《杭州市渔业资源保护管理规定》（2013 年制定）规定建立水生生物生态安全风险评估制度；《杭州市生活垃圾管理条例》（2015 年制定，2019 年修正）规定了生活垃圾分类与减量全流程管理制度；《杭州市大气污染防治规定》（2016 年制定）规定了大气污染防治网格化监督管理制度；《杭州市钱塘江综合保护与发展条例》（2020 年制定）规定了钱塘江综合保护与发展工作协调机制、钱塘江及两岸区域生态环境联保共治机制；《杭州市西湖龙井茶保护管理条例》（2022 年制定）规定了数字化溯源管理制度；《杭州湿地保护条例》（2023 年制定）规定了湿地面积总量管控制度、湿地分级管理和名录制度、湿地资源调查评价制度、湿地保护志愿者制度等。

第三，事后救济性和责任追究制度是对生态文明建设中“开发者保护、污染者治理、破坏者修复”环境保护责任原则的具体化，意指在生态环境与自然资源开发利用过程中所造成的环境质量下降或者生态破坏等后果，及时采取相应的制止和补救措施，避免更大的损害，并依法追究相关行为主体违反环境保护义务的责任。主要有环境事件应急处理、生态修复、环境污染责任保险、责任认定、领导干部终身追责等方面的规定。进入 21 世纪以来，杭州市先后出台或修订了 10 多部事后救济性和责任追究方面的制度规定，比如：《杭州市服务行业环境保护管理办法》（2004 年制定）规定了限期治理制度；《杭州市生活垃圾管理条例》（2015 年制定，2019 年修正）规定了《杭州市突发辐射环境事件应急预案》（2016 年制定）明确规定善后处置制度；《杭州市大气污染防治规定》（2016 年制定）规定杭州市人民政府应当严格执行大气污染防治问责制度，规定各级人民政府对本行政区域内的大气环境质量负责，将大气污染防治重点任务和大气环境质量改善目标完成情况作为对区、县（市）人民政府和市有关部门及其主要负责人考核的重要内容；《杭州市生态环境损害赔偿制度改革实施方案》（2019 年制定）规定了生态环境损害赔偿制度；《杭州市生态环境损害赔偿磋商管理办法（试行）》（2020 年制定）规定了生态环境损害赔偿磋商管理制度；《杭州市生态环境损害惩罚性赔偿制度适用衔接工作指引（试行）》（2022 年制定）规定了杭州市生态环境局、杭州市中级人民法院、杭州市人民检察院之间的生态环境损害惩罚性赔偿制度适用衔接程序等。

前述绿色制度体系链条的构建，实现了美丽杭州建设的全程管理和制度衔接，最大限度地发挥了绿色制度的集成效应，有效避免了生态文明建设和环境监管、环境治理责任中的“制度真空”和“制度缺失”。

第二节 明确制度集成的方向性

20 世纪 90 年代中期以来，生态文明制度越来越细化，大致可以区分为“胡萝卜”（经济激励制度）、“大棒”（法律强制制度）、“牧师”（教育引导制度）三大类。[①] 美丽杭州建设既需要约束性制度，又需要激励性制度。前者遏制黑色增长、线性增长、高碳增长的理念和行为，后者鼓励绿色发展、循环发展、低碳发展的理念和行为。约束性制度与激励性制度的彼此耦合，强化了美丽杭州建设的制度绩效，实现了制度建设“1 + 1 > 2”的治理效果。

第一，约束性制度又称命令控制型制度、直接规制制度，是对用最严格制度、最严密法治落实环境责任原则的具体化，意指在开发利用保护生态环境和自然资源、防治环境污染与生态破坏的过程中，国家和政府通过强制性规定，依靠禁止性、命令性规制措施来强制性地控制环境问题，为被监管企业或其他环境资源开发利用者设定污染控制和环境治理目标，并通过一系列制度来监督其履行生态文明建设的禁止性规定。该制度体现了义务本位导向，旨在维护和增进环境公共利益，主要包括环保禁令、市场准入、强制达标、强制淘汰、生态保护红线等规定。21 世纪以来，杭州市出台或修订了 20 多部约束性制度方面的规定，比如：《杭州市生活饮

① 沈满洪主编．生态经济学（第 3 版）[M]，北京：中国环境出版集团，2022：292.

用水源保护条例》（2003 年制定）在“饮用水源的保护”一章中设置大量的禁止性规定；《杭州市西湖风景名胜区管理条例》（2003 年制定）从保护、建设、管理三个方面设置大量禁止性规定；《杭州市渔业资源保护管理规定》（2013 年制定）规定禁止在增殖放流水域范围内进行渔业捕捞作业等条款；《杭州市生态文明建设促进条例》（2016 年制定）规定市和区、县（市）人民政府应当实行最严格水资源管理制度，确立水资源开发利用控制红线、用水效率控制红线和水功能区限制纳污红线，落实水资源管理考核责任制等。

第二，激励性制度又称经济诱导型制度、间接规制制度，是对生态文明公众参与原则或共建共治共享原则、“绿水青山就是金山银山”理念的具体化，意在运用市场机制进行环境保护，根据生态保护、经济发展和社会发展规律，综合利用价格、信贷、税费和补贴等工具来调动利益相关者的积极性，使其自发地参与到环境保护和治理当中，从而形成政府、企业、社会团体和公众积极互动的多元共治格局。其内容主要包括环境税费、环境金融、生态补偿、用能权有偿使用和环境资源利用权交易等方面的规定。21 世纪以来，杭州市先后出台了 10 多部激励性制度或规章，比如：《杭州市生态文明建设促进条例》（2016 年制定）共有 12 处涉及“鼓励性”规定，第六章专章规定“信息公开和公众参与”；《杭州市生态补偿专项资金管理办法》（2005 年制定）明确规定进一步整合现有市级财政转移支付和补助资金用于激励生态市建设；《杭州市能源消费过程碳排放权交易管理暂行办法》（2013 年制定）规定了用能权有偿使用和交易，鼓励企业通过技术改造降低能耗；《杭州市民用建筑节能条例》（2014 年制定）规定了鼓励和扶持太阳能、空气能、水能、地热能、风能、生物质能等可再生能源的激励性机制；《杭州市城市古树名木保护管理办法》（2023 年制定）规定建立古树名木养护激励机制，鼓励建立古树名木和古树后续资源保险制度等。

前述绿色制度体系的构建，是美丽杭州建设的约束性制度和激励性制度的有机结合，既体现了生态文明建设中的权利本位，也体现了环境保护义务本位，体现在制度层面强调多元主体的共同参与，超越传统上的管制型治理模式，形成多元共治的环境治理模式。

第三节 突出制度集成的匹配性

绿色制度是由正式制度、非正式制度和实施机制构成的制度体系。其中，正式制度是为了特定的目的有意识地建立起来并被正式确认的各种制度的总称，它是依靠权力机构和国家强制力为后盾和保障来实施的成文规范，主要包括法律、法规、规章、党内法规和中共中央办公厅国务院办公厅联合发文的国家政策等。非正式制度是人们在长期的共同生活或社会交往过程中形成的约定俗成的且被一致认同并共同遵守的行为准则，包括意识形态、伦理道德、价值信念、风俗习惯、文化传统、惯例等。2018 年《中华人民共和国宪法修正案》第八十九条增加“生态文明建设”的内容。《中华人民共和国民法典》第十条规定“法律没有规定的，可以适用习惯，但是不得违背公序良俗”，第一百五十三条第二款明确规定违背公序良俗的民事法律行为无效。这些规定都意味着，当代中国法律对习惯认可的变化代表了一种“为生活而立法”的立法理念，意味着习惯获得了民法上的认可和规范渊源的地位，“习惯”已经成为国家成文法的补充性渊源。实施机制是指生态文明制度的实施程序和过程，即制度内部各要素之间彼此依存、有机结合和自动调节所形成的内在关联和运行方式，包括综合决策机制、考核奖惩机制等。

正式制度与非正式制度并不是完全对立的，两者均是广义制度的有机组成部分，而且二者之间存在着种种关联与相互影响，存在着不可或缺的互补关系。中国特色社会主义市场经济转型发展至今，资源的配置手段和社会的调节机制呈现出一种鲜明的复合性特征，既有公开化的法律制度规则，又有隐蔽性的非正式制度的关系规则，正式制度规则由于政府的强制法令而被组织和群体采纳，但组织内部可能采用非正式的行为规范来指导社会各方面之间的互动。因此，正式制度必须与非正式制度相匹配，非正式制度往往引领、补充和完善正式制度的建设与发展。

美丽杭州建设不仅需要依靠地方性法规和政府规章等正式制度来达到有秩序的生态环境管理和治理绩效，同样还需要在经过反复实践后形成的人们在日常生活中遵循的“定式”即非正式制度。除了上文所述的正式制度建设之外，杭州市还十分注重非正式制度的建设。

一是积极开展市民生态文化养成与生态文明教育。《杭州市生态文明建设促进条例》第三条规定“坚持把培育生态文化作为重要支撑”；第六条规定：“市和区、县（市）人民政府应当结合实际开展形式多样的生态文明宣传教育工作，普及生态文明知识，倡导绿色生活，提高全社会的生态文明意识。工会、共青团、妇联、基层自治组织等应当积极参与生态文明宣传。新闻媒体应当为生态文明建设营造良好的舆论氛围。”其中，第五章专章规定“生态文化”，第三十六条规定“市和区、县（市）人民政府应当引导生态文化建设，积极鼓励企业事业单位、社会组织、个人等弘扬生态文化，培育城市人文精神，提高公众生态文明素质”。生态文明制度的实施，有赖在生态环境治理主体结构中建构生态自觉，而生态自觉又反过来作用于生态文明制度的有效实施与落地。对此，杭州充分利用“全国生态日”“世界环境日”“世界地球日”“浙江生态日”等重要节日开展纪念和宣传活动，推动法治文化深入人心，动员全社会积极参与各种形式的环保活动与法治文化活动；积极落实绿色低碳发展国民教育体系建设，将生态文明教育内容纳入中小学课程体系，持续推动生态文明教育全方位融入学校教育教学。[①] 发布《中共杭州市委 杭州市人民政府关于完整准确全面贯彻新发展理念做好碳达峰碳中和工作的实施意见》（市委发〔2022〕12号），号召节约能源资源，倡导绿色消费，实施绿色生活倡导计划，呼吁社会公众积极参与节约能源资源，做生态文明理念的积极参与者、宣传者、促进者。

二是大力推进生态文明“绿色细胞”培育。杭州市开展生态文明家庭、生态文明示范村（社区）、生态文明乡镇（街道）、生态文明区县（市）等生态文明创建活动，创建生态文明建设示范基地。比如截至2023年底，杭州市已累计建成国家生态文明示范区8个、“绿水青山就是金山银山”实践创新基地3个。“碳达峰、碳中和”目标提出后，杭州市深入

---

① 《中小学德育工作指南》（教基〔2017〕8号）、《教育部办公厅等四部门关于在中小学落实习近平生态文明思想增强生态环境意识的通知》（教材厅函〔2019〕6号）、《教育部办公厅 国家发展改革委办公厅关于印发〈绿色学校创建行动方案〉的通知》（教发厅函〔2020〕13号）、《浙江省教育厅办公室关于在全省中小学深入开展生态文明教育活动的通知》（浙教办函〔2022〕59号）等文件，都对“生态文明教育”做了不同程度的规定。

开展绿色生活创建行动，建设绿色学校、绿色商场、绿色家庭、绿色社区、节约型机关等，推进生活垃圾分类回收和塑料污染治理，积极倡导节水节电节材；建立健全居民碳账户、碳积分制度，创新碳普惠机制，引导公众自觉践行绿色低碳生活方式。

三是充分挖掘生态文化的内涵外延。《杭州市生态文明建设规划(2021—2030年)》提出了“生态文化更加繁荣”“制度美、生态美、环境美、城乡美、生活美”的目标，并设定了生态制度、生态安全、生态空间、生态经济、生态生活、生态文化及美丽杭州等方面共计40项指标。《新时代美丽杭州建设实施纲要（2020—2035年)》提出要“传承发展美丽人文，培育创新生态文化”，杭州市积极打造“世界遗产群落”，深入挖掘良渚文化、南宋文化、西湖文化、运河文化、跨湖桥文化、诗路文化中的生态元素，弘扬历史文化中的传统生态文化理念和思想；保护和开发生态文化资源，加强自然保护区、森林公园、湿地公园、植物园、动物园、地质公园、大运河国家文化公园、文化遗址公园等生态文化基地建设和管理。2023年，杭州市委市政府发布《关于建设高水平“非遗强市”打造新时代非物质文化遗产保护城市范例的实施意见》，大力推进国家级生态文化保护区、省级文化传承生态保护区①以及非物质文化遗产生态保护区②建设，推动中华优秀传统文化创造性转化创新性发展，保护和发展生态文化多样性。此外，杭州市还建立集中宣传与常态化宣传相结合的宣传推广机制，发挥图书馆、博物馆、文化馆、美术馆、体育中心、青少年“第二课堂”等在传播生态文化方面的作用，通过中国杭州低碳科技馆等载体，强化数字赋能生态环境治理，满足人民群众的生态文化需求。

绿色制度的实施机制是由各行为主体、各构成要素之间相互作用和相互影响的经济机制决定的。在美丽杭州的绿色制度建设中，杭州市还十分重视实施机制的建设。

一是建立健全组织领导和综合决策机制。《杭州市生态文明建设促进

① 根据《浙江省省级文化传承生态保护区建设的意见》等规定，文化传承生态保护区是立足非遗的整体性保护设定的区域，由文旅部门牵头，涉及项目融合、产业融合、市场融合、是一项综合性的工作，对促进地方经济、社会、文化全面协调发展具有重要的作用。

② 非物质文化遗产生态保护区，一般指县级以上人民政府以整体保护非物质文化遗产为目的，使非物质文化遗产与物质文化遗产相依相存，人文生态环境与自然生态环境和谐相处而专门选择的特定区域。

条例》第四条规定:“市人民政府应当将生态文明建设放在突出的战略位置,统一领导、组织、协调全市生态文明建设工作。”在杭州市国家生态文明试点市暨生态市建设工作领导小组的基础上,成立了杭州市生态文明建设(“美丽杭州”建设)委员会,发挥牵头抓总作用,统筹协调、指导监督生态文明和“美丽杭州”建设的重大工作;落实例会、评估、通报、考核、问责等制度,加强重大决策公众听证和专家咨询论证,不断完善民主决策、综合决策机制,形成既各司其职又齐抓共管的工作机制。总之,杭州市历来重视将立法工作与生态文明建设重大决策相结合,运用法治思维和法治方式推进生态文明建设,将生态文明建设整个领域纳入法治化、制度化轨道。

二是建立健全统筹推进和考核评价机制。早在 2013 年,《“美丽杭州”建设实施纲要(2013—2020 年)》(市委〔2013〕10 号)就提出要“按照分阶段推进要求,滚动制定三年行动计划和年度工作计划”。杭州市制定了“美丽杭州”建设工作目标绩效考核办法,加强实施阶段性目标考核和年度工作考核,并将考核结果纳入各级领导班子和干部的政绩考核范围;探索建立“美丽杭州”指标体系和监测办法,在全国率先探索形成美丽城市建设评价地方标准;率先开展“乡镇生态环境质量目标责任制度”和差异化考核,为全国、全省四级责任制落地提供先行经验。杭州市严格落实《新时代美丽杭州建设实施纲要(2020—2035 年)》,坚持党政同责、一岗双责,优化生态文明建设考核制度,完善生态环保工作责任规定,严格落实企业污染治理主体责任;全面开展领导干部自然资源资产离任审计;完善生态环保督察迎检和整改机制;健全生态环境监测和评价制度;落实生态环境损害赔偿制度,实行生态环境损害责任终身追究制。

三是建立健全社会联动和全民参与治理机制。《杭州市生态文明建设促进条例》(2016 年制定)第五条规定“鼓励公民、法人和其他组织参与生态文明建设”。杭州市积极探索共建共治共享新路径、新机制、新载体,建立健全党政领导、相关部门齐抓共管、社会各界和公众广泛参与的工作机制。杭州市不断坚持政社联动,充分发挥各级党委、人大、政府、政协合力,引领推进“美丽杭州”建设;建立完善政府及企业环保信息公开公告制度和有奖举报等机制,推动社会公众广泛参与生态文明建设;充分发挥工会、共青团、妇联等群众团体和社会组织的作用,积极发展环保公益组织，壮大环境保护志愿者队伍。

总之，从法源的表现形式是否为成文，法源可以分为成文法源和不成文法源。正式制度、非正式制度和实施机制之间具有互补关系，构成了对政党、国家、地方、社会、个人等各个主体环境保护义务的多元规范供给，[①] 对杭州生态文明建设制度体系与内洽结构的形成和完善具有重要作用，对绿色发展的生产生活行为和建立现代化环境治理体系等都具有积极作用，从而大大降低了实施美丽杭州建设制度的交易成本，实现了美丽杭州建设制度成本的最小化和制度效果的最大化。

① 陈真亮．现代环境法总论［M］．北京：法律出版社，2022：52.

第十三章

美丽杭州建设的绿色制度创新经验

新时代美丽杭州建设是贯彻习近平生态文明思想、打造美丽中国杭州样本的政治责任。因此，杭州市生态文明建设不仅要在长三角区域而且要在全国处于领先的地位。美丽杭州建设走在全国前列的重要原因是绿色制度建设走在全国前列。本章主要从“人地关系”“前后关系”“条条关系”“上下关系”“道器关系”“鱼水关系”六个方面，系统总结美丽杭州建设的绿色制度创新经验。

第一节　妥善处理“人地关系”的经验

从“人地关系”看，必须妥善处理好城市与自然的关系，始终坚持以生态空间管制制度保障城市与自然相互融合的组团式的城市规划理念。城市规划是有规律可循、有制度可依的。根据《中华人民共和国城乡规划法》（2019 修订）第二条规定，城乡规划包括城镇体系规划、城市规划、镇规划、乡规划和村庄规划。城市规划、镇规划分为总体规划和详细规划。城乡规划要符合国土空间规划“三区三线”[①] 的国家规定。

《杭州市生态文明建设规划（2021—2030年）》提出了“制度美、生态美、环境美、城乡美、生活美”的“五美”目标，要做到“城市让生活更美好”，就必须把城市安放在自然之中。早在2010年，杭州市第十一届人民代表大会常务委员会第二十九次会议通过《杭州市城乡规划条例》，规定“市人民政府应当加强对城乡规划确定的生态带的保护，确保区域社会、经济与环境的可持续发展。县级以上人民政府应当加强对风景名胜区、自然保护区、生态绿带、森林公园、湿地等关键性生态基础设施的保护，妥善处理近期建设与长远发展、自然资源保护与合理开发利用的关系”。[②] 随着杭州城市从“西湖时代”逐步走向西湖、钱塘江、京杭运河“三水共导时代”，杭州市在城市总体规划及美丽城市建设规划中均越来越强调“把城市融入自然，把自然融入城市”的理念。城市的生态隔离带和生态隔离区成为神圣不可侵犯的“生态红线”范围，城市发展避免了“摊大饼式”的盲目扩张，而是“组团式”发展的能级提升，形成了人与自然和谐共生的美丽画卷，造就了诗意盎然的“生态文明之都”。

如今，杭州市已经成为千万人口规模的超大城市。2023年末，全市常住人口1252.2万人。[③] 但其没有按照圆形的环状（“◎”形）对外扩展，也没有按照矩形的回状（“回”形）对外扩展，而是形成了“城中有水，水中有城；城中有山，山中有城”的生态城市格局。《杭州市国土空间总体规划（2021—2035年）》提出要统筹划定落实生态保护红线、永久基本农田、城镇开发边界“三条控制线”，加强生态保护与绿色发展。随着撤市建区工作的不断推进，城市组团式发展、城市功能分区、云城规划理念等越来越展现出生态城市之美。如今，杭州以钱塘江、富春江、新安江为轴线，联动运河、苕溪，串联山水资源，统筹自然水系、山体、湿地、绿地等生态资源，在多中心、多组团、多节点之间构建绿色开放空间和生态安全屏障，加快构建特大城市新型空间格局。

---

① “三区三线”是指：城镇空间、农业空间、生态空间三种类型空间所对应的区域，以及分别对应划定的城镇开发边界、永久基本农田保护红线、生态保护红线三条控制线。

② 杭州市城乡规划条例［N］. 杭州日报，2011－07－05.

③ 杭州市统计局. 2023年杭州市人口主要数据公报［R/OL］.［2024－03－04］https://www.hangzhou.gov.cn/art/2024/3/4/art_1229063404_4243341.html.

第二节　妥善处理“前后关系”的经验

从“前后关系”看，妥善处理前任与后任的关系，始终坚持在继承中创新以美丽杭州为目标的生态文明制度体系。总体观之，国内绿色发展制度经历了自发、追赶、并跑、创新的四个阶段。① 生态文明制度建设是一个在继承中不断创新的过程，是一个有机迭代、不断升级的过程。杭州市十分注重美丽杭州建设中的制度传承和制度创新。从环保模范城市的创建到生态市的建设，从生态市的建设到生态文明建设示范市的建设，从生态文明建设示范市建设再到美丽杭州的建设，从美丽杭州建设再到新时代美丽杭州建设，杭州市一方面始终紧扣绿色主线，坚持“功成不必在我”“一张蓝图绘到底”“一任接着一任干”的“接力棒”精神。另一方面，杭州市不断拓展生态文明建设的内涵，从狭义的环境保护拓展到广义的环境保护，从生态环境拓展到生态经济、生态文化、生态空间、生态生活等，从满足生态环境安全需要提升到满足生态环境审美需要、生态环境多元共治需要等，以中国式现代化全面打造“生态文明之都”。

在具体的生态文明制度建设中也是充分体现了在传承中创新。例如，杭州市是全国第一个出台生态补偿制度、第一个开展跨流域跨省域横向生态补偿的省会城市。早在 2005 年 6 月，中共杭州市委办公厅、杭州市人民政府办公厅联合发布《关于建立健全生态补偿机制的若干意见》（市委办〔2005〕8 号），对生态补偿机制作出具体规定。杭州市财政局配套出台《杭州市生态补偿专项资金管理办法》（杭财基〔2005〕530 号）。2016 年生效实施的《杭州市第二水源千岛湖配水供水工程管理条例》规定，“建立公平公正、权责一致、奖惩与生态保护目标完成情况相挂钩的千岛湖水环境生态保护补偿机制”，生态保护补偿机制载入地方性法规。

自 2005 年创设这一制度以来，生态补偿资金的分配先后经历了“按

① 佘颖，刘耀彬．国内外绿色发展制度演化的历史脉络及启示［J］．长江流域资源与环境，2018（07）：1490.

环境项目分配→按生态要素分配→按生态考核结果进行有奖有惩的分配”三个阶段，努力做到让每一分钱都用在刀刃上，让每一分钱都产生最高的经济效益、生态效益和社会效益。杭州市还突破了“省直管县”的财政体制，由杭州市一级财政持续直接转移生态补偿资，并积极拓宽生态价值实现的转化路径，完善以生态补偿为重点的转移机制。2012 年以来，作为全国首个跨省流域生态补偿机制试点，新安江—千岛湖流域生态补偿机制试点不断推进，至今已完成 3 轮试点。

第三节 妥善处理“条条关系”的经验

从“条条关系”看，妥善处理部门与部门之间的关系，始终坚持在协调中推进绿色制度的相互补充和配合。习近平指出：“自然是生命之母，人与自然是生命共同体，人类必须敬畏自然、尊重自然、顺应自然、保护自然。”① “山水林田湖草是生命共同体”②。这就要求，对自然的保护要有系统思维，同时，生态环境保护的工作也要有系统思维。杭州市娴熟地运用了系统思维和系统方法。杭州市在响应省委号召大力推进治污水、防洪水、排涝水、抓节水、保供水的“五水共治”的同时，还创造性地推进燃煤烟气、工业废气、车船尾气、扬尘灰气、餐饮排气的“五气共治”，以及生活固废、污泥固废、建筑固废、有害固废、再生固废的“五废共治”。正是各个部门齐抓共管，杭州市重现了“天蓝地净水碧”的天堂人间。在美丽杭州的绿色制度建设中，总体上做到了党委领导、政府负责、人大政协参与的协同机制，人大和政协均走到了“前线”。

在美丽杭州的地方法治建设中，人大的科学立法、政府的严格执法、法检的公正司法、全民的普遍守法，以及法治政府、法治社会和法治乡村一体建设已经得到全面推进。比如，在“五水共治”过程中，成立了以

---

① 习近平．论坚持人与自然和谐共生［M］．北京：中央文献出版社，2022：225.

② 2013 年 11 月，习近平总书记在党的十八届三中全会上作关于《中共中央关于全面深化改革若干重大问题的决定》。参见《中共中央关于全面深化改革若干重大问题的决定》，人民出版社 2013 年版。

市委书记为领导小组组长的“五水共治”领导小组，下设“五水共治”办公室，从而保障各项治水规划、治水工程、治水制度等均能抓总和协调，顺利推进了“五水共治”工作。以“千万工程”为开局、以“五水共治”收官的治水工作终于取得显著成效，让广大群众充满获得感和幸福感。

在迈向生态文明新时代的今天，美丽杭州建设被赋予了“三生”共赢的新内涵，即建设生产美、生活美、生态美的美丽中国示范区。新世纪以来，杭州坚持绿色发展理念，加快形成节约资源和保护环境的空间格局、产业结构、生产方式、生活方式，加快建设独特韵味别样精彩世界名城，不断推动生态文明向纵深发展。杭州市生态文明建设的远景目标（2031—2035年）是：经济发展质量、生态环境质量、人民生活品质达到发达国家水平，全面实现治理体系和治理能力现代化，建成人与自然和谐共生的现代化美丽杭州。

第四节　妥善处理“上下关系”的经验

从“上下关系”看，妥善处理上级和下级、上游和下游的关系，始终坚持在上下级和上下游的衔接中进行绿色制度的整合。法的效力等级，亦称法的效力位阶，是指在一国的法律体系中，基于制定法律规范的国家机关的地位高低不同而形成的法律规范在效力上的等级差别。一般讲，制定法律规范的国家机关的地位高，其制定的法律规范的等级就高。处理法的效力冲突，一般适用如下原则：第一，根本法优于普通法；第二，上位法优于下位法；第三，新法优于旧法；第四，特别法优于一般法。[①] 根据《中华人民共和国立法法》第九十九条、第一百条之规定，法律的效力高于行政法规、地方性法规、规章；行政法规的效力高于地方性法规、规章；地方性法规的效力高于本级和下级地方政府规章；省、自治区的人民政府制定的规章的效力高于本行政区域内的设区的市、

① 张文显主编．法理学（第5版）［M］．北京：高等教育出版社，2018：96.

自治州的人民政府制定的规章。

在生态文明法治建设方面，习近平总书记强调：“建设生态文明是中华民族永续发展的千年大计。必须树立和践行绿水青山就是金山银山的理念，坚持节约资源和保护环境的基本国策，像对待生命一样对待生态环境，统筹山水林田湖草系统治理，实行最严格的生态环境保护制度。”① 对此，生态文明建设的地方法治亦强调位阶秩序。下位法服从上位法、下位法不得超越上位法、“下级服从上级”等，都是法治位阶秩序的外在表现和中国特色的制度安排。杭州市在推进绿色制度建设的进程中不仅十分注重与上位法律制度的对接，做好与上位法冲突的法规规章和规范性文件的修改和废止工作，而且往往以更高的标准进行自我加压。例如，在浙江省号召“忠实践行‘八八战略’，奋力打造‘重要窗口’”的进程中，杭州市协同推进经济高质量发展和生态环境高水平保护，致力于成为展示“重要窗口”的“头雁风采”排头兵，努力打造新时代全面展示习近平生态文明思想的重要窗口。在浙江全省域“大花园”建设中，杭州市则拉高标杆，努力成为“大花园”的核心区。在依法推进美丽浙江建设进程中，杭州市以最严格的制度保护生态环境。针对上下游和左右岸之间的环境矛盾和冲突，杭州市不仅致力于市域范围内的上下游协调，而且积极推进本市与其他地区之间的上下游协调。以水生态保护补偿机制建设为例，无论是杭州市境内，还是杭州市与黄山市之间，均建立了生态保护补偿与环境损害赔偿耦合的制度，并在2016年制定实施《杭州市第二水源千岛湖配水供水工程管理条例》。2018年，千岛湖开始向杭州市配供水，而千岛湖的集雨面积50%以上在黄山市。为了保障千岛湖水安全，杭州市主动与黄山市对接，提出了新安江流域杭黄合作机制及千岛湖生态环境保护协作机制等方案。2023年6月，浙皖两省签署《共同建设新安江—千岛湖生态保护补偿样板区协议》，开启第四轮试点。从“试点”到“样板”，从资金补偿到产业协作，从协同治理到共同发展，浙皖两省不断创新跨省流域生态补偿机制，逐步走出一条上游主动强化保护、下游支持上游发展的互利共赢之路。

① 习近平．论坚持人与自然和谐共生［M］．北京：中央文献出版社，2022：1.

第五节 妥善处理“道器关系”的经验

从“道器关系”看，妥善处理理论研究与制度建设的关系，始终坚持以研究为基础推进绿色制度建设。无论是地方性法规还是政府规章，每一项制度的出台必须有学理、法理支撑，否则可能会出现事与愿违的结果。理论研究是绿色制度建设的基础，否则基础不牢，地动山摇。杭州市在推进绿色制度建设的进程中始终做到“以研究带动立规”“以研究带动立法”。无论是《杭州湿地保护管理条例》《杭州市河道管理条例》《杭州市城市河道建设和管理条例》《杭州市城市绿化管理条例》等代表一个类的地方立法，亦或是《杭州市钱塘江综合保护与发展条例》《杭州市苕溪水域水污染防治管理条例》等流域保护类的地方立法，还是《杭州西湖水域保护管理条例》《杭州西溪国家湿地公园保护管理条例》《杭州市萧山湘湖旅游度假区条例》等代表一个点的地方立法，均是经历了学者理论研究—政府制度研究—人大立法研究三个环节。

其中，学者理论研究需要根据问题导向，梳理清楚问题的属性及本质并将现实问题转化为科学问题，进而针对科学问题提出解决的思路和方向。政府制度研究需要在理论研究基础上结合上下左右的法律、法规和政策基础以及制度建设的目标，提出具有可操作性的制度框架，并在人大立法、政府规章和政府政策之间做出选择。人大立法研究则是按照《中华人民共和国立法法》规定的“科学立法、民主立法、依法立法”三项原则以及相应的立法程序要求回答“为何立法”“立什么法”“怎么立法”，重点在于“立什么法”“怎么立法”，加强备案审查，从而保障科学立法、民主立法、依法立法。此外，杭州市还建立第三方评估制度，在全省率先出台《杭州市政府规章争议较大的立法事项引入第三方评估工作规程》，争议较大的立法事项引入第三方评估工作机制。例如，关于千岛湖配水工程实施后如何推进淳安县的“生态优先，绿色发展”问题，就是经历了学者执笔的成果要报《关于建立千岛湖特别生态功能区的对策建议》、党政主导的综合决策《关于建立淳安特别生态功能区的意见》、人大牵头的地方立法《杭州市淳安特别生态功能区条例》三个阶段。

可以说，杭州市加强地方生态文明建设重点领域、新兴领域立法，稳中求进推动地方立法工作高质量发展，在地方立法过程中注重践行全过程人民民主，已经走上了科学研究、科学决策、科学立法、民主立法、依法立法的绿色制度建设轨道，体现了地方生态文明建设的高质量立法、惠民立法、环保立法、弘德立法、协同立法“五个立法”新理念与新要求。

第六节　妥善处理“鱼水关系”的经验

从“鱼水关系”看，妥善处理政府与公众的关系，始终坚持以生态文明制度保障生态环境治理体系与治理能力现代化的建设。生态环境治理体系和治理能力现代化不是依靠政府单打独斗，而是需要以政府为主体的政府机制、以企业为主体的市场机制和以居民与非政府组织为主体的社会机制的三足鼎立、相互制衡、彼此配合。

杭州市在推进美丽杭州的建设进程中，十分注重政府引领、企业主体、公众参与的治理结构的建设。2021 年 7 月，中共杭州市委办公厅、杭州市人民政府办公厅印发《关于加快推进生态环境治理体系和治理能力现代化的实施方案》，要求建立导向清晰、决策科学、执行有力、激励有效、多元参与的环境治理体系。在强调既要做有为政府和有效政府的同时，杭州市还十分尊重企业和公众的知情权、选择权和参与权。比如，《杭州市生态文明建设促进条例》（2016 年制定）第五条规定“生态文明建设是全社会的共同责任，应当发挥政府、公众和社会组织的作用。鼓励公民、法人和其他组织参与生态文明建设，并保障其享有知情权、参与权和监督权”。[①] 无论是在西湖周边的环境整治、京杭运河沿线的环境改造、良渚文化村的生态再造等世界文化遗产的保护方面，还是在西溪国家湿地公园的建设、湘湖整体环境整治、新西湖生态环境重构等重大民生工程建设方面，杭州市始终坚持专家咨询、公众票决、政府决策“三位一体”

① 杭州市生态文明建设促进条例［N］. 杭州日报，2016－04－25.

的决策程序，使得重大民生工程建设基本实现“高分答卷”。

数字化与绿色化深度融合发展，是新时代生态文明建设的重要趋势。习近平总书记在全国生态环境保护大会上强调：“深化人工智能等数字技术应用，构建美丽中国数字化治理体系，建设绿色智慧的数字生态文明。”① 杭州作为全国数智高地，充分利用5G、互联网、物联网、云计算等新一代信息技术的集成应用信息来实现包括生态环境在内的市域治理，始终走在智慧城市建设领域的前列。杭州“城市大脑”作为“数字浙江”的具体实践，如今正从“治堵、治城、治疫”1.0版迭代为政务服务“一网通办”、城市运行“一网统管”、社会治理“一网共治”的2.0版。随着信息技术的发展，杭州市以数字思维抓改革赋能，将美丽杭州建设纳入“城市大脑”体系，强化数字赋能城市治理，积极推进数字环保第一城建设，建立健全“环境医院”等生态环境咨询服务网络体系，建立健全企业环境健康码管理制度，形成政府、企业、公众良性互动的环境共治体系。

① 习近平．以美丽中国建设全面推进人与自然和谐共生的现代化［J］．求知，2024（01）：7.

第十四章

美丽杭州建设的绿色制度主要缺陷

《新时代美丽杭州建设实施纲要（2020—2035年）》指出，杭州正加快建设有独特韵味且别样精彩的世界名城，不断推动生态文明向纵深发展，但一些结构性问题尚未得到根本解决，产业生态化和生态产业化水平仍有待提高，环境质量持续改善的压力仍然较大，迫切需要继续深入贯彻绿色发展理念，协同推进经济高质量发展和生态环境高水平保护。本章主要从制度绩效、制度冲突、制度拥挤、制度缺位等方面剖析美丽杭州建设的绿色制度主要缺陷，为第十五章的制度优化分析奠定基础。

第一节　绿色制度设计中缺乏绩效引领问题

法规制度的生命力在于执行，绿色制度是为了谋求环境效益、经济效益和社会效益最大化的制度安排，因此制度设计始终要坚持绩效引领的原则，以增强制度实施效果，促进治理效能。在实践中，美丽杭州建设的绿色制度安排仍存在下列问题：

一是缺乏绿色制度绩效比较。对于一些替代性制度本应通过绩效比较进行优化选择，但是相关政府部门往往基于自身偏好作出取舍，导致更好的制度无法脱颖而出。例如，《环境保护税法》及《环境保护税法实施条例》已于2018年1月1日起施行，《排污费征收使用管理条例》(2003年制定)废止。这就意味着，在我国实施了近40年的排污收费制度退出历史舞台。从排污费到环境保护税，实际上是从行政收费到依法征税，是一个从量变到质变的过程。但在实践中，环境税制度"一试就灵"，而排污权、碳交易制度等市场化政策工具"光试不推"，其实在排污权制度实施中政府往往喜欢"多管闲事"——因同时实施"数量管制"和"价格管制"导致排污权市场"有场无市"。尽管排污权和环境保护税是并行的两套制度和绿色减排机制，但有的地方政府仍旧偏好基于主要污染物的排污权有偿使用收费制度、排污权交易制度。实际上，企业在取得排污权指标的初始分配或二次分配之后，并不免除其依法缴纳有偿使用收费、环境保护税、资源税等相关税费的义务，而且缴纳排污费或环境税后并不等于就享有合法排污权。"双碳"目标下，既要依法治理企业"漂绿"① 行为，也要避免将碳排放权简单等同于行政管控手段或行政规制权，完善企业"共同但有区别的责任"价值取向下的碳减排义务制度体系，避免出现"规制过度"或者"规制不足"等制度失灵现象。②

二是缺乏绿色制度耦合强化。对于具有互补性的制度，通过制度耦合和地方环境资源立法的综合化、体系化可以实现"1+1>2"的效果，但实践中往往满足于单个制度的"单打独斗"。例如，排污总量控制与排污权交易、用能总量控制与用能权交易、用水总量控制与水权交易、碳排放总量控制与碳权交易等配合起来，均可产生极佳的制度绩效。但是，对"总量控制""总行为控制"这一前提性制度的忽视、未充分激活或实施不严格，直接导致"产权交易"这一结果性制度难以发挥作用。产权制

---

① "漂绿"(greenwashing)一词最早出现于1986年，由美国环境保护者杰·韦斯特韦德(Jay Westerveld)提出，本义是用以形容一些旅店经营者宣称为减少对生态造成影响而鼓励游客重复使用毛巾，实际目的却是为了节约运营成本的行为。一旦企业利用"绿色"概念从事无事实根据或仅基于部分事实的虚假性或欺骗性营销宣传，即构成"漂绿营销"。换言之，"漂绿营销"是指企业对未经证实具有绿色环保性能的产品与服务发布误导消费者的环保声明的营销宣传行为，或者为树立其支持环保的虚假形象而进行的公关活动、捐赠行为等，实际上是一种涉嫌公然欺骗、故意隐瞒、模糊视线、以偏概全等不诚信的商业行为。

② 陈真亮，项如意．碳排放权法律属性的公私法检视及立法建议［J］．武汉科技大学学报(社会科学版)，2022(01)：104.

度是界定、配置、行使和保护环境资源产权的一系列规则，控制污染物排放总量是改善环境质量的根本措施，而排污许可制是环境质量管理的核心手段。2021 年 3 月起施行的《排污许可管理条例》是中国排污许可制改革的重要成果。我国已经从污染源达标排放控制 1.0 时代、目标总量控制 2.0 时代，逐步进入容量总量控制 3.0 时代的条件已基本成熟。[①] 因此，建议以排污许可制作为推进容量总量控制 3.0 的重要抓手，推动环境容量产权逐步从公共产权向弱排他性公共产权演进，并完善自然资源产权、环境资源产权和气候资源产权等方面的生态文明产权制度。[②]

三是缺乏绿色制度演化分析。绿色制度会随着美丽杭州建设进程的推进而发生更替。在生态环境问题比较突出的情况下，官员问责制度、刑事追责制度、企业关停制度等“强制性制度”占据主导地位，但这些制度设计的目标或初衷往往是追求环境效益，而在实施中容易忽视经济、社会、文化等方面的综合效益。《生态环境行政处罚办法》第三条规定“实施生态环境行政处罚，纠正违法行为，应当坚持教育与处罚相结合，服务与管理相结合，引导和教育公民、法人或者其他组织自觉守法”，第七条规定“违法行为轻微并及时纠正，没有造成危害后果的，不予行政处罚”。《自然资源行政处罚办法》第十二条规定“违法行为轻微并及时纠正，没有造成危害后果的，可以不予立案”。因此，在生态环境质量总体改善的情况下，要及时将以往主打的“强制性制度”转向资源生产率领跑者制度[③]等“选择性制度”“激励性制度”，让环境税、资源税、碳税、生态补偿、循环补贴、低碳补助等绿色财税制度[④]和生态文明产权制度充分发挥作用，从而统筹兼顾环境效益和经济效益。

四是缺乏绿色制度实施后评估。立法往往意味着一个政策的开端而非终结，而评估地方立法的质量，关注的不仅仅是立法的水平，更值得重视的是立法之后的执行状况。《立法法》规定了立法后评估制度，《杭州市人民政府地方性法规和规章制定办法》（市政府令第 309 号）和《杭州市

---

① 邓义祥，郑赛赛，李子成，等. 污染物总量控制制度创新与未来发展的思考［J］. 环境科学研究，2021（02）：382.

② 张蕾，沈满洪. 生态文明产权制度的界定、分类及框架研究［J］. 中国环境管理，2017（06）：232.

③ 沈满洪. 全面实施资源生产率领跑者制度［N］. 浙江日报，2022－05－13（07）.

④ 沈满洪主编. 生态经济学（第3版）［M］. 北京：中国环境出版集团，2022：312－315.

司法局关于开展规章立法后评估工作的通知》（杭司〔2022〕15号）等都规定了立法后评估制度。绿色制度实施效果如何，均需要通过制度事后评估、人大执法检查或立法后评估来加以完善。如果缺乏事后评估，可能导致“为制度创新而创新”的现象。美丽杭州建设过程中各部门先后出台了许多地方性法规和政府规章制度，部分文件试行多年仍在“试行”。由于缺乏对试行效果的科学评估，导致该“转正”的制度没有依法“转正”，该“修补”的制度没有适时“修补”，该“废除”的制度没有及时“废除”。因此，要坚持全过程人民民主，定期开展立法后评估工作，及时发现立法工作的不足，以便有针对性地改进立法工作，提高立法质量。通过立法调研、总结执法经验和分析评估客体中存在的问题，推进实施机关和社会公众的良性互动，完善制度设计和应对措施。

第二节　绿色制度矩阵中存在彼此冲突问题

不同的绿色制度针对不同的微观主体可以形成制度矩阵，通过正式规则和非正式规则、约束性制度与激励性制度等之间的有机组合，并注重制度之间的对称性、相互依赖制约性和主导互补性。制度矩阵内的绿色制度本应是相互匹配、相互耦合、相互协作的，但实际上却存在彼此冲突的现象。

一是“上位法”存在彼此冲突，导致地方政府无所适从。有时出现由不同部门起草的同类制度存在相互冲突的问题，又出现由不同部门起草的解决同类问题的制度尺度不一致的问题，由此导致制度“执行难”的问题。例如，“建立健全生态产品价值实现机制”作为政策话语，有的国家法律、行政法规将其未经法言法语转化而直接“平移”为相关条文，难以区分政策机制与法律制度，从而影响环境法律法规的统一性。生态产品的权利属性，可以类型化为因自然资源使用而衍生的权利与使用环境容量而衍生的权利。由于污染防治法、自然资源法、生态保护法的立法保护对象、立法价值取向存在不同，[①] 生态产品价值实现的政策文件、法律法规关于生态产

① 杜群．我国环境与资源法范畴若干问题再探讨［J］．法学评论，2001（02）：83.

品与环境法律体系中的基本内涵——“资源、环境、生态”，以及三者之间关系的认识，直接影响生态产品价值实现的法律调整范围，决定能否将相关的法律法规纳入统一的语境探讨、能否建立规范体系，统筹生态产品的价值实现。针对生态产品价值实现的产品类型——无形的环境容量、生态系统服务、有体的自然资源等均有不同法律规范体现。比如，《生态环境损害赔偿管理规定》认为生态产品包括生态系统服务、生态效益等无体、无形物；《海洋环境保护法》《长江保护法》认为生态产品兼具有体的自然资源与无体的生态效益。在指引生态产品价值实现的政策、法律法规中存在生态产品构成要素不清的困境，导致通过污染防治法、自然资源法、生态保护法调整生态产品价值实现的法律制度产生体系混乱。这就导致在不同的立法意图或解释意图下，有的法律规则存在多义性。补偿实现法律制度的“生态恶化补偿”与赔偿实现法律制度的“生态损害赔偿”存在文义冲突。

二是“下位法”存在彼此冲突，导致“多张蓝图不衔接”现象。无论是杭州市全市层面还是县（市、区）层面均存在城市总体规划、产业发展规划、土地利用规划、环境保护规划等多个规划的不一致，导致农保用地、生态用地等均不能做到彼此重合。一些制度细节也存在相互冲突，例如，规定对某些特别生态功能区不考核 GDP，但是仍然考核招商引资指标，实质上还是在考核经济指标。还有，个别部门出台的政策设置了过多的前提条件。这些前提条件实际上构成地方性许可或审批的立法事实，一部分前提条件根本和政策本身无关、一部分要求过于严格，导致制度实施效果大打折扣，容易造成懒政、执法怠惰等现象。如果技术方法、标准规范、管理体制等方面不协调、不一致，将会影响地方经济社会持续健康发展。因此，要高重视实践中存在规划之间衔接不够、相互打架等问题；要做到国民经济和社会发展规划、生态环境功能区划、风景名胜区规划、遗产保护规划等与总体规划相衔接；加强各种规划的整合和协调，充分利用好市“多规合一”[①] 业务协同平台，通过“多规合一”来画好全市国

① “多规合一”是指在一级政府一级事权下，强化国民经济和社会发展规划、城乡规划、土地利用规划、环境保护、文物保护、林地与耕地保护、综合交通、水资源、文化与生态旅游资源、社会事业规划等各类规划的衔接，确保“多规”确定的保护性空间、开发边界、城市规模等重要空间参数一致，并在统一的空间信息平台上建立控制线体系，以实现优化空间布局、有效配置土地资源、提高政府空间管控水平和治理能力的目标。2016 年 11 月 13 日，杭州市“多规合一”协同平台正式试运行，标志着杭州市城市规划迈入多部门网上协同时代。

土空间规划“一张蓝图”。

三是“下位法”与“上位法”不一致，何时应高于国家标准缺乏原则。如关于千岛湖水源保护区的划定曾经出现远远高于国家环保标准，而节能减排等应该领先于全国的标准则基本停留于“达到国家要求”的水平。在绿色制度设计中，有时存在对上级政策理解不准确的现象。如“生态优先，绿色发展”并非“只要保护，不要发展”，而是谋求生产、生活、生态“三生融合”的绿色发展。如果过度严格或者不讲条件、不依法保护优先，甚至是采取先停后治、先停再说、一律关停、以停代治等“一刀切”的做法①来执行生态环境保护制度，反而会破坏正常的原生态秩序，反而影响制度的可持续性。尤其是在中央生态环境保护督察过程中，从央地政府间博弈的角度来看，地方政府容易偏好作出“一刀切”式的政策。这实际上是在中央政府监管严格、地方政府执行时间紧张且执行资源相对充分的情境下所选择的一种执行策略。② 在生态文明建设目标评价考核的要求下，地方政府采取消极的“一刀切”回应方式，虽能暂时缓解或转移问责压力，但其可能严重弱化政府公信力，也会影响地方经济发展和损害社会公众利益。因此，要高标准抓好生态环境问题排查整改，以重点整改带动全面整改，常态化、滚动式开展整改“回头看”，提高监管效能，依法依规推进绿色低碳发展，从而促进生产、生活、生态“三生共赢”。

第三节　绿色制度体系中存在制度拥挤问题

我国绿色制度体系已经基本形成，相对而言，杭州市的绿色制度更加丰富。国外探索过的制度杭州尝试了，如排污权交易制度；国外没有的制度杭州也探索了，如“河长制”“湖长制”“林长制”“田长制”“警长

① 黄宏，王贤文．生态环境领域“一刀切”问题的思考与对策［J］．环境保护，2019（08）：39.

② 向俊杰．“一刀切”式环保政策执行过程中的三重博弈［J］．行政论坛，2021（05）：65.

制”“检察长制”“综合执法长制”等。总体上看，杭州市的绿色制度是“多了”，存在一定的制度拥挤问题。

一是绿色制度太多，而主导性制度不清晰，存在诸多制度“浑水摸鱼”和“搭便车”的现象。制度拥挤是指同一类制度分散在不同效力等级的法律文件中，导致制度实施过程中具有替代关系的两个或两个以上的制度在短期内会并存，并制约制度实施的预期效果。有些绿色制度形同虚设，没有真正发挥作用。比如，在节水制度的实施中，存在“节约用水，人人有责”变成“节约用水，无人负责”的现象。杭州市水资源、水环境、水生态、水利工程、水文等方面涉及江、河、湖、海等众多主管部门，每个主管部门都会根据各自的职责出台相应的规章制度或规范性文件。因此，亟须加快提升地方政府领导的抓总和牵头作用，强化跨部门之间的协同配合与执法协作机制建设，构建水资源、水环境、水生态、水利工程、水文、水安全方面的“六水统筹”系统治理与一体化保护格局。

二是有的制度存在服务于某一个部门的现象。2015 年《中华人民共和国立法法》修订之后，设区的市开始享有地方立法权。之后，地方各级人民政府、有关部门作出的行政规范性文件、重大行政决策、重大行政执法决定等也随之大量出现。在此过程中，有的地方政府或相关职能部门在立法思维和行为上，容易表现出强烈的“一家独大”和“部门本位”倾向。其考虑问题的视野常常局限于其“部门”而非全局。在部门立法的过程中，可能表现出极强的趋利避害的“功利主义”和“实用主义”，将部门立法视为强化部门权力或推卸部门责任的有效工具，并欲以其部门意志和部门权力来支配立法过程。[①] 有时出现绿色制度不是服务于整体意义上的美丽杭州建设，而是服务于部门利益或服务于部门“省事”。这就是绿色制度建设的扭曲问题或地方政策制度立法中的“部门本位”。因此，需要推进行政合法性审查工作的制度化、规范化、标准化，加强跨部门联合立法、地方立法的备案审查制度建设。

三是制度实施中，针对同一个问题出现多个层面多种类型的执法检查。例如，在生态环境保护督察制度实施过程中，出现不同层级的党委督察、人大督察、政府督察及部门督察并存的现象，导致基层党委或政府对生态环境保护督察应接不暇，无心也无力谋求区域绿色发展。尽管各地各

---

① 封丽霞．部门联合立法的规范化问题研究［J］．政治与法律，2021（03）：2.

部门围绕法治杭州、美丽杭州建设开展了不少督察工作，取得了积极成效，但也还存在多头执法、重复执法检查、做法不一、标准之间冲突，缺乏规范统一的要求和程序，有的甚至出现不作为、乱作为、慢作为的问题。

第四节 绿色制度创新中存在制度缺位问题

绿色制度创新和变迁要随着经济社会的发展与时俱进。杭州市在市场化改革进程中始终走在全国前列，在绿色制度创新中也走在前列。但是，在制度创设进程中，存在一些过于保守或制度缺位的倾向。制度缺位是指缺乏某一类法律制度，存在制度空白或某一类法律制度缺乏配套的实施细则。具体分析如下。

一是绿色制度体系不完整。推进绿色发展是一个系统工程更是一项艰巨任务，涉及经济社会发展各领域，而绿色制度是绿色发展的保障。当然，制度创新是制度体系的创新而不是某一个具体制度的创新。例如，农业面源污染治理是生态环境保护的重要内容，事关农村生态文明建设、事关农业绿色发展，杭州市的农村面源污染管控还存在一些制度缺失现象。农业面源污染源具有多样性和复杂性，而农业面源污染具有分散性、隐蔽性、随机性、季节性、不易监测、难以量化等特点，同时又与农民生活和农业生产紧密联系，致使农村的面源污染问题长期存在、未能得到有效管控。农业面源污染防治面临着污染现状底数不清、法规和标准建设有待完善、政府失灵、市场失灵和社会力量明显不足的困境。再比如，绿色生活方式转变缺乏制度引导。尽管2015年原环境保护部发布《关于加快推动生活方式绿色化的实施意见》（环发〔2015〕135号）之后，但相关制度和配套设施不够完善。尤其是绿色消费、垃圾分类等社会制度体系还不够健全，需要营造绿色办公、绿色出行、绿色消费等绿色健康社会环境，统筹推进绿色、循环、低碳发展的制度体系建设。

二是绿色制度创新力度不足。党的十八大报告提出“积极开展节能量、碳排放权、排污权、水权交易试点”；党的十八届三中全会明确提出“推行节能量、碳排放权、排污权、水权交易制度”；党的二十大报告提出完善能源消耗总量和强度调控机制，重点控制化石能源消费，逐步转向碳排放总量和强度“双控”制度。[①] 但是，自然资源产权交易制度、环境资源产权交易制度、气候资源产权交易制度总体上滞后于高质量发展的需要。关于出台碳减排制度、碳交易制度，已经呼吁了很多年，但是低碳建筑、低碳交通等低碳城市建设、二氧化碳总量控制等相关制度的建设和实施始终处于“空喊”或“慢作为”的阶段。

三是绿色制度实施机制不完善。例如，在招商引资过程中，因为缺乏系统完整的负面清单和正面清单，执行过程中较为政策化、模糊化，导致部分绿色项目应该落地而没有落地，部分非绿色项目不该落地而落了地。再如，“两江一湖”（西湖、钱塘江、京杭大运河）是“美丽杭州”建设的“灵魂”和最美风景线，但长期以来“两江一湖”管委会办公室设置在市建设委员会，承担风景名胜区的日常管理和协调职能。由于缺乏合适的管理机构，暂由行政监管机构代为管理，导致管理者和被管理者一体，很容易出现既当运动员又当裁判员的“治理风险”。

总之，前述制度缺陷的主要原因在于缺乏形式理性、基础性法律思维、体系性思维、统一思维与融贯思维。[②] 因此，需要优化绿色发展制度体系，正式制度和非正式制度建设要兼顾并重，理顺多部门、上下级、多主体等之间的协同实施机制，建立健全生态文明制度体系。

---

① 习近平．高举中国特色社会主义伟大旗帜 为全面建设社会主义现代化国家而团结奋斗——在中国共产党第二十次全国代表大会上的报告［R/OL］．［2024－02－16］https：//www.gov.cn/xinwen/2022－10/25/content_5721685.htm？jump＝true&wd＝&eqid＝ee77784e0029e72a0000000364904ee1.

② 王利明．论《民法典》实施中的思维转化——从单行法思维到法典化思维［J］．中国社会科学，2022（03）：4.

第十五章

美丽杭州建设的绿色制度优化思路

制度是实现绿色、循环、低碳发展的决定性变量，新时代需要深化生态文明体制改革，一体推进制度集成、机制创新。在前述章节的分析基础上，本章分别从基于制度的替代性、互补性、冲突性、空缺性以及评价的定性化五个方面，提出美丽杭州建设加强绿色制度选择、耦合、协同、查漏补缺和绩效定量评价等方面的优化思路。

第一节　基于制度的替代性加强绿色制度选择

当两种不同的制度可以实现相同或者近似的政策效果的时候，就称这两种制度相互之间具有替代性。此时，要准确把握每一种制度的比较优势，选择更具竞争力的制度，促进一种效率更高的制度替代原有的制度，从而实现绿色制度的变迁。在绿色制度的选择中，要实现“两个转向”。

一是由政府补偿转向由政府补偿与市场补偿相结合，甚至以市场补偿为主。2021 年，中共中央办公厅、国务院办公厅在《关于深化生态保护补偿制度改革的意见》中提出了多元化生态补偿机制：“完善政府有力主导、社会有序参与、市场有效调节的生态保护补偿体制机制。”① 但是在国家立法方面，《中华人民共和国环境保护法》第三十一条仅进行了原则性规定：“国家建立、健全生态保护补偿制度。国家加大对生态保护地区的财政转移支付力度。有关地方人民政府应当落实生态保护补偿资金，确保其用于生态保护补偿。”② 这就导致在资源产权不清晰、受益主体难以锁定的情况下，生态补偿原则上只能采取政府补偿为主的模式，但其面临着运行成本高、财政压力大以及灵活性差等诸多问题。与之相对，市场补偿具有制度运行成本低、资金来源广和效率高等特点，在产权结构清晰、补偿方与受偿方广泛参与的情况下，可以更好地实现生态补偿制度的效能。因此，要充分发挥激励性制度在生态补偿制度建设中的作用。随着自然资源资产产权制度的不断完善，杭州市生态补偿制度的完善方向应从主要依靠政府补偿过渡到主要通过市场化和社会化补偿。多元化生态补偿机制构建的核心在于依靠多元补偿主体，通过协同配合，实现多渠道补偿，提高生态补偿的效率。具体而言，在产权交易方面要加快推进自然资源资产产权制度改革，推行所有权、经营权、承包权等分置运行机制；允许生态产品与用能权、碳排放权、排污权、用水权等发展权配额进行兑换，鼓励发达地区首先向生态地区购买发展权配额；健全资源有偿使用和节约保护补偿制度，通过发展生态产业、建立绿色利益分享机制，引导和调节社会投资者补偿；鼓励上下游间探索流域水生态共同治理、对口协作等多元补偿方式，积极推广生态环境导向的开发（EOD）模式。③ 与此同时，要加快生态补偿的地方专门立法步伐，充分发挥地方立法对生态保护补偿、生态产品价值实现的法治保障作用。

二是由主要依靠环境资源税制度转向主要利用排污权交易制度。自《环境保护税法》《资源税法》生效实施以来，杭州税务部门积极推进环境保护税、资源税、资源综合利用增值税即征即退等“绿色税制”落地。但是，环境资源税制度存在执行成本高、寻租风险大、政府偏好强等问

① 中共中央办公厅 国务院办公厅．关于深化生态保护补偿制度改革的意见（中办发〔2021〕50号）[A/OL]．[2024-02-16] https://www.gov.cn/gongbao/content/2021/content_5639830.htm.

② 《中华人民共和国环境保护法》，1989年12月26日第七届全国人民代表大会常务委员会第十一次会议通过，2014年4月24日第十二届全国人民代表大会常务委员会第八次会议修订。

③ 2023年12月22日，生态环境部办公厅、国家发展改革委办公厅、中国人民银行办公厅、金融监管总局办公厅联合印发《生态环境导向的开发（EOD）项目实施导则（试行）》（环办科财〔2023〕22号）。

题。排污权有偿使用和交易制度是在“总量控制”的前提下，政府将排污权有偿出让给排污者，并允许排污权在二级市场上进行交易。排污权有偿使用和排污权交易，将促使企业珍惜有限的排污权，自主减少污染物排放和降低污染物的排放总量与排放强度，可以较低成本实现主要污染物排放总量控制目标。杭州市于2006年出台《杭州市主要污染物排放权交易管理办法》，正式启动排污权交易探索工作。2008年出台《杭州市污染物排放许可管理条例》[①] 和《杭州市主要污染物排放权交易实施细则（试行）》。2009年4月8日，排污权首次化学需氧量和二氧化硫指标交易在杭州产权交易所举行，标志着排污权交易正式开展实施。但排污权交易指标主要为二氧化硫、氮氧化物、化学需氧量和氨氮四个指标，有限的开展挥发性有机物（VOCs）、重金属交易试点。作为市场化机制最完善地区之一的杭州市，完全可以全面推进排污权交易制度，拓展排污权交易的污染物交易种类和范围，从零散的、个别的排污权交易向集中化、规模化、数字化、制度化转变。杭州湾入海污染物的减排需要实施更强有力的总量控制制度，加强入河入海排污口排查溯源、分类整治、监督管理和督查问责。排污权交易制度有场无市的症结不在于制度本身，而是政府做了不需要做的事情——总量管制和价格管制。而排污权交易制度的精髓在于只需要总量控制。因此，建议尽快修订完善《杭州市污染物排放许可管理条例》及配套细则，改革污染防治管理方式，放弃排污权价格管制，严格控制排污权使用数量，全面推进排污权交易，从而促进排污总量资源综合利用效益最大化。

第二节　基于制度的互补性加强绿色制度耦合

制度互补性是指将两种以上制度组合起来实施，所带来的制度绩效要

---

① 《杭州市污染物排放许可管理条例》第七条规定：“本市根据区域环境容量和主要污染物排放总量控制目标，在保障环境质量达到功能区要求的前提下实施主要污染物排放权交易制度，具体办法由市人民政府制定。”

大于这些制度独立实施时的单个制度绩效的加总。因此，要重视互补性制度的配合使用，而不宜各个制度“单打独斗”。杭州市可以探索“两个耦合”：

一是加强总量控制制度与自然资源产权交易制度的耦合。从绿水青山向金山银山转化要经过生态产品交易，交易的前提是产权明晰、制度规范。自然资源产权交易制度必然要与总量控制制度相配合，没有总量控制就不可能有用水权、用能权、排污权、碳排放权等新型权益交易发生。因为只有在总量稀缺的情况下，资源环境使用主体才需要去购买相应的配额或“权利”。因此，必须加强用水总量控制制度与水权交易制度、用能总量控制制度与用能权交易制度、碳排放总量控制制度与碳排放权交易制度的耦合。此外，根据生态需求递增理论，随着人均收入水平的上升，居民对优质生态环境及优质生态产品的需求是递增的，这就要求污染物排放总量持续下降，保障环境质量达到功能区要求。应健全自然资源资产产权体系，进一步强化总量递减前提下的污染总量控制制度，通过不断提升排污权等的稀缺性进而促进其价格稳定上升，最终激励相关主体不断提高污染排放效率、资源生产率，以实现社会成本最小化的减排，促进自然资源节约集约利用和生态保护修复。

二是加强生态保护补偿制度和环境损害赔偿制度的耦合。生态保护补偿制度是对生态环境保护者因履行生态保护义务所增加的支出、付出的成本或发展机会受限等进行补偿而作出的激励性制度安排，其只具备正向激励作用而无负向约束力。环境损害赔偿制度则是用法律手段向污染环境或破坏生态者索赔，其具有负向约束力但无正向激励作用。违反国家规定造成生态环境损害的，按照《生态环境损害赔偿制度改革方案》和《生态环境损害赔偿管理规定》（环法规〔2022〕31号）等规定要求，依法追究生态环境损害赔偿责任甚至惩罚性赔偿。只有将两个制度加以耦合，才能确保对生态环境实施有效保护是各经济主体的唯一理性选择，从而充分保障美丽杭州建设目标得以实现。针对实践中环境损害事件多发、突发但起诉难的困境，应依据“谁破坏，谁赔偿”的环境责任原则，进一步明确生态环境损害赔偿范围、责任主体、索赔主体、损害赔偿解决途径等，加快完善环境损害鉴定评估管理、投入保障和运行机制，建立健全清晰严格的生态环境损害修复和赔偿制度。地方党委和政府主要负责人应当履行生态环境损害赔偿工作第一责任人职责；党委和政府领导班子其他成员应当根据工作分工，领导、督促有关部门和单位开展生态环境损害赔偿工作。在两个制度的耦合与配合使用过程中，有关国家机关应当依法履行职责，不得以罚代赔，也不得以赔代罚，避免行政活动借私法逃避应有约束。[①] 同时，鉴于生态环境损害赔偿与惩罚性赔偿制度具有互补性，要强化生态环境损害赔偿司法确认制度与民事司法确认制度[②]的互补与协同，同时生态环境局、人民法院和人民检察院之间要加强生态环境损害惩罚性赔偿制度适用的衔接以及磋商、赔偿诉讼或公益诉讼的程序公正。

第三节　基于制度的冲突性加强绿色制度协同

部门分割导致的部门利益固化和“信息孤岛”效应，使制度之间相互冲突。因此，对于以绿色发展为指向的相关部门，应系统梳理优化各自负责实施的制度或“三张清单一张网”[③]，彼此协调对接，直至形成指向一致的制度合力和治理合力。杭州市应该加强“两个统筹”：

一是统筹多部门绿色制度综合决策机制。绿色制度的制定和实施属于公共选择问题，其难免受到不同政府部门自身偏好的影响，因此建立科学合理的决策机制尤为重要。环境保护等方面的重大公共政策和措施，属于《重大行政决策程序暂行条例》规定的重大行政决策事项。决策承办单位根据需要对决策事项涉及的人财物投入、资源消耗、环境影响等成本和经济、社会、环境效益进行分析预测。因此，在进行绿色制度设计和选择的时候，必须要考虑选择者的自身偏好问题，否则会出现适得其反的效果。例如，实施排污权制度就意味着原先由相应政府部门拥有的行政权力被市

---

① 赵鹏．生态环境损害赔偿的行政法分析——兼论相关惩罚性赔偿［J］．政治与法律，2023（10）：48.

② 王灿发，王政．论生态环境损害赔偿司法确认制度的构建［J］．北京理工大学学报（社会科学版），2023（05）：83－94.

③ “三张清单一张网”主要是指政府部门权力清单、企业投资负面清单、财政专项资金管理清单和浙江政务服务网。

场机制所取代，从而部门利益会被削弱。在体制障碍尚未被打破之前，会出现部门权力不愿意让位于市场机制的现象，因此需要政府进行统筹与综合决策。要充分发挥杭州市生态文明建设（“美丽杭州”建设）委员会的牵头抓总作用，严格遵守《浙江省重大行政决策程序规定》《杭州市人民政府重大行政决策程序规则》（杭政〔2015〕67号）等规定，建立美丽杭州建设绿色制度体系定期统编分析制度，加强重大行政决策事项目录管理和决策风险评估，使重大行政决策公众听证和专家咨询论证制度有机结合，强化绿色制度综合统筹决策机制。要深入推进领导干部自然资源资产离任审计，对不顾生态环境盲目决策、造成严重后果的，依规依纪依法严格问责、终身追责。

二是统筹推进多部门联合监管和多主体联合行动机制。实践中，生态文明建设还存在公共服务不兼容、环保合作匮乏、行政资源分散、部门之间沟通少等方面的弊病。从现行环境资源监管体制看，还存在一些政出多门、权责脱节、监管力量分散等问题，影响治理效能，削弱监管合力。因此，要通过国法、党规和政策的衔接同构，切实转变长期以来不同部门各自为战的碎片化监管理念，建构多部门联合监管和协同执法机制，推进联合执法、区域执法、交叉执法等执法机制创新。因此，要通过“大综合一体化”行政执法改革，统筹推进涉企“综合查一次”联合执法和柔性执法，实行抽查事项清单管理，发布涉企“首违不罚”“轻微免罚”清单，避免多头执法、重复检查，提高行政执法质效，打造市场化、法治化、现代化营商环境。建立生态环境保护执法部门、公安部门、检察机关、审判机关信息共享、案情通报、案件移送和行刑衔接制度，加大生态环境与自然资源违法犯罪行为的惩处力度。搭建好“政府—社会—民众”多方联动的多中心共同治理机制。要进一步严格执行生态环境状况报告制度，各级政府向本级人大或其常委会（乡镇人大主席团）报告生态环境状况和环境保护目标完成情况，推进形成政府自觉履行生态环境保护责任、主动接受人大监督的长效机制。在充分发挥各级党委、人大、政府、政协力量的同时，要完善政府及企业环保信息公开公告制度和有奖举报等机制，扩大信息公开范围，细化公众参与程序，进一步提升生态环境保护督察公正性、公信力和社会监督力度。

第四节　基于制度的空缺性进行绿色制度的查漏补缺

制度的“立改废释”往往滞后于美丽杭州建设实践的需要，因此必须对已有制度可能存在的短板进行筛查，建立常态化的绿色制度查漏补缺机制，确保美丽杭州建设的绿色制度体系运转流畅有效。杭州市要建立健全“两个+”的机制。

一是加快数字赋能，建立健全“大数据+”第三方治理制度。大数据时代环境法治建设要及时回应高水平推进共同富裕示范区建设的环境空间正义诉求，破解法律规则供给不足或碎片化以及传统官员晋升逻辑导向下的科层制所引发的监管效能低、短期化等弊病。[①] 生态环境治理数字化、智能化转型意味着传统生态环境治理必须实现价值、技术、模式和能力等多维度的重构，促进传统监管和治理模式的深层次变革。首先，要充分发挥市场机制，运用环境污染第三方治理制度，强化其与排污权交易制度的联结，建立基于供给与需求导向的市场催化机制。例如，工业园区在有限的物理空间内入驻了大量的企业，资源能源消耗和污染产生集中，是环境污染第三方治理重要的实践载体。[②] 要加快建立现代化生态环境监测体系，采用“环保管家”模式实现工业园区环境治理服务的外包，聘请具有相关资质的企业承担污水治理、垃圾收运、环保宣传等生态环境保护事务，推进生态环境保护工作的有效落实，提高环保治理的专业化、集中化与法治化水平。其次，结合第三方治理，运用大数据赋能生态环境治理，打造全生命周期的智慧型环境资源大数据平台，实现从智能监测、智慧管理到科学治理、精准治理、协同治理和依法治理的闭环联动，建构统筹数据管理、数据共享、数据开放等在内的法律制度体系，

---

① 陈真亮，王雨阳．政府数字化转型驱动下环境监管体制的反思及优化思路——基于“大综合一体化”行政执法改革的分析［J］．浙江树人大学学报（人文社会科学），2021（05）：51－60.

② 吕一铮，万梅，田金平，等．工业园区环境污染第三方治理发展实践新趋势［J］．中国环境管理，2021（06）：24.

促进智慧监管与法治化治理深度融合发展。[①] 总之，要全面加强科技支撑，深入推进“大综合一体化”行政执法改革，通过行政执法体制重构、流程再造、多跨协同，大力推行非现场执法，加快形成智慧执法体系，推动行政执法效能由“分散低效”向“集中高效”转变，实现从发现问题、分析问题到解决问题的智能化监管和综合行政决策，从而提高生态环境治理效能。

二是建立健全绿色低碳发展导向的“生态+”财政金融制度。党的二十大报告提出，要“完善支持绿色发展的财税、金融、投资、价格政策和标准体系”[②]，这为绿色金融的发展提供了更广阔的空间。“生态+”就是要创新性地加强对生态环境与自然资源的非消耗性利用，意味着要优化生态文明建设领域财政资源配置，提供符合市场需求的系列“生态产品”及其良性运行与价值转换模式。因此，要充分发挥财政和金融制度在生态文明建设中的基础性和支柱作用。建议围绕美丽杭州建设的重点任务，进一步整合市、区（县、市）两级财政资金和金融市场，基于生态环境治理绩效合理配置各项政府资源和金融资源，以增量分配优化带动存量结构调整，持续强化财政金融手段的绿色导向。例如，在试行的基础上加快推广与生态产品质量和价值相挂钩的财政奖补机制，将生态环保财力转移支付资金分配与“绿色指数”（包含林、水、气等反映区域生态环境质量的因素）相挂钩。支持符合条件的企业发行绿色债券，引导各类金融机构和社会资本加大投入，探索区域性环保建设项目金融支持模式，稳步推进气候投融资创新。此外，还要建立健全科学、有效的生态文明预算绩效考核和评价体系，强化财政预算绩效管理在生态文明建设上的刚性约束，将法治化、程序化的预算管理贯穿生态文明建设预算编制、执行、监督和应用等各个环节的全过程。

---

① 陈真亮，王雨阳．数字时代自然保护地监管制度的智慧转型［J］．行政与法，2023(09)：50.

② 习近平．高举中国特色社会主义伟大旗帜 为全面建设社会主义现代化国家而团结奋斗——在中国共产党第二十次全国代表大会上的报告［R/OL］．［2024-02-16］https://www.gov.cn/xinwen/2022-10/25/content_5721685.htm?jump=true&wd=&eqid=ee77784e0029e72a0000000364904ee1.

第五节　基于评价的定性化健全绿色制度绩效定量评价制度

“好”制度可以事半功倍，“坏”制度可以事倍功半。绿色制度的好坏与实施效果要通过制度绩效评价才能知晓。评估制度已成为生态环境治理现代化的基本内容，绿色制度的绩效评价要做到全程评价。

首先，绿色制度决策前的评价。绿色制度正式付诸实施之前，不仅要做定性化的评判，还要做定量化的仿真模拟，通过仿真模拟鉴别绿色制度的预期效果。尤其是设计民生的重大行政决策作出之前，要运用科学、系统、规范的评估方法，深入开展调查研究，采取抽样调查、实地走访、会商分析、舆情跟踪等方式，广泛听取相关部门和社会公众、利益相关方、专家学者等各方意见，对可能给社会稳定和生态环境造成不利影响或潜在的风险进行科学预测、综合研判、确定等级，提出风险防控措施。

其次，绿色制度实施中的评价。绿色制度实施一个阶段后，制度实施是否存在障碍，制度实施是否偏离轨道，要及时作出研判，及时矫正“制度偏差”，防止“制度执行偏离”。绿色制度在实施过程中，如果偏离立法者的预期，从而导致法律实施的结果与立法目的不一致的话，则需要运用基于“地方政府对环境质量负责”的问责机制（比如绩效评价、行政问责、党内问责及司法监督等），对行政机关行使监管权进行预防性监管、过程性监管、事后性监管“三个维度”的全过程控制和约束，并发挥其他机关、组织和公众在监督作用。

最后，绿色制度实施后的评价。通观整个公共政策过程，制度化或地方立法往往只意味一个政策的开端而非终结。评定一个地方性政策的质量，关注的不仅是立法的水平，更值得重视的是立法之后的执行状况，[①]甚至需要制止对实施可持续发展战略可能产生不利影响的地方立法的出

---

① 刘伟伟，黄科豪．地方人大立法后评估的实施与效果［J］．华东理工大学学报（社会科学版），2016（03）：104.

台，所以其可以发挥预测、矫正、完善、协调和政策终结等功效。[①] 绿色制度实施一个周期或若干时期，需要对制度绩效作出总体的评价。保留绩效好的制度，淘汰绩效差的制度，修正存在瑕疵的制度，将绿色制度绩效评价制度有机地纳入高质量发展指标体系和市县评议、社会评价等满意度评价体系。为此，需要选择绿色制度绩效定量评价的模型，需要获取定量评价的数据；需要利用好定量评价的结果。就地方立法而言，要坚持科学立法、民主立法、依法立法原则，灵活运用制定、修改、废止、解释法规或规章等多种形式，加强规范性文件的备案审查，从而增强绿色制度的系统性、整体性、协同性、时效性，实现绿色制度形式理性与实质理性、规范效果和社会效果的有机统一。

① 李明华，陈真亮．浙江省生态保护立法回顾与展望［J］．法治研究，2008（06）：17.

第十六章

美丽杭州建设的绿色制度实施重点

《新时代美丽杭州建设实施纲要（2020—2035 年）》指出，全面贯彻落实习近平生态文明思想，做精美丽中国样本，必须抢抓新时代重要战略机遇，进一步厚植杭州良好生态的本底优势和美丽杭州建设的先行优势，奋力推进美丽杭州建设再续新篇，继续在美丽中国建设实践中发挥示范带头作用。对此，本章结合《中共中央国务院关于全面推进美丽中国建设的意见》所提出的制度建设任务，分别从空间管制、绿色生产、绿色消费、绿色金融、绿色交通、绿色城乡和绿色政府七大领域，提出美丽杭州建设的绿色制度实施重点，以期推动生态文明向纵深发展。

第一节　进一步推进“多规合一”制度

生态空间是指具有自然属性、以提供生态服务或生态产品为主体功能的国土空间。[①] 生态保护红线是编制空间规划的基础，因此要优化控制性

① 中共中央办公厅　国务院办公厅．关于划定并严守生态保护红线的若干意见［A/OL］．［2024-02-16］https：//www.gov.cn/zhengce/2017-02/07/content_5166291.htm.

详细规划管理单元划分，加快化解各种规划之间的冲突，优化城乡空间结构，促进城乡资源共享、公共服务均等化，合作打造长三角一体化生态空间格局，提高城镇综合承载能力和空间资源利用效率；落实主体功能区制度，积极融入长三角生态绿色一体化发展示范区建设。成立以市委书记为组长的“多规合一”推进领导小组，组建专班落实“多规合一”工作，确定时间表，制订路线图，直至取得成效。以“多规合一”业务协同平台建设为依托，加快构建多部门协同的项目策划生成机制，完善规划管控“一张图”“一个平台”协调运行机制。推动“多规合一”平台“上浮”和“下沉”的结合，形成市—县（市、区）—乡镇街道—村社和企业体系化的“多规合一”平台，引入自下而上和自上而下结合的民主决策机制，确保“多规合一”业务系统平台高效运行。

在前述基础上，要基于“空间智治”强化用途管制标准化、精细化、数字化，构建覆盖全市、数据准确、规则明确的“一张底图”，统筹协调各类空间性规划，通过空间适配应用分析，为建设项目提前谋划预留空间。同时，要及时总结和固化“用途管制数字化管理”方面的经验，加快修订《杭州市空间规划数据汇集规范》《杭州市空间规划数据交换与共享规定》《杭州市“多规合一”业务协同平台运行管理办法》等配套文件，为平台运行提供制度保障。

第二节　强制性推行节能降耗减排制度

绿色生产的核心在于节能、降耗、减排、增效。针对杭州市万元产值能耗下降难的问题，可以在强制性清洁生产制度的基础上合理借鉴日本等域外经验，在用能产品、高耗能行业和公共机构等领域，强行推进能效“领跑者”制度，引导企业绿色科技创新，推进“后进赶先进，先进更先进”的能效竞赛。具体可以从以下方面展开：定期发布能源利用效率最高的能效“领跑者”产品目录、用能单位名单和公共机构名单及其领先能效指标；加强“领跑者”宣传推广和政策激励，引导各类主体争当能效“领跑者”；全面实施将具有绿色标识或获得国家能效领跑者认证的产品优先纳入政府采购目录制度；将能效“领跑者”指标纳入强制性能效标准或能耗限额标准；提高该制度的规范位阶，加强用能产品能效“领跑者”的能效、质量等性能的监督检查。

针对工业和农业固废产生量大、综合利用率仍有待提升的问题，以政府推动、市场主导、商业运作为基本方式，分产业分门类推进废弃物回收处置及综合利用工作，加快实施奖励和惩罚相结合的强制性废弃物回收利用制度，建立生活垃圾处理费用与产生量直接挂钩的差别化收费机制，规范固体废物污染环境防治信息公开。加快推进国家“无废城市”示范基地建设，建立健全部门联防联控机制，强化信息共享、监管协作和联动执法，将工业固废重点产生单位和利用处置单位纳入环保信用评价管理。推进建筑垃圾减量化、资源化、无害化利用，探索建立建筑垃圾资源利用市场化机制、跨市域协同处置机制。促进资源再生利用企业集聚化、园区化、全市协同化布局，提升再生资源利用行业清洁化、高值化水平。建设固废数字化治理体系，充分发挥平台集成式科技创新在产业生态化过程中的关键性作用，促进共性技术创新带动行业绿色发展。及时总结《杭州市深化全域“无废城市”建设工作方案》（杭政办函〔2023〕4号）等政策的实施经验，尽快制定《杭州市建筑垃圾管理条例》等地方性法规。

第三节　加快推行绿色产品认证和绿色消费积分制度

绿色消费是各类消费主体在消费活动全过程贯彻绿色低碳理念的消费行为。[①] 其实质在于节约资源和保护环境，即是要降低生活消费过程中的资源消耗和污染排放。国家发展和改革委员会曾先后发布《促进绿色消费实施方案》《关于促进绿色消费的指导意见》等文件。2024年浙江省人民政府工作报告提出要“大力发展数字消费、绿色消费、健康消费等新型消费”。

---

① 促进绿色消费实施方案（发改就业〔2022〕107号）［A/OL］．［2024-02-16］https：//www.gov.cn/zhengce/zhengceku/2022-01/21/content_5669785.htm.

在数字时代，完全可以基于信息化、智能化手段，在消费各领域全周期全链条全体系深度融入绿色理念，全面促进消费绿色低碳转型升级，建立健全绿色消费长效机制。鼓励在杭企业开展产品绿色认证、碳足迹核算、碳标签认证等活动；将分头设立的环保、节能、节水、循环、低碳、再生、有机等产品标识统一整合为绿色产品标识，加快建立统一的绿色产品认证、标识体系，做好认证目录发布和认证结果采信等工作。运用智能化手段，加快普及全民绿色消费积分制度，将绿色消费积分与绿色消费信贷和消费券等挂钩，不断强化绿色消费积分激励和引导作用。完善并落实好水效、能效等“领跑者”制度，对符合条件的节能、节水、环保等项目或产品给予相关税收优惠，严格落实高耗能、高污染产品及部分高档消费品的消费税征收，从需求侧的角度倒逼绿色生产和绿色创新。

第四节　加快建立自然资源产权交易和绿色信贷制度

绿色金融是指为支持环境改善、应对气候变化和资源节约高效利用的经济活动，即对环保、节能、清洁能源、绿色交通、绿色建筑等领域的项目投融资、项目运营、风险管理等所提供的金融服务。[①] 完善支持绿色发展的财税、金融、投资、价格政策和标准体系，健全排污权、碳排放权、用水权等资源环境要素市场化配置体系。2023 年 7 月 28 日，浙江省第十四届人民代表大会常务委员会第四次会议通过《浙江省人民代表大会常务委员会关于坚定不移深入实施“八八战略”高水平推进生态文明建设先行示范的决定》，提出要“完善支持绿色发展的财税、金融、投资、价格政策和标准体系，健全排污权、碳排放权、用水权等资源环境要素市场化配置体系”。

对此，杭州要持续推进绿色金融改革创新，通过绿色信贷、绿色债券、绿色股票指数和相关产品、绿色发展基金、绿色保险、碳金融等金融

① 关于构建绿色金融体系的指导意见（银发〔2016〕228 号）[A/OL]．[2024－02－16] https：//www. mee. gov. cn/gkml/hbb/gwy/201611/t20161124_368163. htm.

工具和相关政策，从而支持经济社会的绿色转型。金融机构要积极开展与产业政策、财政政策相协同的绿色金融业务，在信贷、证券等金融业务中应当优先考虑环境信用情况。鼓励各类金融机构通过“融资+融智+融合”等方式深度参与美丽杭州建设。争取在全国率先全面实施用能权、用水权、排污权、用海权、碳排放权和碳汇交易制度，建立健全配额分配、交易监管、履约管理、年度报告以及监测核查等领域的相关制度规范和技术标准，积极推动长三角自然资源产权交易市场一体化。杭州市作为长三角南翼的中心城市，应该在自然资源产权配置效率及制度建设上走在前列，实现碳达峰碳中和走在全国前列。加快完善绿色金融标准、评估认证、统计制度、信息披露等一系列基础性制度安排，加强对企业环保信用等级评价，建立完善“绿色信贷”平台、绿色企业（项目）认定评价信息系统和绿色银行监管评价系统，促进绿色基金、绿色保险、绿色信托、绿色 PPP、绿色租赁等新产品、新服务和新业态的健康发展。

第五节 继续强化公交优先和新能源汽车优先制度

推动绿色交通发展，是交通行业加强生态文明建设和推动可持续发展的战略举措，是建设交通强国的关键内容，也是建设美丽中国和实现双碳战略目标的重要领域。交通运输部先后发布《绿色交通标准体系（2016年）》（交办科技〔2016〕191号）、《绿色交通标准体系（2022年）》（交办科技〔2022〕36号）等标准。《绿色交通“十四五”发展规划》（交规划发〔2021〕104号）提出要把资源能源节约和生态环境保护摆在行业发展更加突出的位置，严格落实生态环境保护制度，推动交通运输领域加快形成绿色生产生活方式。党的二十大报告提出要优化调整交通运输结构，推动交通领域向清洁低碳转型。[①] 2023年12月，《中共中央国务院关于全面推进美丽中国建设的意见》提出“鼓励绿色出行，推进城市绿道网络

① 习近平．高举中国特色社会主义伟大旗帜 为全面建设社会主义现代化国家而团结奋斗——在中国共产党第二十次全国代表大会上的报告［M］．北京：人民出版社，2022：1.

建设，深入实施城市公共交通优先发展战略”。

“十四五”是承接绿色交通转型跨越和高质量发展的关键时期，杭州要构建安全、便捷、高效、绿色、经济的现代综合交通运输体系。作为全国首批绿色出行示范城市，杭州要重点针对交通运输结构优化、组织创新、绿色出行等方面，加快制度创新实现补短板、强弱项。加强部门协同，强化“公交优先”战略，推进公交服务网建设，构建由轨道交通、公共汽电车、水上巴士、公共自行车构成的具有杭州特色的“四位一体”的大公交出行网络。着重加强地铁、公交、水上巴士以及公共自行车之间的换乘衔接设计，充分发挥“四位一体”城市公交系统的组合优势，全面提升城市客运交通出行品质和运行效率。强化新能源汽车优先战略，围绕新能源汽车、智能网联汽车等主攻方向的研发、生产和消费应用加大政策支持力度，促进杭州市汽车产业的跨越式发展，推进交通运输能源消耗、温室气体和常规污染物协同控制。加大力度支持充电（加氢）基础设施“短板”建设和配套运营服务提升，加快提升全市新能源汽车占比。加强国际交流和科技创新引领，着力完善绿色交通标准体系，推动标准升级。着力建设智慧交通，以构建低成本、高效率的物流运输体系为主导，政企联动推进物流服务网建设，推广高效运输组织方式、提高物流信息化水平、发展高效城乡配送模式与物流服务体系，全面带动城市货运交通降本增效。

第六节　探索城市和乡村新形态的规划和建设制度

美丽杭州建设须坚持要素统筹和城乡融合，科学开展大规模国土绿化行动，一体开展“美丽系列”建设工作，协同推进美丽山林、美丽河湖、美丽田园、美丽公路、美丽村庄、美丽庭院“六美联创”[①]，打造美丽城市、美丽乡村。

要大力推进以绿色低碳、环境优美、生态宜居、安全健康、智慧高效

① “六美联创”的工作部署，参见《深化新时代“千万工程”打造中国式现代化乡村杭州范例行动计划（2023—2027年）》。

为导向的美丽城市建设。将市域绿地系统规划纳入国土空间规划，大力解决杭州市“森林覆盖率高、城市绿化率低”的问题，开展现代化美丽城镇建设。在城市建设中要避免整体性水泥硬化现象，建设公园城市，发展城市林业、生态林业，构建“城市在森林中、森林在城市中”的森林城市建设新格局。建设空中花园，注重建筑的绿化和美化。以杭州城西云城建设为标志，打造“城市中的田园、田园中的城市”的田园城市新格局，开门见山、开门见绿，人与自然融为一体。将具有历史文化价值的绿地、林荫道和古树名木等要素纳入杭州市历史文化名城保护规划，[①] 实现文绿共同保护，提升国家森林城市、国家生态园林城市品质。

按照“美丽乡村普惠、数字乡村赋能、未来乡村引领”新时代美丽乡村建设格局要求，统筹推动乡村生态振兴和农村人居环境整治，率先在全省实现和美乡村建设100%全覆盖。以新农村综合体建设为标志，大力推进乡村绿化美化、国家森林乡村建设，加强传统村落保护利用和乡村风貌引导，探索生产、生活、生态“三位一体”的新农村模式。加快农业投入品减量增效技术集成创新和推广应用，加强农业废弃物资源化利用和废旧农膜分类处置，聚焦农业面源污染突出区域强化系统治理。深入推进农村污水、垃圾、厕所“三大革命”，有效治理农村生活污水、垃圾和黑臭水体。加强农村生态环境监测评价，深入打好农业农村污染治理攻坚战。

第七节　加快实施强制性政府减排和高标准绿色采购制度

绿色政府的提出，意味着一种新型的政府治理范式。有的称之为生态型政府，将其界定为以生态文明为价值导向，以经济发展与环境友好为政府的双重目标，在政府管理价值、管理规则与管理对象三个方面都转向“生态型”或遵从“生态化”的政府治理范式。[②] 也有的提出了“生态文

① 《新时代美丽杭州建设实施纲要（2020—2035年）》提出要建设“创新活力之城、历史文化名城、生态文明之都”。

② 姚志友，刘祖云．生态型政府：境遇、阐释及其建构［J］．南京农业大学学报（社会科学版），2008（03）：77－82.

明政府”[1] 的概念。早在2004年，杭州市就确立了“环境立市”战略，全面推进杭州生态市建设[2]，2015年“建设美丽杭州”载入《杭州市生态文明建设促进条例》，2020年杭州市委、市政府联合发布《新时代美丽杭州建设实施纲要（2020—2035年）》。

政府在生态文明建设中担负双重角色，即生态文明建设的推动者和生态文明建设的示范者。因此，各级政府要坚定践行绿水青山就是金山银山理念，深入推进“八八战略”，坚持党政同责、一岗双责，优化生态文明建设考核制度，全面开展领导干部自然资源资产离任审计，发挥政府部门的表率示范作用。在公共机构严格执行垃圾减量和分类回收制度；推进信息系统建设和数据共享共用，提高办公设备和资产使用效率，严格推行纸张双面打印和无纸化办公制度。完善节约型公共机构评价标准，对各级政府部门实行强制性节能减排目标考核，合理制定用水、用电、用油指标，建立健全定额管理制度。

《政府采购法》第九条规定了“政府采购应当有助于实现国家的经济和社会发展政策目标，包括保护环境”的要求。因此，要严格执行政府对节能环保产品的优先采购和强制采购制度，扩大政府绿色采购范围，提高政府绿色采购规模，加快提升新能源汽车在公务用车总量中的比例，发挥政府绿色消费行为的引领示范作用。主管预算部门应加强对所属单位绿色采购的指导、监督，紧盯关键环节，依法依规加强监督。财政部门要强化对政府绿色采购政策执行情况的监督考核。[3] 在技术、服务等指标同等条件下，优先采购清单所列的环保节能产品，采购时应当在采购招标文件中载明对产品的环保节能要求、合格产品的条件和环保节能产品优先采购的评审标准。严格执行政府采购“轻包装、低能耗、节约水、少污染、可再生”标准，加快推行“绿色供应链”理念，即在要求供应商的最终产品达到节能、环保、绿色认证的同时，还要求其整个生产流程也是绿色、可持续的，以倒逼相关产业的上下游实现绿色发展。

---

① 梅凤乔．论生态文明政府及其建设［J］．中国人口·资源与环境，2016（03）：1.

② 中共杭州市委、杭州市人民政府关于加快推进杭州生态市建设的若干意见［R/OL］．［2024-02-16］https：//www.hangzhou.gov.cn/art/2019/8/8/art_809134_6283.html.

③ 杭州市财政局关于加强政府绿色采购的通知（杭财采监〔2022〕24号）［R/OL］．［2024-02-16］https：//www.hangzhou.gov.cn/art/2022/12/26/art_1229063383_1828443.html.

后　　记

党的十八大以来，杭州市委、市政府认真贯彻习近平总书记关于“努力使杭州成为美丽中国建设的样本”重要指示精神，坚持“一张蓝图绘到底，一任接着一任干”，全面推进美丽杭州建设，取得显著成效，杭州市被习近平总书记誉为“生态文明之都”。

长期学习、生活、工作在杭州市的我一直对杭州这座美丽动人、大气开放、欣欣向荣的城市充满热爱之情，也为之建言献策。我自从1999年起担任杭州市城市规划专家咨询委员会委员、2013年起担任杭州市决策咨询委员会委员、2020年5月起担任杭州市人民政府专家咨询委员会副主任兼生态组组长。25年来，几乎每年为杭州市出谋划策，也几乎年年有成果要报得到杭州市有关部门的采纳或市委市政府主要领导的肯定性批示，历任市委书记均在成果要报上有过肯定性批示。

本书便是我担任杭州市委市政府咨询委员会副主任兼生态组组长以来在所承担的三个课题报告基础上修改而成的。

一是我主持的2020年度中共杭州市委、杭州市人民政府咨询委员会决策咨询重点研究课题“美丽杭州建设的绿色制度评价及优化选择研究”（项目编号：HZZX20200224）。课题组成员有：宁波大学商学院副院长谢慧明教授、宁波大学商学院程永毅副教授、浙江农林大学文法学院陈真亮副教授（现已晋升教授）、浙江理工大学经济管理学院杨永亮博士（现已晋升副教授）。课题报告原稿为1.6万字，陈真亮教授扩写成3.6万字。谢慧明教授虽然没有承担具体执笔任务，但是参与课题研讨等，并提出了宝贵的研究建议。该课题报告构成本书的第三篇。

二是我主持的2022年度中共杭州市委、杭州市人民政府咨询委员会决策咨询重点研究课题“杭州市创建国际湿地城市的对策研究”（项目编号：HZZX202210）。课题组成员有汉嘉设计集团股份有限公司陈斌教授级高级工程师、浙江农林大学文法学院陈真亮副教授（现已晋升教授）、浙江农林大学环境与资源学院方晓波副教授、浙江农林大学生态文明研究院信息部部长李玉文副教授（现已晋升教授）、浙江省信用中心陈海盛经济师、浙江农林大学经济管理学院博士研究生王迪。陈斌虽然没有承担具体执笔任务，但是全程参与课题调研，并参加课题组研讨，为课题研究建言献策，对课题作出了重要贡献。该课题报告构成本书的第一篇。

三是我主持的2023年度中共杭州市委、杭州市人民政府咨询委员会决策咨询重点研究课题“杭州市山区农民绿色共富机制和政策研究”（项目编号：HZZX202309）。课题组成员有浙江农林大学生态文明研究院信息部部长李玉文副教授（现已晋升教授）、浙江农林大学经济管理学院博士研究生王迪、浙江农林大学经济管理学院硕士研究生王琦、浙江农林大学经济管理学院硕士研究生王寅梅。在修改成书的过程中，李玉文教授补写了第八章，使得书稿更加体系化。该课题报告构成本书的第二篇。

令人欣慰的是，上述三个课题各形成一份咨政报告，得到中共杭州市委书记的肯定性批示，有的咨政报告同时得到中共杭州市委书记和杭州市人民政府市长的肯定性批示。三个批示件如下：

1. 沈满洪、程永毅、杨永亮等：《进一步完善杭州市生态文明制度的对策建议》，杭州市咨询委《杭州信息·咨政建言》2021年第2期，得到浙江省委常委、杭州市委书记肯定性批示。

2. 沈满洪、方晓波、陈真亮：《关于杭州创建国际湿地城市的对策建议》，杭州市咨询委《杭州信息·咨政建言》2022年第21期，得到时任浙江省委常委、杭州市委书记刘捷的肯定性批示。

3. 沈满洪、李玉文、王迪、王琦：《“共富不共富，关键看山区”：关于杭州山区农民绿色共富对策建议》，《杭州决咨》2023年第20期，得到中共浙江省委副书记兼杭州市委书记刘捷、杭州市委副书记兼市长姚高员的肯定性批示。

本书各篇章执笔情况如下：

第一篇

篇引：沈满洪（浙江农林大学生态文明研究院院长、教授）

第一章：王迪（浙江农林大学经济管理学院博士研究生）、沈满洪

第二章：李玉文（浙江农林大学生态文明研究院信息部部长、教授）

第三章：陈海盛（浙江省信用中心经济师）、沈满洪

第四章：方晓波（浙江农林大学环境与资源学院副教授）

第五章：陈真亮（浙江农林大学生态文明研究院生态治理研究所所长、教授）

第六章：沈满洪

附录：陈真亮

第二篇

篇引：沈满洪

第七章：沈满洪

第八章：李玉文

第九章：王琦（浙江农林大学经济管理学院硕士研究生）、沈满洪

第十章：王迪（浙江农林大学经济管理学院博士研究生）、沈满洪

第十一章：李玉文

第三篇

篇引：沈满洪

第十二章：陈真亮

第十三章：沈满洪、陈真亮

第十四章：杨永亮（浙江理工大学经济管理学院副教授）、陈真亮

第十五章：程永毅（宁波大学商学院副教授）、陈真亮

第十六章：沈满洪、陈真亮

美丽杭州建设是一个迭代升级的过程，美丽杭州研究是一个螺旋上升的过程。本书只是对美丽杭州建设的若干侧面作了研究。以《美丽中国建设的杭州样本研究》作为书名在一定程度上是为了吸引更多读者阅读，当然也是契合内容的。书中存在的问题敬请读者批评指正！

本书作为教育部哲学社会科学重大专项“习近平生态文明思想在中国大地的生动实践研究”（项目批准号：2022JZDZ009）的一个阶段性成果推出，也是浙江省新型重点专业智库——浙江农林大学生态文明研究院、浙江省生态文明智库联盟推出的《生态文明研究丛书》之第三部。

沈满洪

2024年2月17日